国家出版基金项目

NATIONAL PUBLICATION FOUNDATION

有色金属理论与技术前沿丛书

快速凝固铝硅合金
电子封装材料

RAPIDLY SOLIDIFIED ALUMINUM SILICON ALLOYS
FOR ELECTRONIC PACKAGING

蔡志勇　王日初　著
Cai Zhiyong Wang Richu

中南大学出版社
www.csupress.com.cn

中国有色集团

内容简介

Introduction

　　该书以介绍国内外电子封装材料的研究动态为基础，着重阐述 Al – Si 合金的制备科学、主要性能和应用现状。作者深入分析快速凝固 Al – Si 合金的凝固过程，探讨显微组织、热稳定性、变形性能以及 Si 相粗化机制与非平衡状态的关系；通过考察合金中 Si 相尺寸、形貌和分布特征，揭示其生长和演变规律，建立 Si 相特征与合金力学性能、热物理性能的内在联系，通过优化合金成分和制备工艺提高 Al – Si 合金的力学性能；同时研究 Al – Si 合金在服役条件下显微组织和性能的变化趋势并揭示产生这一变化的机理。书中涵盖的内容对高性能电子封装材料的制备具有重要的参考价值和借鉴意义。

　　该书内容丰富、数据翔实、结构严谨、可读性强，可以作为材料科学和电子封装相关专业教学或参考用书，也可以供从事快速凝固技术研究、开发和生产的科技人员参考。

作者简介
About the Authors

　　蔡志勇，男，1983 年出生，博士，江西理工大学材料科学与工程学院讲师。2015 年毕业于中南大学材料科学与工程学院材料学专业，获博士学位。目前主要从事有色金属及其复合材料、新型电子封装材料、快速凝固技术等的基础科学和制备技术研究，发表论文多篇，其中被 SCI 收录 8 篇，EI 收录 5 篇。

　　王日初，男，1965 年出生，博士，教授，博士研究生导师。中南大学金属材料研究所负责人，兼湖南省铸造学会副秘书长。目前主要从事快速凝固技术、新型电子封装材料、水激活电池阳极材料设计及制备、氧化物陶瓷基片材料、金属粉末及表面改性 5 个领域的研究工作，先后得到十余项国家级项目的支持。在相关的研究工作中，发表研究论文 90 多篇。

总序

Preface

当今有色金属已成为决定一个国家经济、科学技术、国防建设等发展的重要物质基础，是提升国家综合实力和保障国家安全的关键性战略资源。作为有色金属生产第一大国，我国在有色金属研究领域，特别是在复杂低品位有色金属资源的开发与利用上取得了长足进展。

我国有色金属工业近 30 年来发展迅速，产量连年来居世界首位，有色金属科技在国民经济建设和现代化国防建设中发挥着越来越重要的作用。与此同时，有色金属资源短缺与国民经济发展需求之间的矛盾也日益突出，对国外资源的依赖程度逐年增加，严重影响我国国民经济的健康发展。

随着经济的发展，已探明的优质矿产资源接近枯竭，不仅使我国面临有色金属材料总量供应严重短缺的危机，而且因为"难探、难采、难选、难冶"的复杂低品位矿石资源或二次资源逐步成为主体原料后，对传统的地质、采矿、选矿、冶金、材料、加工、环境等科学技术提出了巨大挑战。资源的低质化将会使我国有色金属工业及相关产业面临生存竞争的危机。我国有色金属工业的发展迫切需要适应我国资源特点的新理论、新技术。系统完整、水平领先和相互融合的有色金属科技图书的出版，对于提高我国有色金属工业的自主创新能力，促进高效、低耗、无污染、综合利用有色金属资源的新理论与新技术的应用，确保我国有色金属产业的可持续发展，具有重大的推动作用。

作为国家出版基金资助的国家重大出版项目，"有色金属理论与技术前沿丛书"计划出版 100 种图书，涵盖材料、冶金、矿业、地学和机电等学科。丛书的作者荟萃了有色金属研究领域的院士、国家重大科研计划项目的首席科学家、长江学者特聘教授、国家杰出青年科学基金获得者、全国优秀博士论文奖获得者、国家重大人才计划入选者、有色金属大型研究院所及骨干企业的顶尖专家。

国家出版基金由国家设立，用于鼓励和支持优秀公益性出版项目，代表我国学术出版的最高水平。"有色金属理论与技术前沿丛书"瞄准有色金属研究发展前沿，把握国内外有色金属学科的最新动态，全面、及时、准确地反映有色金属科学与工程技术方面的新理论、新技术和新应用，发掘与采集极富价值的研究成果，具有很高的学术价值。

中南大学出版社长期倾力服务有色金属的图书出版，在"有色金属理论与技术前沿丛书"的策划与出版过程中做了大量极富成效的工作，大力推动了我国有色金属行业优秀科技著作的出版，对高等院校、研究院所及大中型企业的有色金属学科人才培养具有直接而重大的促进作用。

2010 年 12 月

前言

/Foreword

电子封装 Al-Si 合金由 Al 基体和 Si 相构成，也称为 Al/Si$_p$ 复合材料。Al-Si 合金综合 Al 和 Si 的优异性能，具有热导率高、热膨胀系数低、比强度高、密度小（<2.7 g/cm^3）、均质、易于镀覆等特点，并且 Si 和 Al 在地壳中含量十分丰富（分别占 27.7% 和 8.1%），对环境无污染，对人体无害。因此，Al-Si 合金能够满足高性能电子封装材料对力学、热物理和工艺性能的要求，并且方便回收利用、具有良好的环境友好性。尽管如此，Al-Si 合金仍存在一些不足之处，主要包括容易形成粗大、不规则且棱角尖锐的 Si 相，Si 相特征及其演变过程十分复杂，界面形成及作用机制缺乏深入研究，成分优化设计的信息还相当匮乏；此外，Al-Si 合金在服役条件下界面结构、显微组织与性能的交互作用是评价其可靠性的基础，而这方面的认识还有待深入研究。

目前，高性能电子封装 Al-Si 合金的制备主要采用快速凝固技术。快速凝固过程的高凝固速率和大过冷度，一方面有效细化 Si 相并改善其形貌，从而提高合金的综合性能；另一方面，Al 基体过饱和固溶大量 Si 原子，对基体起强化作用。此外，快速凝固产生的非平衡凝固组织结构在加热过程的演变，特别是 Si 相长大和形貌变化对于电子封装 Al-Si 合金的设计与制备至关重要，深入分析快速凝固显微组织热稳定性、Si 相粗化机制，并建立与合金性能的关系是开发高性能电子封装 Al-Si 合金的关键。

本书以电子封装 Al-Si 合金为研究对象，采用快速凝固技术结合粉末冶金方法制备 Al-Si 合金。采用显微组织表征和性能检测方法，从快速凝固组织结构特征、显微组织热稳定性、Si 相特征演变、基体合金化和服役性能等方面研究显微组织与性能的关系，目的是获得具有良好综合性能的 Al – Si 合金。全书共分 7 章，内容分别如下：第 1 章，介绍国内外电子封装 Al – Si 合金的制备技术、主要性能和应用现状；第 2 章，分析气雾化 Al – Si 合金粉末的特性和组织结构特征；第 3 章，研究快速凝固显微组织的热稳定性和 Si 相粗化机制；第 4 章，研究凝固速率和退火对 Al – Si 合金粉末变形性能的影响；第 5 章，采用热压烧结方法制备 Al – Si 合金，分析合金的显微组织及力学、热物理性能；第 6 章，通过热循环实验分析 Al – Si 合金显微组织和性能的演变规律，探讨显微组织演变与合金性能之间的内在联系；第 7 章，针对 Al – Si 合金力学性能偏低的问题，通过添加微量单质 Cu 粉末改善其烧结性能并提高力学性能。

本书在撰写和出版过程中，得到中南大学彭超群教授的悉心指导、支持和帮助，使本书结构更加合理、内容更为翔实；得到张纯博士的大力支持和帮助，她通读本书并提出宝贵的修改意见，使本书语言更加精练；本书出版得到国家出版基金的支持，在此一并表示感谢。

由于作者的学术水平有限，书中难免存在一些不足或错误之处，敬请广大同行专家批评指正。

目录 / Contents

第1章 绪 论

1.1 电子封装与电子封装材料

1.1.1 电子封装概述

电子封装(electronic packaging)是指对电子器件、组件、部件和电子系统等的包装,用于保护电路、芯片等使其免受外界环境影响[1, 2]。随着社会高速发展和市场迫切需求,现代电子技术向高功率、高封装密度和高散热率等方向发展,电子封装材料和电子封装技术成为推动现代电子工业发展的重要因素。电子封装在一般电子通信和电脑产品中可分为4个层次,如图1−1所示[3]。芯片层次上的相互连通常称为零级封装;芯片在基板上固定、引线键合及隔离保护等称为一级封装;基板上器件的固定和连接称为二级封装;电路板的组装称为三级封装;而构成电子系统整体则称为

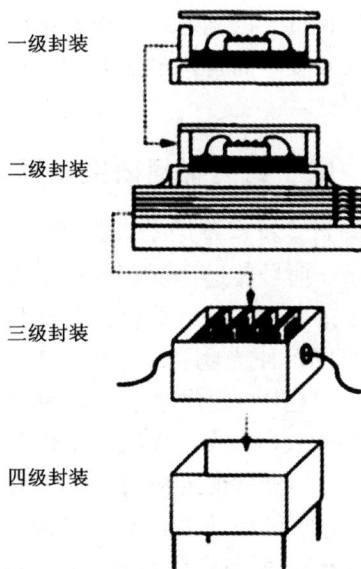

一级封装

二级封装

三级封装

四级封装

图1−1 电子和微波系统中电子封装层次[3]

四级封装。电子封装在电子产品中的主要功能包括[1]:

(1)传输电源能量:将电源能量由主机板传输至半导体集成电路(IC)芯片。

(2)讯号传输:提供IC芯片与主机板及其他IC芯片间的讯号传输通道。

(3)散热:将IC芯片运作过程中产生的热量及时释放出去。

(4)保护IC芯片:将IC芯片包覆起来,避免受水汽或外物污染及伤害,并起机械支撑作用。

任何电子器件和电路在工作过程中都不可避免地伴随着热量产生,及时地将热量释放出去是提高电子产品性能和可靠性的前提。通常情况下,电子器件的电

学参数会随着温度变化而改变,如增益、漏电流、关调电压和正向压降等。自
1958 年世界上第一块 IC 芯片问世以来,IC 芯片跨越小、中、大、超大、特大、巨
大规模几个台阶,其集成度基本符合 Moore 定律,即 IC 芯片的集成度每 18~24
个月增长为之前的 2 倍,也就是说大概每 3 年就有新一代 IC 产品问世[2,4]。进入
21 世纪以后,IC 芯片的计算速度和集成度不断提高而器件更加小型化,甚至有报
道指出,芯片的集成度已经达到临界值。

但是,IC 芯片不是一个独立存在的个体,它必须与其他芯片、外引线相互连
接以完成其电路功能;由于集成度迅猛增加,芯片能量急剧上升,每个芯片产生
的热量高达 10 W。因此,如何及时释放这些热量以保证电路在正常温度下工作
成为一个重要问题[2,5]。实验证明,单个元件的失效率与工作温度呈指数关系,
而功能与其呈反比[2]。同时,IC 器件向轻量化、高性能和高可靠性方向发展是大
势所趋。因此,提高芯片散热效率以保证电路在正常温度下工作对电子器件的稳
定性至关重要,而合理的热管理(thermal management)是解决 IC 系统散热问题的
主要途径之一。

1.1.2 电子封装材料研究进展

电子封装材料是用于承载电子器件及其相互联线,起散热、机械支撑、密封
环境保护、信号传递和屏蔽等作用的基体材料。电子封装材料按封装结构主要包
括基板、布线、层间介质和密封材料;按封装形式可分为气密封装和实体封装;
按材料组成可分为陶瓷基、塑料基和金属基电子封装材料。电子封装材料的研
究、开发、应用与现代电子工业和现代材料技术的发展密不可分。研究表明,电
子器件的失效(fatigue)率随着工作温度上升而急剧增大:基本上工作温度每提高
10℃,半导体器件的寿命将下降三分之一[6]。电子器件的散热和冷却通常采用热
沉、散热器和电子封装材料实现。研究和开发具有高热导率(thermal
conductivity)、低热膨胀系数(coefficient of thermal expansion,CTE)和良好综合性
能的电子封装材料和构件成为电子封装领域的一项关键技术并影响电子工业的
发展。

根据现代电子封装的设计需要,对电子封装材料的要求主要包括[7,8]:

(1)较高的热导率,及时将 IC 芯片工作过程中产生的热量释放出去,防止过
热(over-heating)而影响其功能和寿命。

(2)合适的热膨胀系数,实现与电路半导体材料(Si、GaAs、GaN 等)和绝缘
陶瓷基板(Al$_2$O$_3$、SiC 等)相匹配,否则将在相邻部件和焊点处产生热应力
(thermal stress),导致结合处发生热疲劳,甚至产生热开裂,从而导致结构和功能
失效。

(3)较好的机械强度和刚度,为精密电子线路提供机械支撑和保护,且在工

作过程不容易发生变形。

(4)良好的加工性能、镀覆涂装性能以及焊接性能等封装工艺性能。

(5)良好的气密性和化学稳定性,以保证在腐蚀、高温、辐射等有害环境稳定工作。

(6)较低的密度,实现在军事通信、航空航天领域和其他便携式电子器件上的应用。

(7)价格低廉,便于自动化生产。

电子封装材料的种类很多,常用的电子封装材料及主要性能参数如表 1-1 所示。传统电子封装材料主要包括陶瓷(Al_2O_3、AlN 和 SiC 等)、封装塑料(玻璃纤维增强环氧树脂复合材料等)和金属及合金封装材料(Al、Cu、Be、Invor 和 Kovar 合金等)。

表 1-1　常用芯片、基板和电子封装材料的部分性能[1, 7, 8]

材料	密度 /($g \cdot cm^{-3}$)	CTE /($\times 10^{-6} \cdot K^{-1}$)	热导率 /($W \cdot m^{-1} \cdot K^{-1}$)	弹性模量 /GPa
Si	2.3	4.2	149	112
GaAs	5.3	6.5	54	—
Al_2O_3	3.6	6.7	27	380
AlN	3.3	4.5	150	345
SiC	3.2	3.7	270	—
BeO	2.9	6.7	250	—
Al	2.7	23.6	236	69
Cu	8.9	17.6	398	130
Kovar	8.1	5.2	17	131
Invor	—	—	209	—
W-10%Cu	17.0	6.5	180	367
Mo-10%Cu	10.0	7.0	—	313
Al-68%SiC	3.3	6.4	170	237
Al-50%金刚石	3.3	4.5	500	—
Al-50%Si* (CE11)	2.5	11.0	149	121

注: * CE11 合金为英国 Osprey 金属公司 Al-50%Si 合金的名称。

Al_2O_3 是目前应用最成熟的陶瓷封装材料,其热膨胀系数与 Si 和 GaAs 等半导体材料相近、价格低廉、耐热冲击性和电绝缘性良好、制作和加工技术相对成熟；但是，较低的热导率限制其在大功率集成电路中的应用。AlN 是一种新型的高导热陶瓷，但其制备工艺复杂，成本较高，不利于大规模生产和应用。SiC 陶瓷的电阻率和绝缘耐压值较低，介电常数偏大，这些缺点在很大程度上限制其应用领域。环氧树脂玻璃纤维复合材料的导热性能较差，且电性能和热膨胀系数与芯片匹配程度一般，难以在高功率密度封装中应用。

Al 和 Cu 等金属及其合金的热导率较高且易于加工，但是热膨胀系数与芯片主要材料 Si、GaAs 等相差较大，电子器件工作时温度的瞬时差异会产生较大的热应力，累积的热应力将导致材料性能下降而无法满足设计要求。Be 及 Be 合金具有良好的综合性能，但其毒性对人体伤害较大，难以满足现代电子封装材料对环境友好性方面的要求。Kovar 合金（Fe - Co - Ni 合金）、Invar 合金（Fe - Ni 合金）、W - Cu 合金和 Mo - Cu 合金等是应用十分广泛的电子封装材料，但是它们的密度较高且比刚度较低，而且这些因素对于高集成度和大功率电子器件，因其热导率较低导致热量不易扩散，成为影响其使用效能的重要缺陷。由于存在一些不可避免的问题，如密度大、导热性能差、价格昂贵、对人体有毒等，传统电子封装材料已难以满足现代电子器件对封装性能的要求。

为解决传统电子封装材料面临的问题、满足现代电子工业的迫切需求，新型电子封装复合材料的开发是解决该问题的有效途径之一。1992 年在美国 Sandiego 举办的新材料与电子封装专题会议上，世界各国专家认为电子封装用金属基复合材料（Metal matrix composites，MMCs）具有重大的研究意义和广泛的应用前景[9]。金属基复合材料将金属基体良好的导热和塑性变形性能以及增强体较低的热膨胀系数和较高的强度有机地结合起来，获得热导率和热膨胀系数等性能在较大范围内可控的电子封装材料，从而实现与各种芯片和基板材料的合理封装。金属基复合材料作为具有发展前景的电子封装材料主要体现在以下几个方面[8, 10]：

（1）通过改变增强体的类型、体积分数、排列方式和基体合金成分以及热处理工艺等，可以获得不同性能的电子封装材料，表现出良好的性能可控性。

（2）金属基复合材料可以获得较低的热膨胀系数，同时具有良好的热导率和较低的密度，特别是 Al 基复合材料，而且强度较高。

（3）材料的制备工艺较为成熟、易于加工成型，部分工艺甚至可以达到近终成型，从而减少后续加工。

目前已发展的电子封装金属基复合材料主要以 Al 和 Cu 及其合金作为基体，这是由它们良好的导热、导电等综合性能所决定的；而增强体包括颗粒、晶须、短纤维和连续性纤维。其中，电子封装铝基复合材料（aluminum matrix composites，AMCs）的研究最为成熟，应用领域较为广泛，主要有 Al - SiC、Al - AlN 和 Al - 金刚石复合材料等。电子封装用 Al - SiC 复合材料的热导率为 $130 \sim 180$ W/(m·K)，热膨胀系数为 $6.9 \times 10^{-6} \sim 9.7 \times 10^{-6}$/K，且材料的比强度及比模量较高。Al – SiC 复合材料由于其优点而获得大规模研究和开发,并成功应用到高密度封装、军事及航空航天等领域,但是界面润湿性差、界面化学反应和较高的加工成本是 Al – SiC 复合材料面临的主要问题。Al – 金刚石复合材料具有很高的理论热导率,但是由于界面润湿性差的问题,目前的研究主要集中在改善界面结构和制备工艺上[11, 12]。

铜基复合材料(copper matrix composites,CMCs)中 Cu – SiC 和 Cu – 金刚石复合材料是目前的研究热点。相同体积分数下,铜基复合材料的热导率较铝基复合材料高,可满足现代电子封装的要求;但是其成型温度相对较高而导致的界面反应严重是制约其发展的主要问题。Cu – 金刚石面临与 Al – 金刚石复合材料同样的问题[13]。在实际应用中发现,上述几种金属基复合材料仍然存在一些缺陷,例如 SiC 和 AlN 颗粒增强的复合材料难以机械加工,铜基复合材料的密度较大;而采用纤维增强复合材料则会导致严重的各向异性。因此,研究和开发具有轻质、低膨胀、高导热和各向同性的电子封装金属基复合材料已成为国内外的主要研究方向。

1.1.3　电子封装 Al – Si 合金研究进展

电子封装 Al – Si 合金由 Al 基体和 Si 相构成,因此也称为 Al/Si$_p$ 复合材料[14]。Al – Si 合金综合 Al 基体和 Si 相的优异性能,具有热导率高、热膨胀系数低、比强度高、密度小(<2.7 g/cm^3)、均质、易于加工和镀覆等特点,并且 Si(27.7%)和 Al(8.1%)在地壳中的含量十分丰富,成本低廉,该材料对环境无污染,对人体无害,可回收再利用。因此,Al – Si 合金能够满足高性能电子封装材料对力学、热物理和工艺性能的要求,并且方便回收利用、具有良好的环境友好性。

Al – Si 合金与其他金属基复合材料的最大区别在于:①Si 相与 Al 基体不存在界面润湿性和界面化学反应问题,因而具有较高的界面结合强度,这是由于 Si 在 Al 中有一定的固溶度并且 Al – Si 合金为简单的二元共晶合金,成型或热处理等过程中不会产生有害的第二相或界面反应产物而降低合金性能;②作为 Al – Si 合金中的增强体,Si 相尺寸和形貌等特征在成型、热处理等过程会不断变化,Si 相特征和界面结构可以通过合理的控制凝固过程、添加合金元素、改变成型工艺参数等得到有效调控;③通过合金化过程,Si 相可以通过控制制备工艺参数而均匀分布,并且 Si 含量可以控制在更大范围内,英国 Osprey 金属公司的 Al – Si 合金已经达到 90% Si。

但是,当前电子封装 Al – Si 合金的研究与开发也存在一定的不足,主要包括:①当 Si 含量高于 20% 时,容易形成粗大、不规则(板条状或星状)且棱角尖锐的 Si 相,以及因偏析严重而造成组织不均匀,导致材料的韧性和塑性变差、脆性增加,难以加工成型,这在很大程度上限制了该材料的实际应用;②Si 相尺寸、形貌等特征及其演变过程十分复杂，导致难以对其进行定量描述，特别是 Si 含量较高的合金中 Si 相形貌更为复杂，关于 Si 相特征与合金性能和断裂方式的关系还缺乏相关基础研究；③Al 基体与 Si 相界面的形成及作用机制缺乏深入研究，添加合金元素、改变成型工艺参数、热处理和服役状态下界面结构、界面结合状态的演变规律及其对合金性能的影响尚未明确；④目前 Al – Si 合金的研究主要集中在制备工艺方面，关于成分优化设计的信息还相当匮乏，这就需要加强对合金元素作用机制的认识，同时探讨合金元素的含量和加入方式；⑤Al 基体与 Si 相的物理和力学性能差异巨大，近界面微区由于热错配、残余应力等导致晶体缺陷密度较高，只有揭示服役条件下界面、组织与性能的交互作用才可能优化 Al – Si 合金的综合性能。

国外对电子封装 Al – Si 合金的研究和开发比较早，目前已逐步获得应用并实现商业化生产。欧盟于 1993 年成立由 GMMT – Hist 牵头，英国 Osprey 金属公司、荷兰 TNO 金属研究所和法国 Alcatel Telecon 公司三家单位共同参与的研发项目——BRJTE/EURAM（BE5095 – 1993），致力于开发具有质量轻、热膨胀系数小而热导率高的新型电子封装材料。其中，英国 Osprey 金属公司最为成功，该公司采用喷射沉积（spray deposition，SD）结合热等静压（hot isostatic pressing，HIP）的方法制备电子封装 Al – Si 合金，通过控制 Si 含量（12% ~70%），制得热膨胀系数为 $7 \times 10^{-6} \sim 20 \times 10^{-6}/K$ 的系列合金，Osprey 金属公司将之称为 CE（controlled expansion，热膨胀可控）合金，该合金的主要性能如表 1 – 2 所示[15]。Osprey 金属公司的 CE 合金具有良好的力学和热物理性能，并且具有较好的加工、镀覆和焊接性能，该材料成功应用于军用、航天、航空等领域中电子产品的封装。图 1 – 2 为 Raytheon/Pacific Aerospace 公司采用 CE11 合金制备的电子封装航空电子产品[16]。

表 1 – 2　英国 Osprey 金属公司 CE 合金的部分性能[15]

材料	成分 /%	密度 /(g·cm⁻³)	CTE /(×10⁻⁶·K⁻¹)	热导率 /(W·m⁻¹·K⁻¹)
CE20	Al – 22% Si	2.70	20.0	—
CE17	Al – 27% Si	2.60	16.0	177
CE17M	Al – 27% Si	2.60	16.0	147
CE13	Al – 42% Si	2.55	12.8	160
CE11	Al – 50% Si	2.50	11.0	149
CE9	Al – 60% Si	2.45	9.0	129
CE7	Al – 70% Si	2.40	7.4	120

注：CE17M 含少量铁、镁和锰。

日本住友电器公司采用传统粉末冶金工艺制备 Al – 40% Si 合金，其热膨胀系数为 $13 \times 10^{-6}/K$，热导率达到 126 W/(m·K)，密度仅为 2.53 g/cm^3[17]。美国的 Chen 和 Chung[18] 采用不同 Al 基体对体积分数为 50% 的 Si 预制块进行压力熔渗，获得致密的 Al – Si 合金，显微组织中 Si 相呈网络状结构；合金在 50～100℃ 时的热膨胀系数为 7.7 ×

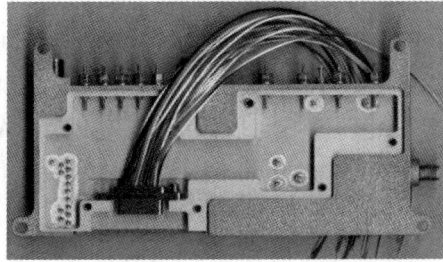

图 1 – 2 Raytheon/Pacific Aerospace 公司采用 CE11 合金制备的电子封装航空电子产品[16]

$10^{-6}/K$，拉伸强度达到 160 MPa。英国的 Hogg 等[19] 采用喷射沉积结合热等静压制备电子封装 Al – 70% Si 合金，并分析其组织结构特征，结果表明：合金显微组织由约 5 μm 的等轴初晶 Si 晶粒和约 10 μm 的粗大富 Al 晶粒组成，富 Al 晶粒填充在 Si 相网络结构中，没有发现片状共晶 Si 相，作者将这种组织特征归因于喷射沉积过程特殊的凝固条件。

国内对电子封装 Al – Si 合金制备工艺的研究起步较晚，技术水平相对较落后，但该合金的重要性已获得普遍认可。近年来，中南大学、国防科技大学、北京有色金属研究院、北京科技大学、哈尔滨工业大学等单位陆续开展电子封装 Al – Si 合金的探索性研究，并取得了一定的进展。

余琨等[20, 21] 采用喷射沉积结合热压烧结(hot press sintering)方法制备出直径 76.2 mm、厚度 6 mm 的 Al – (55%～90%)Si 合金，显微组织中初晶 Si 相尺寸为 20～50 μm，分布均匀且形成连续骨架；材料的热导率达到 100 W/(m·K)，热膨胀系数小于 $5.0 \times 10^{-6}/K$。Wang 等[22] 采用喷射沉积结合热等静压方法制备 Al – 70% Si 合金，合金具有优异的物理和力学性能，其热膨胀系数为 $6.8 \times 10^{-6}/K$，热导率达到 118 W/(m·K)，而密度仅为 2.42 g/cm^3。杨培勇等[23] 采用单质 Al 粉和 Si 粉，按比例混合均匀后热压成型制得 Al – 50% Si 合金，其热膨胀系数为 $8.3 \times 10^{-6}/K$；作者研究压制压力对材料热导率的影响表明，压制压力增大在一定范围内能有效地提高热导率，但压力过大会造成脆性 Si 颗粒出现大量的微裂纹，甚至发生解理断裂，形成大量新的两相界面，使界面热阻急剧上升，从而导致合金的热导率下降。Wang 等[24] 采用挤压铸造技术制备 Al – 65% Si 合金，将 Al – Si 合金于 600～700℃、40～50 MPa 下热压烧结 1～2 h，使三维连续网状 Si 相骨架分布于 Al 基体中，其热膨胀系数为 $8.3 \times 10^{-6}/K$，热导率为 124.0 W/(m·K)，作者指出该材料可满足电子封装的性能要求。胡锐等[25] 采用无压渗透工艺制得 Al – (60%～81%)Si 合金，其热膨胀系数为 5.1×10^{-6}～$7.8 \times 10^{-6}/K$，热导率为 94.8～128.7 W/(m·K)，而密度小于 2.50 g/cm^3。Liu 等[26, 27] 采用粉末冶金(冷等静压结合热等静压)制备 Al – 65% Si 合金,通过向 Al 基体中添加单质 Cu 粉提高合金的烧结性能和力学性能;所得材料均匀、致密,合金的拉伸强度和抗弯强度分别达到 282 MPa 和 455 MPa,断裂韧性为 4.90 MPa·m$^{1/2}$;另外,作者还分析热处理(固溶处理和峰值时效)对 Al – Si 合金显微组织和力学性能的影响,结果表明:添加 Cu 元素明显提高合金的硬度和抗弯强度,这些性能经固溶和峰值时效处理后得到进一步提高[28]。

1.2 电子封装 Al – Si 合金制备技术

对于电子封装 Al – Si 合金,除 Si 含量的影响外,其性能很大程度上还与初晶 Si 相和共晶 Si 相的尺寸、形貌和分布等特征有关。Al – Si 合金中过分粗大的 Si 相将严重降低力学和加工性能,导致难以通过机械加工获得所需形状。此外,不规则且棱角尖锐的 Si 相则容易导致在服役过程中产生应力集中,合金的性能提早失效。因此,如何改善 Si 相的形貌、尺寸和分布,并提高组织的均匀性和致密性,是电子封装 Al – Si 合金制备工艺的研究重点。

传统 Al – Si 合金的制备方法较多,目前,电子封装 Al – Si 合金的制备方法主要有以下几种:①熔炼铸造(ingot metallurgy);②压力/无压浸渗(pressure/pressureless infiltration);③半固态成型(semi-solid forming);④粉末冶金(powder metallurgy);⑤喷射沉积(spray deposition);⑥快速凝固 – 粉末冶金(rapid solidification-powder metallurgy)。

1.2.1 熔炼铸造

熔炼铸造法包括普通铸造和特种铸造。普通熔炼铸造法的设备简单、成本低、易于实现大批量生产,是低 Si 含量 Al – Si 合金最广泛采用的制备方法。但是,普通铸造方法难以获得 Si 含量高于 20% 的高性能 Al – Si 合金,因为粗大的星状初晶 Si 相和针状共晶 Si 相以及初晶 Si 相中的孔洞、裂纹等缺陷导致合金的强度、塑性和刚度很低,如图 1 – 3(a)所示[15]。

细化 Al – Si 合金中 Si 相的方法有很多,目前研究比较多的是添加变质剂。添加没有抵消作用的变质剂(P、B、Sr、P – Ce 和 P – Re 等)是研制实用 Al – Si 合金的有效途径。然而,添加变质剂也存在许多缺点,例如:变质剂的加入量和熔炼温度等工艺参数必须严格控制,成本较高,工艺较复杂;有时因外来质点的加入,使外来颗粒和夹杂物增多反而导致合金性能下降[29, 30]。英国牛津大学的 Lambourne[15] 分别研究 B、P、P – Ce 和 Sr 等变质剂对 Al – 50% Si 和 Al – 70% Si 合金显微组织和热膨胀系数的影响,结果表明:在 25 ~ 400℃,Al – 70% Si + B 的热膨胀系数为 6×10^{-6} ~ 7.5×10^{-6}/K,Al – 70% Si + P 的热膨胀系数为 6×10^{-6}/K,

Al - 70% Si + P + Ce 的热膨胀系数为 6×10^{-6}/K, Al - 70% Si + Sr 的热膨胀系数为 $7 \times 10^{-6} \sim 9 \times 10^{-6}$/K。添加变质剂后 Al - 50% Si 合金的显微组织如图 1 - 3 (b) ~ (d) 所示, 从图中可以看出, 变质处理对 Al - Si 合金的 Si 相尺寸和形貌均有显著影响, 但是这种改善效果仍无法满足电子封装材料对 Al - Si 合金的要求。

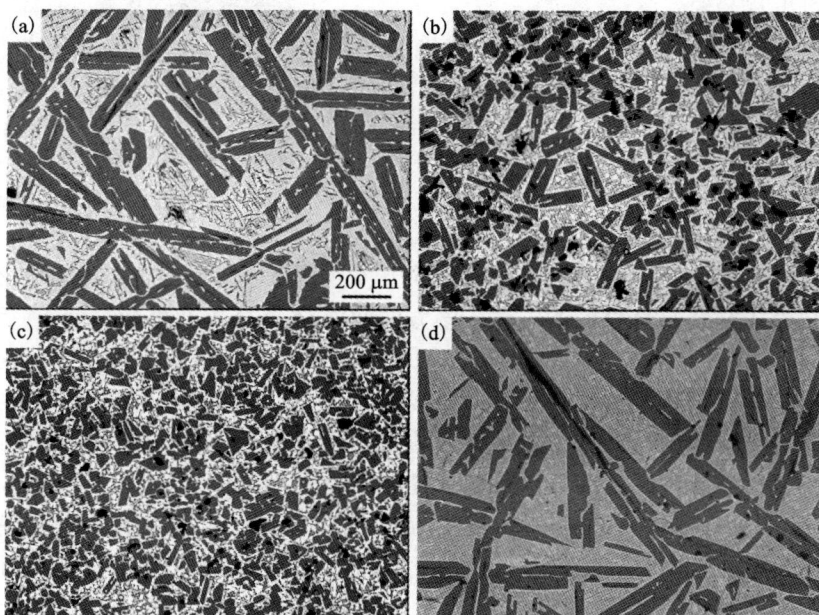

图 1 - 3 变质剂对铸造 Al - 50% Si 合金显微组织的影响

(a) Al - 50% Si; (b) Al - 50% Si + 0.5% P; (c) Al - 50% Si + 1.0% P; (d) Al - 50% Si + 0.05% Sr[15]

采用挤压铸造法 (squeeze casting) 制备 Al - Si 合金时, 热挤压过程可以促进初晶 Si 相的细化, 同时进行致密化和热处理; 挤压铸造技术是一种具有潜在应用前景的材料成型工艺[31]。然而, 挤压铸造技术也存在一定缺陷, 比如: 生产规模小、挤压铸件质量不稳定等。因此, 使铸件优质化、高性能化、大型化和复杂化是挤压铸造法的发展方向。修子扬等[32]采用挤压铸造制备 Si 体积分数为 65% 的 Al - Si 合金, 材料相对密度达到 98% 以上, 其热膨胀系数为 8.1×10^{-6}/K, 热导率为 106 W/(m·K), 密度为 2.419 g/cm³。武高辉等[32]采用挤压铸造技术制备 Si 体积分数为 65% 的环保型 Al - Si 合金, 结果表明: 材料的显微组织均匀、致密, 其热膨胀系数为 7.8×10^{-6}/K, 热导率达到 156.3 W/(m·K), 而密度仅为 2.4 g/cm³。

1.2.2 浸渗法

浸渗法分为压力浸渗法和无压浸渗法。压力浸渗法是通过机械压力或压缩气体加压，使得基体熔体渗入增强体预制块的孔隙，可以解决因增强体与基体的润湿性差而导致的浸渗不完全的问题。压力浸渗法装置示意图如图 1 - 4 所示[33]。但是，由于加压系统相对复杂且熔体温度较高而限制其大规模应

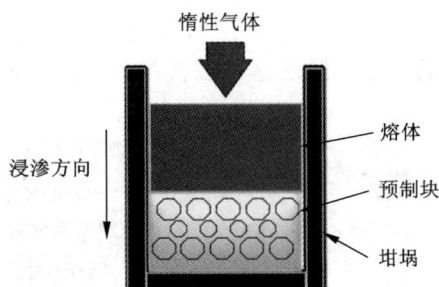

图 1 - 4　压力浸渗示意图[33]

用[34]。无压渗透法是由美国 Lanxide 公司开发，用于制备具有高体积分数和低热膨胀系数电子封装复合材料的方法，该方法将基体合金放在可控气氛(一般为惰性气体)的加热炉中加热到基体液相线以上温度，在无压力的情况下熔体通过毛细管力自发地渗透到预制块中，最终形成金属基复合材料，其工艺简单，成本较低，可近终成型[10, 35]。但是，该方法存在部分孔洞无法完全填充、增强体含量难以准确控制以及无法获得较低增强体含量的复合材料等问题。

纽约州立大学复合材料研究室的 Chen 和 Chung[18] 成功开发出一种制备 Al - Si合金的浸渗技术。他们通过湿法成型获得 Si 骨架预制件：首先，选用尺寸为1~5 μm的 99.99% Si 颗粒，配以约 0.1% 的磷酸盐黏结剂混合均匀，于 5 MPa 下冷压成型得到坯体；坯体在 200℃ 干燥 24 h，然后在 400℃ 保温 4 h，从而得到 Si 预制件；将 Al - 12% Si - 1% Mg 和 Al - 30% Si - 1% Mg 合金溶液分别渗入 Si 预制件中，得到呈网状结构的 Al - Si 合金(69% Si)。此过程在 900℃ 下进行，并通入 41 MPa 的氩气加压，使合金熔体能够顺利进入 Si 骨架中。作者指出，Al - Si 合金的显微组织中 Si 相平均尺寸约为 50 μm，热膨胀系数约为 7.2×10^{-6}/K，压缩强度达到 580 MPa，而抗拉强度为 160 MPa。

1.2.3 喷射沉积

喷射沉积工艺的基本过程为[36]：首先将合金坯料熔化，熔体在导流管流出的同时利用雾化喷嘴出口的高速气流破碎，雾化熔滴射流在高速气流作用下加速，并与气流进行热交换；在尚未完全凝固的情况下，熔滴高速撞击沉积表面，并在沉积表面附着、铺展、堆积、熔合形成一个薄的半液态层后顺序凝固结晶，逐步沉积生长成一个大块的合金坯料。根据喷射沉积的原理，该方法是一种结合快速凝固、半固态加工和近终成型的综合工艺。由于喷射沉积过程特殊的凝固过程，获得的材料一般具有相对较高的强度，喷射沉积的制备过程大致如图 1 - 5 所示[37]。

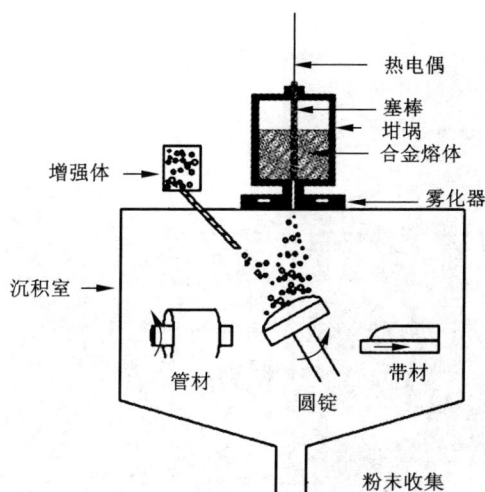

图 1-5 快速凝固喷射沉积示意图[37]

在雾化过程中，金属液滴的热量被冷却介质(雾化气体)迅速带走，其凝固速率大大高于传统铸造方法，使雾化后的液滴产生很大过冷度，晶胚形核所需达到的临界形核半径也随之减小，形核数量急剧增加，因此细小的初晶 Si 相均匀、弥散分布于 Al 基体。而在沉积过程中，部分凝固的液滴与沉积平台发生碰撞摩擦，枝晶发生破碎并形成许多细小的 Si 相，能够抑制 Si 相的长大，从而有效细化组织并提高合金的性能[38]；也正是因为这种特殊的凝固过程，喷射沉积 Al - Si 合金的显微组织中一般无法观察到共晶 Si 相。

1974 年，英国 Osprey 金属公司的 Brooks 和 Leatham 等[39, 40] 成功地将喷射沉积原理应用于锻造坯的生产，并逐渐发展为著名的 Osprey 工艺。2000 年 Osprey 金属公司首先利用喷射沉积制备电子封装 Al - (22% ~70%)Si 合金，其性能如表 1 -1 所列。喷射沉积产品直径达到 250 mm，质量达 20 kg，如图 1 -6(a)所示；其中，Si 含量偏差能够控制在 ±2% 以内[19]。获得的 Al -Si 合金可使用普通刀具加工，表面可以镀覆 Ni、Cu、Ag 及 Au 等[41]。Hogg 等[19]采用 Osprey 工艺制备 Al -70% Si 合金，初晶 Si 相尺寸仅为 5 μm，Al 基体晶粒尺寸大约为10 μm，如图 1 -6(b)所示。

由于喷射沉积坯料存在2% ~20% 的孔隙，必须对沉积坯料进行致密化处理，如热压烧结、热等静压、热挤压等。热压烧结可以使沉积坯件的晶粒重排，塑性较好的 Al 基体发生塑性流动而有效填充孔洞，从而实现锭坯的致密化[42]。刘红伟等[43]采用喷射沉积技术制备 Al -70% Si 合金沉积坯件，并对其进行热压致密化，合金的热膨胀系数为 $6.9 \times 10^{-6}/K$，50℃下的热导率为 118 $W/(m \cdot K)$，密度为 2.42 g/cm^3。Yu 等[20]采用喷射沉积制备 Al -70% Si 合金沉积坯件，采用热

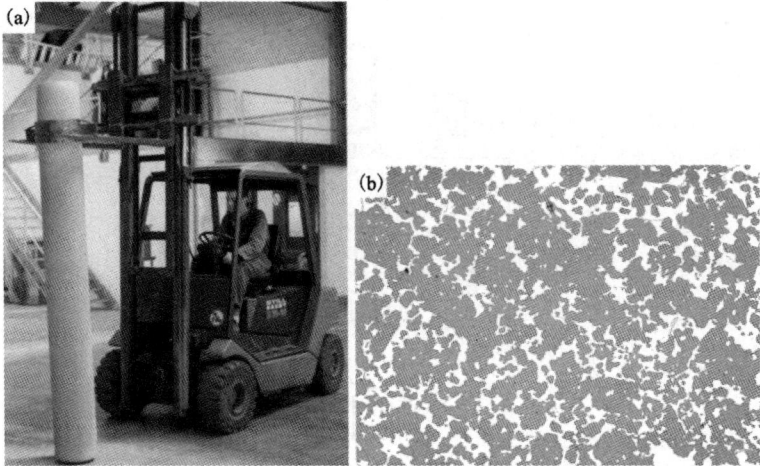

图 1 – 6　Osprey 喷射沉积 Al – 70％Si 合金锭坯宏观形貌(a)及其显微组织(b)[19]

压烧结获得致密的材料,其热膨胀系数为 6.9×10^{-6}/K,热导率为 102 W/(m · K),而密度仅为 2.38 g/cm^3。

　　热等静压是把沉积坯置入热等静压机的高压容器中并施以高温高压,一般以惰性气体或氮气作为压力介质,最高工作温度和压力分别可达 2000℃和200 MPa。该方法各向均匀的压力可以降低制品的烧结温度,改善晶粒结构,消除材料内部颗粒间的缺陷与孔隙,提高材料的密度和强度。因此,热等静压法是消除喷射沉积锭坯内部残余微量孔隙和提高密度的有效办法[44]。张永安等[45]采用喷射沉积技术制备 Al – 60％ Si 合金,并进行热等静压致密化,结果表明:合金显微组织细小,Si 相平均尺寸约为 10 μm,且均匀弥散分布于 Al 基体,热膨胀系数为 $9 \times 10^{-6} \sim 10 \times 10^{-6}$/K,热导率为 110 W/(m · K)。张磊等[46]采用热等静压对喷射沉积 Al – 60％ Si 合金锭坯进行致密化,结果表明:热等静压可以有效消除锭坯中的残余孔隙,从而获得致密的材料且 Si 相没有发生明显粗化。

　　快速凝固喷射沉积技术的主要优势包括[36]:①无宏观偏析、基体固溶度增大;②细小而均匀的等轴晶显微组织;③细小的初生沉淀相或初晶相;④氧含量低、黏结强度高;⑤热加工性能得到改善,并且喷射沉积工艺还具有流程短、沉积效率高(Osprey 金属公司的生产率为 25 ~ 200 kg/min)和可以达到近终成型(例如直接形成多种接近零件实际形状的大截面尺寸挤压、锻造或轧制坯件)等优点。但是,由于喷射沉积过程比较复杂,工艺参数多,如熔体温度、雾化压力、沉积速率等;优化工艺参数,提高喷射效率,是该制备方法规模化的主要发展方向。另外,喷射沉积锭坯的相对密度一般为 90％ ~ 96％,需要通过后续加工或热加工致密化才能消除锭坯中残留的孔隙，导致喷射沉积工艺的制备成本较高。

1.2.4 快速凝固－粉末冶金

快速凝固－粉末冶金法综合快速凝固过程的高凝固速率和粉末冶金工艺的低烧结温度和灵活性的优点，可以获得组织细小、均匀，且强度较高的材料；另外，该方法可以获得增强体含量在很大范围内变化的复合材料。采用快速凝固－粉末冶金法制备 Al－Si 合金，可以显著改善合金的显微组织、减少偏析、提高基体固溶度，使材料性能大幅度提高。快速凝固－粉末冶金制备 Al－Si 合金的大致工艺流程如图 1－7 所示[38]。

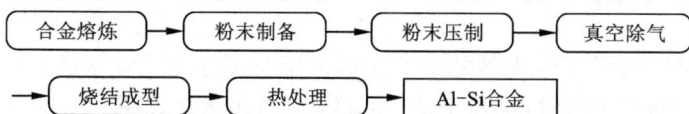

合金熔炼 → 粉末制备 → 粉末压制 → 真空除气 → 烧结成型 → 热处理 → Al-Si合金

图 1－7 快速凝固－粉末冶金 Al－Si 合金的工艺流程

快速凝固－粉末冶金法的关键工序在于合金粉末制备和粉末致密化成型。快速凝固的冷却速率较高，可以显著减小 Si 相颗粒尺寸并改善其形貌和分布，极大地提高合金元素的固溶度，获得均匀的显微组织。与熔炼铸造法相比，快速凝固技术具有更高的冷却速率和更大的过冷度，在凝固过程中萌生出更多的晶核且粗化时间短，从而使材料的显微组织得到显著细化。采用熔炼铸造法制备的 Al－Si 合金，初晶 Si 相尺寸一般大于 $100~\mu m$，而采用快速凝固－粉末冶金法制备的合金，初晶 Si 相尺寸通常在 $20~\mu m$ 以下，这种细小的 Si 相可以使材料具有良好的力学性能和热循环稳定性，且有利于提高机械加工性能[47, 48]。

快速凝固 Al－Si 合金粉末的制备方法主要有水雾化法、普通气雾化法、超音速气雾化法、离心雾化法以及由这些方法组合而成的多级雾化法等[49]。表 1－3 所列为不同制备方法获得的 Al－Si 合金粉末的尺寸、形状和凝固速率。水雾化法和气雾化法的设备要求和成本相对较低且生产效率较高，是粉末生产中最广泛应用的方法。但是，对于 Al 及其合金粉末，由于水雾化法制备的氧含量较高，一般采用气雾化法生产，包括空气雾化法和保护气体雾化法。

根据 Al－Si 合金的特性，快速凝固－粉末冶金法一般还需采用一些特殊的工艺。由于 Al 的活性较高，在粉末制取过程中不可避免地形成一层氧化膜（大约 10 nm），这导致粉末颗粒之间的相互扩散受到阻碍，难以形成良好的冶金结合[50]。因此，必须对粉末进行压力加工，如粉末热压烧结、热挤压和热锻造等。粉末压力加工可以破坏表面氧化层，使粉末之间通过焊合和扩散而牢固地结合在一起。

表 1-3 不同制备方法 Al-Si 合金粉末的比较[49]

粉末制备方法	粉末尺寸 /μm	粉末形状	凝固速率 /(K·s⁻¹)
水雾化	>100	不规则	$>10^4$
普通气雾化	5~300	不规则 + 类似球形 + 球形	$10^2 \sim 10^4$
超声波气体雾化	10~80	类似球形 + 球形	$10^4 \sim 10^6$
离心喷雾	>100	不规则	$10^4 \sim 10^6$
多级雾化	2~20	不规则 + 类似球形 + 球形	$10^5 \sim 10^6$

粉末热挤压过程产生大量的塑性变形,可以获得近乎致密的显微组织,因此该方法也是粉末致密化的主要手段之一[51]。在热挤压之前,Al-Si 合金中初晶 Si 相较为粗大,导致材料塑性下降、对模具的磨损严重,因此在成型前需要采用包套密封。采用粉末包套密封可使难以压制成型的粉末预成型为生坯,正确选择包套材料可以改善生坯与模壁的润滑状况并促进金属流动和保护模具。杨伏良等[52]采用空气雾化法与真空包套热挤压工艺相结合的方法,制备出 Al-30%Si 和 Al-40%Si 合金,结果表明:合金的相对密度高达 99.6%;随着挤压温度升高,热导率为 104~140 W/(m·K);而热膨胀系数则逐渐增大,但始终小于 13×10^{-6}/K。甘卫平等[53]利用真空包套热挤压制备 Al-Si 合金,其相对密度达到 99%,而抗拉强度比相同成分铸造后热轧的试样提高 77%。

粉末热锻造是将传统的粉末冶金和精密锻造相结合而发展起来的一种近终成型加工工艺[54]。粉末锻造制备出的材料具有利用率高、力学性能好、锻件精密度高和成本低等特点。邱光汉等[55]研究 Al-Si 合金的锻造密实工艺表明,当合金 Si 含量不超过 30% 时,锻件的相对密度可以达到 99%;合金显微组织中初晶 Si 相均匀分布,没有出现针状或大块片状组织。

热压烧结通过压力和温度的共同作用可以有效消除粉末坯体中的孔隙并促进粉末之间的扩散黏结,从而实现粉末坯料的快速致密化,可以获得综合性能良好的材料;另外,热压烧结的温度相对较低(500~650℃),主要取决于材料成分,可以有效抑制晶粒的长大、提高合金的力学性能[56]。热压过程出现一定量的持续液相可以通过毛细管力拉近和焊合粉末,而且液相可以渗入粉末之间的边界从而促进基体与增强体的黏结[57, 58]。热压过程中液相的形成可以通过粉末之间的扩散得到,而烧结温度只要稍高于共晶温度,因此,可以在较低温度下获得致密的材料。Al 粉末中添加的单质元素一般有 Cu、Mg、Zn、Sn 等,Cu 与 Al 能形成持续液相,但 Mg 和 Zn 等粉末与 Al 形成的瞬时液相对热压致密化的作用有限。

Al – Cu 混合粉末的热压烧结温度一般不超过 600℃；同时添加 Cu 会在固溶和时效处理后于 Al 基体中形成 Al$_2$Cu 析出相，从而在一定程度上提高材料的力学性能[59]。

作为 Al – Si 合金最重要的制备方法之一，快速凝固 – 粉末冶金法有以下突出优点：①快速凝固过程获得较高的凝固速率，从而有效控制 Si 相尺寸并改善 Si 相形貌；②成型温度较低，能够有效抑制 Si 相粗化并改善其形貌和分布状况；③增强体含量比较容易控制，从而提高 Al – Si 合金性能的可设计性；④工艺简单、成本较低，适合大规模工业化生产。目前快速凝固 – 粉末冶金方法中的致密化工艺及相关理论尚未成熟，加大研究力度，加快工业应用是该方法未来的发展方向。但是快速凝固 – 粉末冶金也存在一些缺点：①粉末冶金产品的氧含量一般较高，而且可能在运输和制备过程中脏化；②由于粉末冶金过程通常在固态下成型，粉末颗粒之间的黏结强度有限；③增强体含量较高时，合金的致密化性能受到一定限制，很难获得致密的材料。

综上所述，虽然熔炼铸造法的工艺简单、成本低且容易大规模生产，但是因其凝固速率较低而易导致初晶 Si 相过分粗化，从而使得材料的力学和加工性能很差，无法获得电子封装所需的高 Si 含量 Al – Si 合金。浸渗法可以获得高 Si 含量的 Al – Si 合金，但是其无法获得低 Si 含量的合金且往往存在无法完全填充的孔隙等缺陷，导致材料综合性能较低。喷射沉积法是被 Osprey 金属公司用于制备不同 Si 含量 Al – Si 合金的方法并已获得大规模应用，这说明该工艺是制备 Al – Si 合金的主要方法之一；但是前面提到，喷射沉积工艺存在过程复杂、设备昂贵、制备成本较高等问题，因此其应用受到一定限制。快速凝固 – 粉末冶金工艺结合快速凝固的高凝固速率和粉末冶金法的简单工艺过程，能够获得各种 Si 含量的 Al – Si 合金，但也存在粉末颗粒的结合强度较低和氧含量较高的问题。因此，作者主要采用快速凝固 – 粉末冶金法制备不同 Si 含量 Al – Si 合金并对其组织结构和性能进行研究，同时与采用喷射沉积法制备的合金进行对比；此外，对 Al 基体进行合金化以期提高合金的力学性能。

1.3 电子封装 Al – Si 合金主要性能

1.3.1 物理性能

由于 Al 和 Si 均属于轻质材料，密度分别为 2.70 g/cm^3 和 2.33 g/cm^3；根据复合材料混合法则(role of mixture，ROM)，电子封装 Al – Si 合金的密度一般为 2.4 ~ 2.6 g/cm^3。Al – Si 合金作为电子封装材料的主要性能包括热导率、热膨胀系数、力学性能和工艺性能(包括机加工、表面镀覆、焊接性能等)。

材料内部温度分布不均匀，或者两个温度不同的物体接触时，热量就会从高温区向低温区传递。表征这种热量传递能力的物理量就是材料的热导率，即单位温度下单位时间内通过单位垂直面积的热量[60,61]。金属及合金中，热量的传导主要通过自由电子的相互作用和碰撞来实现，其热导率一般较高。金属基复合材料中，金属基体主要通过自由电子传热，而增强体一般通过声子传热，因此电子和声子对复合材料的热传导共同起作用；同时，基体中的化合物、杂质和空隙以及基体与增强体界面对电子和声子运动具有一定的散射作用，这些将阻碍热传导的进行，降低复合材料的热导率。

影响 Al - Si 合金热导率的因素比较多，除 Si 相含量为主要因素以外，Si 相的尺寸、形状和分布、Al 基体过饱和程度、界面结构、点阵畸变和孔隙率等均对合金热导率有很大影响。Chen 和 Chung[18]发现在 Si 相尺寸相同的情况下，Al - Si 合金的热导率随着 Si 含量增加而逐渐降低；而在 Si 含量相同的情况下，热导率随着 Si 相尺寸减小而降低。Hasselman 和 Donaldson[62]对 Al - 40% SiC$_p$ 复合材料热导率与 SiC 颗粒尺寸（0.7 ~ 28 μm）关系的实验研究和理论计算表明：复合材料热导率随着 SiC 尺寸减小而降低，热导率仅当 SiC 尺寸为最大时才能超过基体的热导率。Chien 等[61]对挤压铸造 Al - Si 合金的研究也得到同样的结果。其结果如图 1 - 8 所示。

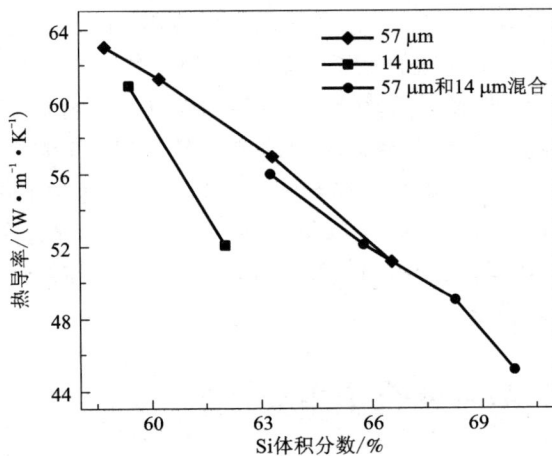

图 1 - 8 Si 颗粒尺寸和体积分数对 Al - Si 合金热导率的影响[18]

基体与增强体的界面对复合材料的热导率有很大影响。热传导过程中，界面的存在对热量传输产生一定的阻滞作用，一般用界面热阻来衡量。如果增强体与基体界面结合达到理想的状态，即界面热阻为零，则增强体的尺寸对复合材料热导率没有影响。实际上，由于增强体与基体的物理和化学性质之间存在巨大差异，造成界面处点阵分布不均匀；同时近界面基体中由于热错配、残余应力等导致晶体学缺陷密度较高，复合材料的界面不可能达到理想状态。界面还是复合材料内部热阻的主要来源，故提高 Si 含量或减小 Si 相尺寸都会使 Al – Si 合金单位体积中的界面增多，电子的定向传输会受到界面的散射而减弱。因此，界面越多热阻越大，材料的热导性能就越差。界面热阻的研究对提高材料热导率具有重要意义，很多研究者从实验和理论角度进行了大量研究。Hasselman 等[62,63]较早开展了与界面热阻相关的研究工作，作者在 Maxwell 理论模型分析多相材料热导性能的基础上，考虑复合材料增强体与基体之间界面热阻的影响，提出有效介质的方法，并分析 Ag – Al$_2$O$_3$ 复合材料的热导性能，同时计算得到该材料的理论界面热阻。

固体材料的热膨胀行为是由晶体结构中原子作热振动时，振动中心偏离平衡位置所致。通常的单相材料，其热膨胀随着温度的升高而升高。而对于某些合金和复合材料而言，由于组织结构（界面等）、磁致伸缩以及相变等原因，受热膨胀行为会表现出一些特殊的规律，甚至产生受热收缩的现象[60]。

由于纯 Al 的热膨胀系数高达 23.6×10^{-6}/K，而纯 Si 仅为 4.2×10^{-6}/K，因此 Al – Si 合金的热膨胀系数主要取决于 Si 含量，这与一般的颗粒增强金属基复合材料的特征相同。Osprey 金属公司 CE 系列合金热膨胀系数与温度关系如图 1 – 9 所示[41]。由图 1 – 9 可知，Al – Si 合金热膨胀系数随着 Si 含量增加而逐渐降低。Yu 等[64]采用放点等离子烧结制得 Al – (9% ~ 45%) Si 合金，其热膨胀系数也随着 Si 含量增加而不断下降。

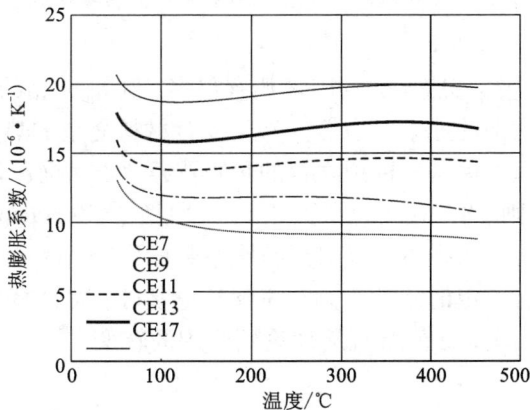

图 1 – 9 Osprey 金属公司 CE 系列材料热膨胀系数与温度的关系[41]

    Chien 等[61]研究 Si 颗粒尺寸对 Al – Si 合金热膨胀系数的影响表明，热膨胀系数随着 Si 颗粒尺寸增大而升高。导致这种现象的原因可能是尺寸较大的颗粒容易在 Al 基体中聚集较大的应力，在后续加热和冷却过程中会释放出来，产生较大的应变，从而导致合金的热膨胀系数升高。Si 颗粒尺寸对 Al – Si 合金热膨胀系数的影响如图 1 – 10 所示。Yan 和 Geng[65]研究 SiC 颗粒尺寸（5 μm、20 μm 和 56 μm）对 Al – 20% SiC_p 复合材料热膨胀系数的影响时发现，热膨胀系数随着 SiC 颗粒尺寸减小而下降，导致这种差异的原因是加热过程中原始热应力和基体塑性的差别。

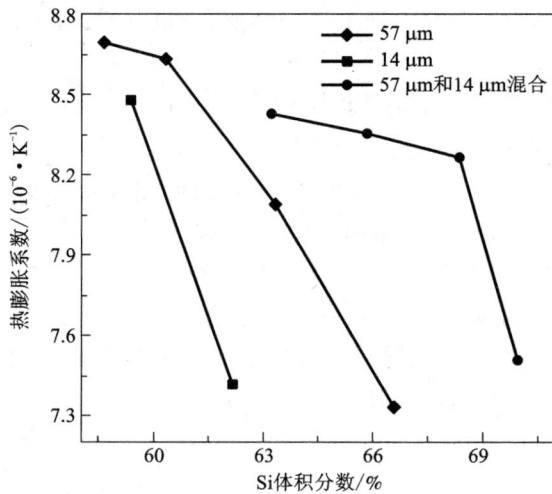

图 1 – 10　Si 颗粒尺寸和体积分数对 Al – Si 合金热膨胀系数的影响[61]

    影响 Al – Si 合金热膨胀系数的因素还有很多，例如 Si 相的分布和形貌、材料的相对密度和材料内部的残余应力等。基于复合材料复杂的热膨胀行为，众多研究者希望通过构建理论模型来模拟材料的热膨胀行为，目前已发展出多种理论模型，主要有 ROM 法则、Kerner 模型[66]、Turner 模型[67]和 Schapery 模型[68]等。但以上理论模型只考虑到增强体含量对热膨胀系数的影响，因此理论计算值与实验测得的热膨胀系数有一定的差别。只有完善理论基础，使计算模型充分考虑各种影响热膨胀系数的因素，才能实现从理论到应用的转变。

1.3.2　力学性能

    快速凝固 Al – Si 合金由于特殊的工艺过程，可以获得细小、均匀的显微组织并提高基体的固溶度；因此，其强度明显高于传统铸造合金，并且延伸率有一定程度的提高。金属基复合材料中，力学性能主要取决于界面结合强度以及增强体含量、形貌、尺寸、尺寸分布等。Yamauchi 等[69] 发现，金属基复合材料的强度与其增强体含量和尺寸的关系可以表述为：

$$\sigma \propto \frac{\Phi_v}{d \cdot (1-\Phi_v)} \qquad (1-1)$$

式中：σ 为复合材料的强度；Φ_v 和 d 分别为增强体的体积分数和平均直径。由式（1-1）可知，在一定范围内，提高增强体含量或减小尺寸均可以有效提高复合材料的强度。喷射沉积 Al-Si 合金的部分力学性能参数列于表 1-4[41]。

表 1-4　喷射沉积 Al-Si 合金的力学性能[41]

成分	抗弯强度/MPa	屈服强度/MPa	弹性模量/GPa
Al-27%Si	210	183	92
Al-42%Si	213	155	107
Al-50%Si	172	125	121
Al-60%Si	140	134	124
Al-70%Si	143	100	129

一般而言，高 Si 含量 Al-Si 合金的断裂从宏观角度观察呈脆性断裂，但从微观角度观察可以发现 Al 基体具有韧性断裂特征，这与其他金属基复合材料的断裂行为相似。袁晓光等[70] 对喷射沉积 Al-20%Si-5%Fe 合金的断裂行为进行系统研究发现，挤压态合金的裂纹主要源于初晶 Si 相的脆性断裂，部分还来源于 Si 相与 Al 基体的界面剥离，断裂主要以穿晶方式发生，断口凹凸不平且有大量由小解理平台组成的韧窝和杯锥状突起。Zhou 等[71] 研究快速凝固-粉末冶金 Al-20%Si-3%Cu-1%Mg 合金的室温和高温断裂行为发现，室温下挤压态合金的裂纹主要源于初晶 Si 相开裂、原始颗粒界面断裂以及 Si 相与基体界面剥离，断口中可以观察到韧窝形貌；高温下断裂主要由初晶 Si 相与 Al 基体界面剥离以及原始颗粒界面分离造成，断口中存在较大韧窝形貌，合金断裂方式具有明显的韧性断裂特征。

热循环（thermal cycling）的基本特征是交替地加热和冷却。Al-Si 合金作为电子封装材料在许多应用领域都会出现热循环问题，特别是在高功率密度电子器件中。Srivatsan 等[72] 研究铝合金经反复加热-冷却过程中材料显微组织及性能的变化趋势发现，组织中硬质相会在热循环过程中发生破裂，并且第二相与 Al 基体发生剥离而生成裂缝，上述两种情况均会导致材料的强度下降以及加速材料破坏，而强度下降的速率与热循环参数有很大关系。

目前，关于热循环行为的研究主要集中于金属基复合材料，对 Al－Si 合金的研究还很少。根据现有资料[48,73-76]，影响热循环过程材料破坏的因素主要有：①热循环实验的最高和最低实验温度，包括温度梯度的大小；②热循环过程的加热和冷却速率；③基体与增强体的界面结合强度、近界面区组织、缺陷密度等；④增强体含量、尺寸、形貌和分布情况等；⑤基体和增强体因热膨胀系数差异而产生的微小界面裂缝程度；⑥基体中第二相含量、尺寸、数量和分布情况；⑦基体强度，特别是高温强度等。上述因素同样对 Al－Si 合金产生影响，如：材料塑性变形而导致尺寸变化、因界面键结的破坏而产生滑移、界面间产生空洞和微裂缝等缺陷、增强体发生破裂、材料热膨胀系数改变等。

Srivatsan 等[77]对热循环后材料强度的变化规律进行系统研究，结果表明：增强体经热循环实验后破碎从而导致强度降低，而延伸率略微提高；作者还指出，在复合材料中添加合金元素，与基体通过界面反应形成化合物可以增加界面强度，故提高复合材料的强度可以提高其热循环稳定性。

复合材料强度下降的原因除上述增强体破碎以外，热循环过程中所生成的裂缝与缺陷也是主要原因之一，该现象主要是由于基体和增强体之间较大的热膨胀系数差异所致。一般情况下，复合材料在热循环过程中会因基体和增强体的失谐而导入热应力。热循环持续进行时，应力不断累积，当热应力超过基体和增强体之间界面或晶粒本身的强度时，界面或晶粒就会剥离或破裂而生成微裂缝，同时裂缝可能随着热循环的进行而继续成长，最终导致材料失效。基体和增强体之间热膨胀系数差异越大，则产生裂缝缺陷的几率越大。综上所述，复合材料中增强体的含量、尺寸、形貌以及彼此间距等都是影响裂缝生成与成长的因素。

1.3.3　工艺性能

利用快速凝固工艺制备的 Al－Si 合金一般具有良好的机械加工性能，采用普通硬质合金刀具便可进行机械加工，可以获得几何形状复杂、尺寸精度较高的产品；而且由于合金的强度较高，能够得到壁厚小于 1 mm 的封装壳体，从而满足电子封装对材料外形尺寸的要求。常用的机械加工手段包括：铣削加工、车削加工、磨削加工、精雕加工、线切割和机械钻孔等。中南大学金属材料研究所采用喷射沉积法制备的 Al－50％Si 合金经机械加工而成的电子封装壳体如图 1－11 所示。

表面镀覆在电子封装领域的应用十分广泛，主要包括功能性镀层和精密镀层两种。例如，引线框架与芯片或印刷线路板等的连接以及配线、散热、尺寸过渡、功率分配和信号传递等；同时，要求内腿与金线具有键合性而外腿与焊锡具有焊接性。目前，这两项功能均需要通过在电子封装材料进行表面镀覆实现。一般情况下，印制板通孔的非导体孔壁表面的金属化也是通过表面电镀 Cu 的方式来实现。电镀技术在电子封装中的应用主要采用局部镀 Ni 和 Au 的方式实现，从而在倒装芯片和基板中形成可焊性焊点电极凸点[78]。因此，研究 Al－Si 合金的表面镀覆性能以及镀层的结合性能对其实际应用具有重要意义。

图 1－11　喷射沉积电子封装
Al－50％Si 合金壳体

图 1－12　Osprey 金属公司
CE17 合金镀金产品[41]

　　Al－Si 合金作为封装材料通常需要在表面进行金属化后才能与其他电子器件进行连接。表面金属化主要有 2 个目的：①改善材料的表面性能，提高对焊料的浸润性；②作为阻挡层，阻止焊料对金属化层的渗透，从而保证材料在使用过程中的稳定性。随着 Si 含量增加，合金的导电性逐渐降低，从而降低了其表面金属化性能，需要在 Al 合金的金属化工艺基础上有所改进。目前，国内外研究人员已经大致掌握 Al－Si 合金表面镀 Ni、Cu、Au、Ag 的方法进行金属化。Osprey 金属公司生产的 CE7、CE9、CE11 和 CE17 等合金采用表面镀 Au 或镀 Ni 的方法进行金属化，表面镀 Au 或 Ni 后，材料与常用焊料进行焊接具有良好的界面稳定性。图 1－12所示为 Osprey 金属公司 CE17 合金的表面镀金产品[41]。

　　理论上，铝基复合材料的焊接方法基本包括所有普通 Al 合金的焊接方法，如钎焊、扩散焊、电阻焊、电弧焊、摩擦焊、激光焊和真空电子束焊等。但在相同条件下，铝基复合材料的焊接相对于 Al 合金存在较大的困难，这是由其自身的特性所决定的。铝基复合材料中，由于增强体与基体之间物理、化学性能的差别，增强体对焊接性能的影响很大，如在熔化焊过程中增大焊接熔池的黏度、降低焊缝金属的流动性，特别是增强体与基体金属发生的界面化学反应更是给铝基复合材料焊接造成很大的困难。例如 Al－SiC$_p$ 复合材料，采用激光焊接方法所得到的接头焊缝很容易产生疏松、气孔和夹杂等缺陷；并且在热影响区基体与增强体之间容易发生界面反应，生成脆性化合物 Al$_4$C$_3$，因而难以获得高质量的焊接接头。

另外，增强体与基体之间性能（如熔点和热膨胀系数等）的巨大差异也常常使得焊接工艺参数难以控制。这些问题严重阻碍铝基复合材料在电子封装领域的应用和推广，因此应该在铝合金焊接的基础上加大关于复合材料焊接性能的研究工作。

Al – Si 合金中，增强体 Si 属于类金属元素，并且 Si 在 Al 基体中具有一定固溶度，因此不存在界面润湿性的问题，从而有利于改善其成型性能；同时 Al 与 Si 在制备和焊接过程中不会产生界面化学反应而生成脆性相（如 Al_4C_3 相），这就不会恶化合金的性能，特别是强度和热导率。但是，Al – Si 合金中的 Si 相尺寸、形貌和分布对焊接性能影响较大，同时材料中的氧含量和残余应力也有一定影响。相对于其他以陶瓷颗粒为增强相的铝基复合材料，Al – Si 合金的焊接性能优良，如可以采用钎焊、扩散焊和激光焊等。图 1 – 13 为 Osprey 金属公司 CE7 壳体与 CE17 盖板采用激光焊接后的宏观形貌和焊点显微组织[41]。

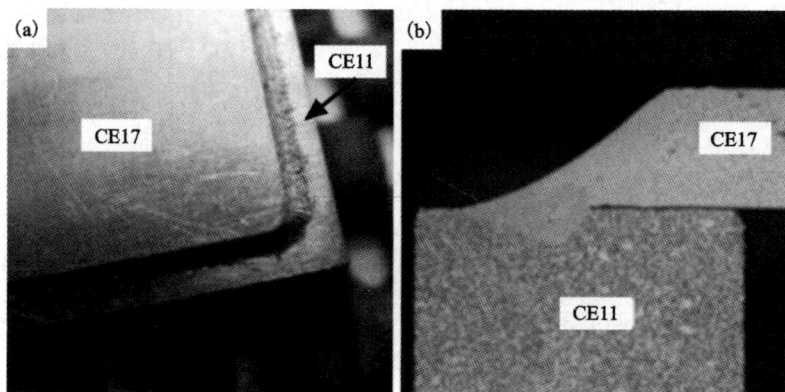

图 1 – 13　Osprey 金属公司 CE7 壳体与 CE17 盖板激光焊接件[41]

(a)宏观形貌；(b)截面显微组织

1.4　Al – Si 合金的应用

现代 IC 产业的高速发展与其设计、测试和封装等各个环节紧密关联，最终在产业化中体现价值，良性循环形成规模化生产并实现经济效益。电子封装技术在 IC 产业中的重要性十分突出，特别是军用产品多采用金属、陶瓷封装结构，从而保证器件、模块、组件和系统的结构和功能可靠性。金属封装具有气密性高、散热性好、形状多样等优点；但是，传统金属封装材料难以满足现代航空航天、舰船、雷达、电子战、精确打击、天基和海基系统对大功率微波器件封装的要求。

Al-Si 合金具有优异的综合性能,恰好可以在这些领域发挥作用,形成规模化生产,逐步推向民用市场并扩大应用领域。目前,高 Si 含量 Al-Si 合金的主要应用领域包括 T/R(Transmitter/Receiver)组件封装、倒装芯片封装、功率器件封装、光电模块封装和晶片等。

机载雷达天线安装在飞机万向支架上,采用机电方式扫描,其发展的转折点是美国 F-22"猛禽"战斗机[79]。该战机采用有源电子扫描相控阵天线 AESA(Active electronically scanned array,通常也称为有源相控阵技术),并研发出多种 AESA 系统。例如,APG-80 捷变波束雷达、多功能机头相控阵一体化航电系统、多功能综合射频系统、综合式射频传感器系统、JSF 传感器系统等。AESA 系统所用 T/P(发送/接收)模块封装技术日趋成熟,每个 T/R 模块的成本逐渐下降,从研发初期的 10 万美元降至 600~800 美元,并且还在继续下降。F-22 机载雷达可同时探测跟踪目标数为空中 30 个和地面 16 个,探测范围为 200 km,可以实现"先敌发现、先敌发射、先敌命中"。图 1-14 为 F-22 战斗机雷达的 AESA 阵面照片。美国国防部国防科学委员会主席的一份关于发

图 1-14 F-22 战斗机雷达的 AESA 阵面[80]

图 1-15 Ericsson Microwave 公司采用 CE13 合金制备的雷达用封装外壳[41]

展美国军用机雷达的报告中特别强调,AESA 可以极大地扩展雷达的功能和提高雷达的性能,未来美国的战斗机雷达、预警与监视飞机的雷达都应是 AESA 体制的。雷达行业专家存在一种普遍的观点:从现在起再过 10 年,不掌握 AESA 雷达制造能力的厂商将没有立足之地。除美国之外,俄罗斯、法国、德国、荷兰、瑞典、英国、以色列等西方国家也正在这一技术领域进行广泛地合作开发。

一般情况下,AESA 系统由数以千计的 T/R 模块(有的高达 9000 个)组成,每个 T/R 模块内部都有采用 GaAs 技术制备的功率发射放大器、低噪音接收放大

器、T/R 开关、多功能增益/相位控制等电路芯片，而最终关键在于封装技术；同时，机载系统对封装材料的体积和重量要求极为苛刻。Al – Si 合金具有低热膨胀系数、高热导率和低密度等优点，采用 Al – Si 合金的电子封装 T/R 模块（包括 S、C、X、Ku 波段产品）可以满足机载的要求。Ericsson Microwave 公司采用 Osprey 金属公司生产的 CE13 合金制得雷达用封装外壳，如图 1 – 15 所示[41]。

倒装芯片封装（Flip chip packaging, FCP）技术的优势在于大幅度提高产品的散热效率和电性能，适合高引线数、高速、多功能的器件。Al – Si 合金的热膨胀系数与介电衬底、焊球阵列、低温烧结陶瓷和印刷电路板相近，同时具有较高强度，成为倒装焊盖板的理想材料。由于 Al – Si 合金具有良好的机械加工性能，可以通过普通刀具获得复杂的形状，图 1 – 10 和图 1 – 14 中 Al – Si 封装外壳有多个空腔，可容纳多块芯片，用于提供器件连接支柱、填充材料的孔以及不同的凸缘设计。Al – Si 合金表面还支持不同的标识和表面处理，如激光刻字、镀覆（Au、Ni 等）、丝网印刷等，能够满足 FCP 的需求。

大功率密度封装中管芯所产生的热量主要通过基板散发到壳体外。20 世纪 90 年代，Al – Si 合金已用于功率放大器的基板，通过设计不同的 Si 含量和基体成分获得与芯片或衬底相匹配的热膨胀系数，从而有效防止热失效。事实证明，Al – Si 合金具有良好的可靠性，能够从根本上解决功能器件的散热问题，因而成为功率器件中重要的封装材料。宽禁带半导体，如 SiC、GaN，在芯片制备中体现出很强的竞争优势，已获得直径为 100 ~ 150 mm 的 GaN 片，在单位面积上的功率是其他器件的 6 倍，带宽达到 1 ~ 40 GHz。

采用 Al – Si 合金可制备出光电模块封装要求光学对准十分精密的复杂几何形状，精确控制产品尺寸，关键的光学对准部分一次成型，保证光电器件的对接。此外，Al – Si 合金还具有良好的散热性能和各向同性从而保证了温度的均匀释放；通过优化冷却器性能，大大改善光电器件的热管理。

晶片为发光二极管（LED）的主要原材料，LED 主要依靠晶片来发光。Al – Si 合金的热膨胀系数范围很大（$5 \times 10^{-6} \sim 18 \times 10^{-6}$/K），直径可达 300 mm，可以通过机械切割得到 0.2 mm 厚的片材。目前，Al –

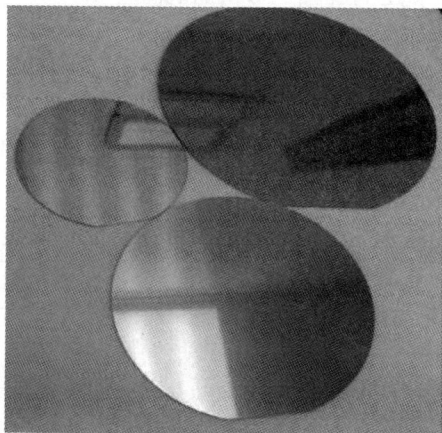

图 1 – 16　Osprey 金属公司的 CE6 合金晶片[41]

Si 合金主要用于高密度、多层 LED 的热载体或基体以及聚光光伏用高功率(>
41%)光伏电池。图 1 – 16 为 Osprey 金属公司 CE6 合金制备的 4 英寸、6 英寸和 8
英寸晶片[41]。

1.5 主要研究内容

Al – Si 合金具有电子工业所需电子封装材料要求的高热导率、低热膨胀系
数、低密度和良好的工艺性能,可提供各种微电子、微波以及光电器件封装所需
的热管理,有望满足航天航空、光电器件等领域对新型电子封装材料的迫切需
求。目前,欧、美、日等发达国家已经实现 Al – Si 合金的工业化生产和应用,并
拥有自己的专利技术[17,39,40]。由于国内电子技术发展相对落后,对新型电子封
装的需求存在一定滞后,基本处于跟踪和模仿国外技术的状态。随着近几年电子
工业的迅速发展,国内对电子封装材料的需求不断扩大,Al – Si 合金以其各项优
异性能而引起广泛关注。以 Al – Si 合金的自主研发和生产来替代进口产品,对经
济和国防工业均具有重要意义。

本书针对电子封装 Al – Si 合金组织结构和性能等方面存在的问题进行系统
研究。材料的制备分别采用快速凝固 – 粉末冶金和喷射沉积方法,首先分析气雾
化 Al – 27% Si 合金粉末的组织结构、热稳定性和压制性能,研究 Si 含量对喷射沉
积和粉末冶金 Al – Si 合金显微组织、力学和热物理性能的影响,然后研究
Al – 50% Si 合金的热循环过程稳定性,并通过添加不同含量单质 Cu 粉,分析 Cu
元素对烧结性能、显微组织、力学和热物理性能的影响。主要内容包括:

(1)气雾化 Al – Si 合金粉末的组织结构特征:包括 Al – Si 合金粉末的尺寸分
布、形貌、组织结构和显微硬度与粉末粒度的关系,特别是 Si 相形貌和尺寸的演
变,通过测量共晶间距计算合金粉末的凝固速率和过冷度;同时分析 Si 含量对合
金粉末组织结构的影响。

(2)气雾化 Al – Si 合金粉末的组织热稳定性:通过观察合金粉末在不同退火
条件下的显微组织演变,特别是 Si 相尺寸和形貌变化,研究退火温度和保温时间
对组织稳定性的影响;通过对比不同粒度合金粉末在退火过程的显微组织演变,
研究凝固速率对合金组织稳定性的影响;另外,研究加热过程中 Si 相的粗化机制
和形貌演变规律。

(3)气雾化 Al – Si 合金粉末的室温压制性能:包括对不同粒度和不同温度退
火后合金粉末的压制性能分析,同时采用压制方程分析凝固速率和退火温度对合
金粉末致密化性能的影响,探讨影响合金粉末变形性能的主要因素。

(4)喷射沉积和粉末冶金 Al – Si 合金的显微组织和性能:采用热压烧结对粉
末压坯和喷射沉积锭坯进行致密化,研究 Si 含量对 Al – Si 合金显微组织、力学性

能和热物理性能的影响规律，并对比两种制备工艺获得的显微组织和性能。

（5）Al－Si 合金的热循环行为：重点讨论热循环加热温度和循环周次对合金显微组织、力学性能、热物理性能的影响，并探讨热循环过程合金的失效机制。

（6）研究 Cu 合金化对 Al－Si 合金显微组织和性能的影响：通过添加不同含量单质 Cu 粉，分析 Cu 元素及其含量对热压烧结致密化过程的作用；同时，考察合金元素及其含量对显微组织、力学性能、热物理性能和断裂机制的影响。

通过以上研究，为发展高性能电子封装 Al－Si 系列合金的制造技术奠定理论基础。图 1－17 是本书的研究流程图。

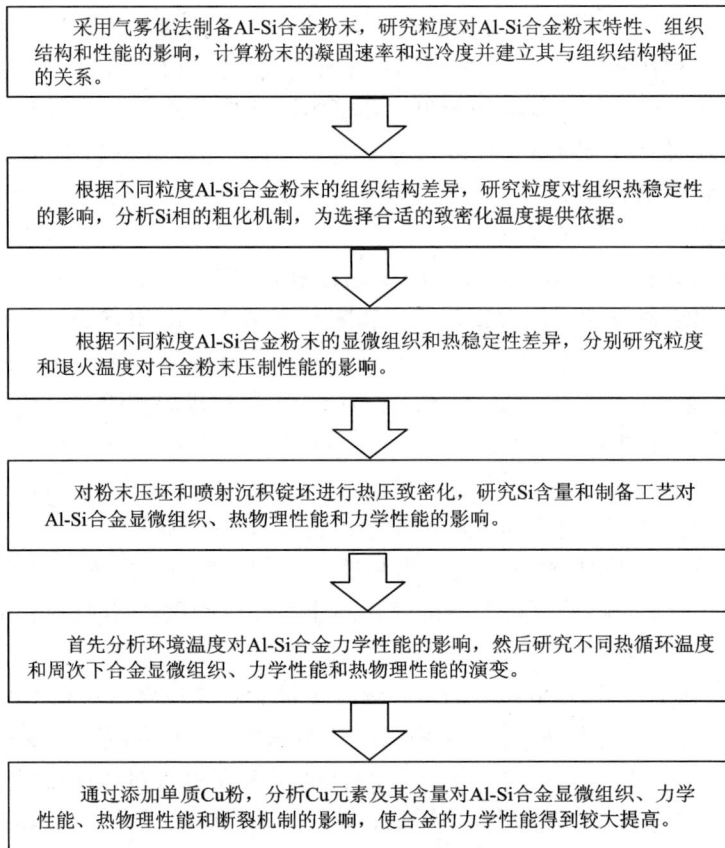

采用气雾化法制备Al-Si合金粉末，研究粒度对Al-Si合金粉末特性、组织结构和性能的影响，计算粉末的凝固速率和过冷度并建立其与组织结构特征的关系。

↓

根据不同粒度Al-Si合金粉末的组织结构差异，研究粒度对组织热稳定性的影响，分析Si相的粗化机制，为选择合适的致密化温度提供依据。

↓

根据不同粒度Al-Si合金粉末的显微组织和热稳定性差异，分别研究粒度和退火温度对合金粉末压制性能的影响。

↓

对粉末压坯和喷射沉积锭坯进行热压致密化，研究Si含量和制备工艺对Al-Si合金显微组织、热物理性能和力学性能的影响。

↓

首先分析环境温度对Al-Si合金力学性能的影响，然后研究不同热循环温度和周次下合金显微组织、力学性能和热物理性能的演变。

↓

通过添加单质Cu粉，分析Cu元素及其含量对Al-Si合金显微组织、力学性能、热物理性能和断裂机制的影响，使合金的力学性能得到较大提高。

图 1－17　研究流程图

第 2 章 气雾化 Al – Si 合金粉末特性及组织结构

2.1 前言

目前，气雾化法是制备金属及合金粉末最常见和高效的方法之一，已获得大规模应用。采用气雾化法制备 Al – Si 合金粉末，由于凝固速率高、过冷度大，可以有效抑制初晶 Si 相和共晶 Si 相的长大、细化基体组织及第二相、减少偏析，同时大幅度提高合金元素在基体中的固溶度，从而使合金中第二相在后续热成型过程沉淀析出，有利于提高材料的力学性能[81]。气雾化法具有较高的凝固速率，使 Al 基体和 Si 相俘获大量合金元素而形成过饱和固溶体，从而引起严重的晶格畸变并产生大量缺陷，使粉末显微组织处于高能不稳定状态。快速凝固过程的凝固参数，如凝固速率、过冷度和凝固前沿速率，决定合金的显微组织（包括第二相尺寸和形貌）和共晶间距，并可以影响最终产品的组织和性能[82]。

粉末粒度可作为衡量过冷度和凝固速率的一个主要参数，合金熔体经雾化破碎成一定尺寸范围的液滴，从而对应一定数值范围的凝固速率。凝固速率作为气雾化过程中影响组织结构特征的一个重要因素，其数值通常为 $10^4 \sim 10^6 ℃/s$[83]。Rajabi[82] 对气雾化 Al – Si 合金中第二相的研究表明，各种第二相的尺寸均随着粉末粒度减小而逐渐减小，并且形貌也发生较大变化。Kim 等[84] 采用 TEM 对 Al – Si 合金粉末的显微组织进行观察发现，Al 基体中存在大量细小（ < 150 nm）的 Si 颗粒，并且基体中大量位错与 Si 相发生缠结；作者指出这样的显微组织可以通过位错钉扎作用而强化基体。Lee 等[85] 还发现，Al 基体与 Si 相具有确定的取向关系。

本章主要对氮气雾化 Al – 27% Si 合金粉末的表面形貌、组织结构和显微硬度进行表征，并分析粉末粒度的影响；同时，计算 Al – Si 合金粉末的凝固速率和过冷度，建立其与组织结构和性能的关系；另外，本章还对不同 Si 含量 Al – Si 合金粉末的部分特征进行分析。

2.2　实验过程

2.2.1　粉末制备

采用气雾化法分别制备 Al – 22%、27%、42%、50%、60%、70% Si(质量分数,下同)6 种合金粉末。原材料为纯 Al 锭(纯度大于 99.5%)和纯 Si 块(纯度大于 99.0%)。

采用中频感应电炉在石墨坩埚中进行母合金熔炼,熔炼温度比合金熔点高 150 ~ 200℃。由于 Si 的密度比 Al 小且在高温下易氧化,为防止 Si 块在熔炼过程中发生漂浮和过度氧化,在 Al 熔化前将 Si 块置于底层。熔炼过程中,Al 熔点较低(667℃)而首先熔化并迅速包住 Si 块,隔绝它与空气的接触,从而有效降低 Si 的氧化程度;Al 熔化后将温度升高至 900 ~ 1200℃,待 Si 块熔化后再将温度降至雾化温度。由于 Si 熔点较高(1414℃),在熔炼温度下难于熔化,Si 块在 Al 熔体中的熔化过程主要通过向 Al 液中不断扩散而进行。待所有 Si 块均熔化后,搅拌合金液、静置数分钟以均匀合金成分,之后将温度降低至雾化温度。

气雾化装置如图 2 – 1 所示,主要由母合金熔炼室、熔体雾化室和粉末收集室三部分组成。熔化后的合金液通过坩埚下的漏嘴(导流管)流出,经高压气体雾化成细小液滴,这些细小的液滴在飞行过程中经强烈对流气体而迅速凝固形成细小的粉末颗粒。气雾化过程的关键环节在于形成雾化气流,它是通过一种特殊的雾化喷嘴来实现的。这种喷嘴相当于一个冲击波发射器,当高压气体通过喷嘴时产生一级冲击波,频率为 20 ~ 80 kHz,一级冲击波所诱发的非稳态二级冲击波由一系列的脉冲组成。脉冲气流呈扇形周期性地发散和收敛,可以达到很高的能量。依靠脉冲气流可以将合金液破碎成非常细小的液滴。由于 Al 合金比较容易氧化,雾化过程需要在保护气氛中进行;为降低生产成本,保护气体采用 N_2。本实验所采用雾化工艺参数如表 2 – 1 所示。通过与所添加原材料的重量对比,Al – Si 合金粉末收得率达到 95%。

表 2 – 1　气雾化制备 Al – Si 合金粉末的工艺参数

雾化气体	温度/℃	压力/MPa	雾化器直径/mm
N_2	850	0.9	2.5 ~ 4.0

塞棒

柑埚

热电偶

合金熔体

熔炼室

感应炉

保护气体

雾化喷嘴

控制阀

高压气体

雾化室

真空泵

粉末收集室

雾化液滴

粉末出口

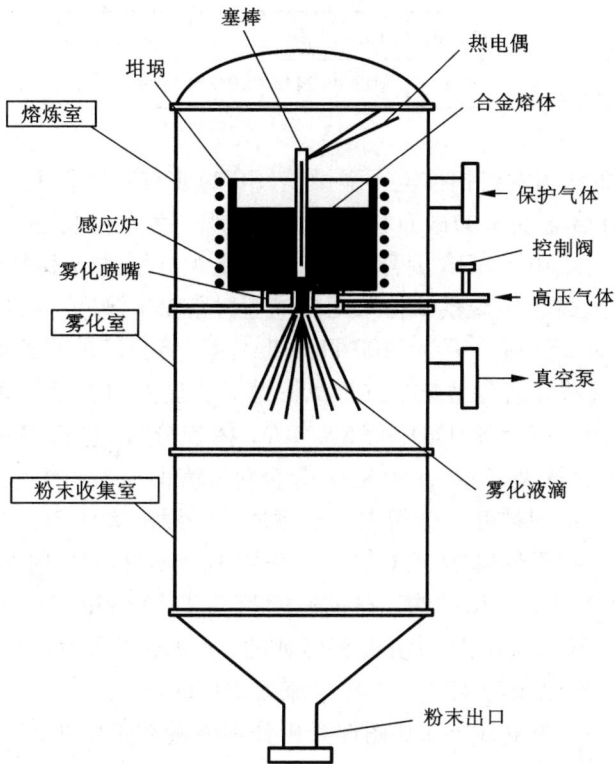

图 2 – 1　气雾化法制备 Al – Si 合金粉末的装置示意图

2.2.2　粉末特性、显微组织和硬度表征

为考察不同粒度气雾化 Al – Si 合金粉末的形貌、显微组织、结构特征和显微硬度，采用标准筛将合金粉末筛分为 5 种不同粒度范围：105 ~ 150 μm、63 ~ 105 μm、38 ~ 63 μm、25 ~ 38 μm 和 < 25 μm。

采用 TCH600 氮氧氢测量仪分析 Al – Si 合金粉末的氧含量；采用 Antosorb – 1 表面积测定仪测量合金粉末的比表面积；采用 Micr-Plus 粉末粒度分析仪测量合金粉末的粒度分布。采用 Quanta – 200 环境扫描电子显微镜（SEM）观察不同粒度合金粉末的表面形貌。采用电感耦合等离子体发射光谱仪（ICP – AES）分析合金粉末的杂质含量。Al – 27% Si 合金粉末主要杂质如表 2 – 2 所列，其他 Si 含量合金粉末主要杂质元素与此类似，所有粉末的杂质含量均小于 0.02%。

表 2 – 2　气体雾化 Al – Si 合金粉末的化学成分

成分	Fe	Cu	Zn	Na	Ca	S	P	K	Pb
含量/($\mu g \cdot g^{-1}$)	486	105	241	91	109	50	119	117	66

采用 Sirion 200 场发射扫描电子显微镜(SEM)观察不同粒度 Al – 27% Si 和不同 Si 含量 Al – Si 合金粉末的截面和表面显微组织。为测量初晶 Si 相尺寸和共晶间距,对相同粒度或相同 Si 含量合金粉末显微组织分别进行多次 SEM 图像采集。合金粉末的截面显微组织观察试样采用导电型树脂粉末镶嵌,用金相砂纸由粗至细逐级打磨观察面,最后一道为 1200 目砂纸,然后将打磨的观察面分别用 10 μm 和 5 μm 金刚石研磨膏结合抛光布进行机械抛光。显微组织试样采用 Keller 试剂(1% HF + 1.5% HCl + 2.5% HNO$_3$ + 95% H$_2$O,体积分数)进行腐蚀,腐蚀时间根据粉末粒度和 Si 含量决定(20 ~ 40 s)。合金粉末表面显微组织采用 3% NaOH 水溶液进行腐蚀,将不同粒度合金粉末置于腐蚀液中浸泡大约 30 s,采用抽滤法收集腐蚀后的粉末,在干燥箱中 60℃烘干。采用 D/Max 2500X 射线衍射仪(XRD)分析不同粒度合金粉末的相结构,扫描速度为 1.2(°)/min,确定物相组成的 2θ 角度范围为 20° ~ 80°,而用于计算晶格常数的 2θ 角度范围为 80° ~ 120°;实验过程采用 Cu 靶,工作电压为 47 V,工作电流为 250 mA。

采用 Image Pro Plus(IPP)6.0 图像分析分别测量不同粒度 Al – 27% Si 和不同 Si 含量 Al – Si 合金粉末截面和表面显微组织中的初晶 Si 相尺寸。由于截面显微组织存在随机性,选择 Al – 27% Si 合金粉末表面显微组织测量共晶间距,相同粒度的粉末颗粒取多次(>200 次)测量的平均值。

不同粒度 Al – 27% Si 合金粉末的显微硬度采用 HDX – 1000 型显微硬度计在抛光后未腐蚀的截面上测量,载荷为 0.25 kN,载荷保持时间为 15 s,每个样品分别测量 7 次后取平均值。

2.3　粉末形貌和尺寸分布

图 2 – 2 所示为气雾化不同粒度 Al – 27% Si 合金粉末的 SEM 表面形貌。从图 2 – 2(a)可以看出,在粒度小于 250 μm 的混合粉末中,粉末颗粒主要由不规则的液滴状、椭球状和近球状颗粒构成。在粒度为 105 ~ 150 μm 的粉末中,粉末颗粒表面比较粗糙,并附有很多细小的卫星颗粒、毛刺或孔洞;同时,粉末颗粒周边还可以发现无特征的附着物,如图 2 – 2(b)所示。粉末颗粒形貌特征与其粒度有很大关系:粒度越大,粉末颗粒的形状就越不规则,表面凹凸度越明显,卫星颗粒越多,毛刺较为粗大,并且表面有较多的空洞;而粒度越小,粉末颗粒的形状

就越规则，表面凹凸度越弱，卫星颗粒越少，空洞逐渐变为凹坑甚至消失。粒度为 38 ~ 63 μm 的粉末颗粒形状为比较规则的液滴状或球形，表面较为光滑，且卫星颗粒和毛刺很少[图 2 - 2(c)和(d)]。但是，在粒度小于 25 μm 的粉末中颗粒依然可以观察到部分缺陷，如图 2 - 2(d)圆圈所示。在大尺寸粉末颗粒中卫星粉末依附在其表面，并可能成为凝固形核的地方，大颗粒粉末的形成可能就是由小颗粒粉末堆砌而成的，并且由于堆砌在一起热量不易散失而导致 Si 相长大和聚集[84]。李元元等[86]的研究表明，气雾化 Al - Si 合金粉末中，不规则的粉末形貌有利于颗粒之间的咬合，从而提高合金粉末的冷压成型性能和压坯强度，这部分内容将在第 4 章中讨论。

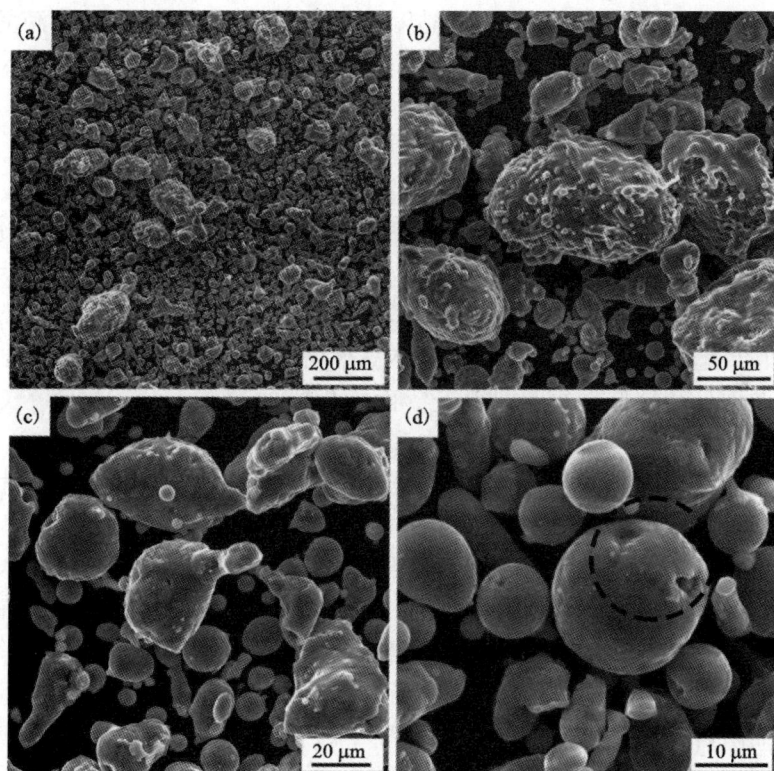

图 2 - 2　气雾化 Al - 27%Si 合金粉末的 SEM 表面形貌
(a)混合粉末；(b)105 ~ 150 μm；(c)38 ~ 63 μm；(d) < 25 μm

根据气雾化原理，粉末颗粒表面形貌与雾化过程中合金液滴的球化时间和凝固时间有关。若雾化液滴的球化时间比凝固时间长，则在凝固之前液滴能够充分球化，凝固成的粉末颗粒比较规则，表面也较为光滑；反之，若雾化液滴的球化时间比凝固时间短，则在凝固之前液滴不能充分球化，凝固成的粉末颗粒就比较不规则[49]。雾化液滴的球化时间 τ_{sph} 可以表示为[87,88]：

$$\tau_{sph} = \frac{3\pi^2\mu}{4V\sigma}\left(\frac{1}{4}\right)^4 (r_1^4 - r_2^4) \qquad (2-1)$$

其中：r_1 为球化后液滴直径；r_2 为球化后液滴最小直径；μ 为液态金属黏度；σ 为液态金属表面张力；V 为液滴体积。

气雾化过程中，由于 r_1 远大于 r_2（$r_1/r_2 \approx 10$），可以忽略 r_2 的数值，$V = 1/3\pi r_1^2$，因此，式（2-1）可以简化为：

$$\tau_{sph} = 0.88\mu \cdot r_1/\sigma \qquad (2-2)$$

由此可见，气雾化过程中，液滴的球化时间取决于熔体的黏度、表面张力和液滴尺寸。对于相同尺寸液滴，熔体黏度越大或表面张力越小，对液滴的球化过程越不利。液滴黏度和表面张力一定时，小尺寸液滴有利于球化，而大尺寸液滴则会阻碍球化。近似采用纯 Al 熔体的黏度 [0.0014(N·s)/m²] 和表面张力（0.52 N/m）代替所讨论的 Al-Si 合金，对于尺寸为 5~150 μm 的合金液滴来说，其球化所需时间为 $1.2 \times 10^{-8} \sim 3.6 \times 10^{-7}$ s。

以上实验结果显示，气雾化 Al-27%Si 合金粉末中，球形颗粒所占比例极少 [图 2-2(a)]，只有一些尺寸较小的粉末才呈现相对规则的球形，其余大部分为不规则液滴状。引起雾化粉末呈现这种不规则形状的原因主要有以下 3 点：第一，合金中含有部分杂质，导致合金熔体黏度增加和表面张力下降；第二，合金中 Al、Si 及部分杂质比较容易被氧化，而氧化膜的存在不利于液滴的球化；第三，液滴在飞行时受到雾化气体的冲击和液滴之间相互碰撞也不利于球化。小尺寸液滴的表面张力较大，相对来说较易球化，因而形状也会比较规则。根据上述实验条件，认为第三点应该是影响 Al-Si 合金粉末表面形貌的主要因素。

气雾化粉末颗粒的表面光滑程度主要受凝固收缩的影响；粉末粒度较大时，液滴体积较大，凝固过程收缩较为严重，导致其凝固后在表面留下凹凸不平的凝固收缩痕迹；而粒度较小时，情况刚好相反。气雾化过程中，尺寸非常小的雾化液滴先凝固成小颗粒，这些小颗粒在飞行过程中与未完全凝固的部分大尺寸液滴相互碰撞而附着在其表面，从而形成卫星颗粒。颗粒表面的毛刺与雾化液滴受到来自雾化气体的冲击力、飞行时的离心力及周围环境气体的摩擦力等因素的影响；液滴在这些外力的共同作用下，表面部分液体向四周甩出形成流线，由于其径向尺寸很小，凝固速率较快而来不及球化，因此凝固后具有流线特征的细小毛刺被保留下来。相对来说，小尺寸雾化液滴受力较小，不容易形成流线，因此表面毛刺很少[89]。

图 2-3 所示为气雾化不同 Si 含量 Al-Si 合金粉末的 SEM 表面形貌。从图 2-3 可以看出，Si 含量对 Al-Si 合金粉末表面形貌的影响不是很明显。随着

Si 含量增加，近球形合金粉末所占比例略微下降。根据 Al – Si 二元相图可知，熔炼温度和雾化温度随着 Si 含量增加而逐渐升高，而且合金熔体的黏度也逐渐上升。根据式(2 – 2)可知，随着 Si 含量增加，雾化液滴的凝固时间逐渐延长，凝固之前液滴不能充分地球化，因此，凝固后粉末颗粒的不规则程度有所增加。

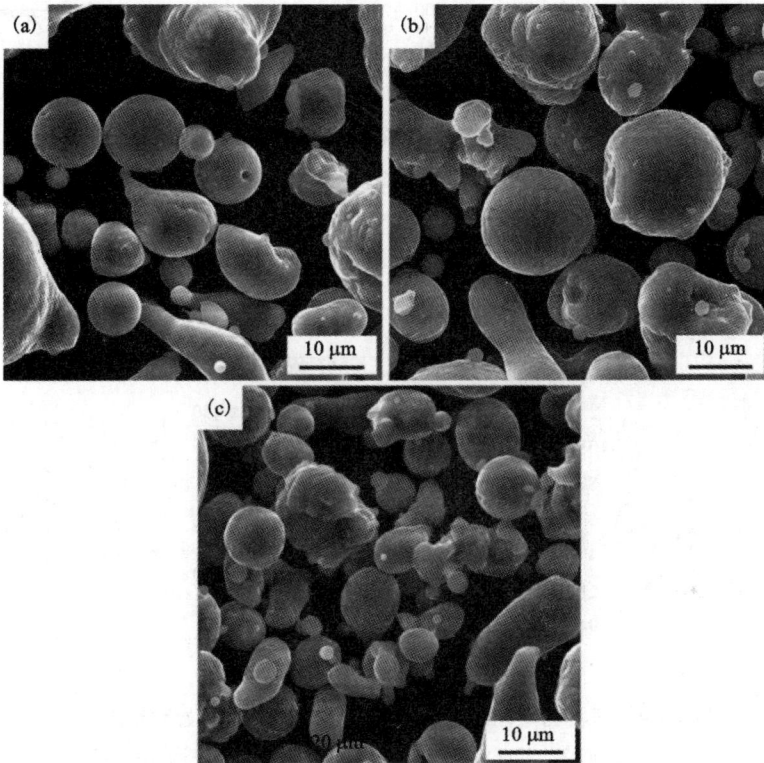

图 2 – 3　气雾化不同 Si 含量 Al – Si 合金粉末的 SEM 表面形貌
(a) Al – 22% Si；(b) Al – 50% Si；(c) Al – 70% Si

气雾化 Al – Si 合金粉末中，Si 含量对其粒度分布的影响以 Al – 27% Si、Al – 50% Si 和 Al – 70% Si 合金为例，如图 2 – 4 所示。图 2 – 4 中，Al – Si 合金粉末的尺寸分布特征表现为实际粉末颗粒质量分数与累积质量分数随粉末粒度的变化关系。由图 2 – 4(a)可见，对于 Al – 27% Si 合金粉末，颗粒大部分集中在 20 ~ 120 μm，其中粒度为 80 μm 的粉末质量分数最大，约为 80%。对于 Al – 50% Si 合金粉末，颗粒大部分集中在 20 ~ 150 μm，其中粒度为 80 μm 的粉末质量分数最大，约为 70% [图 2 – 4(b)]。而对于 Al – 70% Si 合金粉末，颗粒大部分集中在 25 ~ 210 μm，其中粒度为 80 μm 的粉末质量分数最大，约为 55%

[图 2 - 4(c)]。由此可见，Si 含量对 Al - Si 合金粉末粒度分布的影响稍微明显一些[90]。若忽略最大和最小粒度粉末所占的比例，气雾化 Al - Si 合金粉末的粒度分布近似呈现正态分布特征。气雾化 Al - Si 合金粉末的这种粒度分布特征也能从图 2 - 4 中的累积质量分布曲线上体现出来。

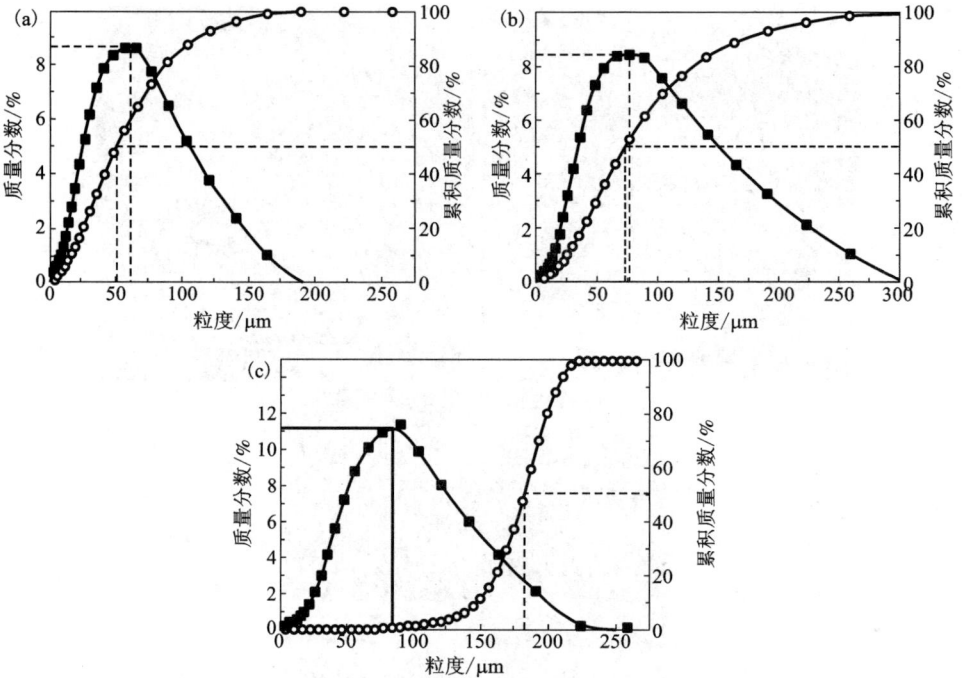

图 2 - 4 气雾化不同 Si 含量 Al - Si 合金粉末的粒度分布特征
(a) Al - 27% Si；(b) Al - 50% Si；(c) Al - 70% Si

表 2 - 3 所列为气雾化不同 Si 含量 Al - Si 合金粉末的粒度分布特征。从表 2 - 3 可知，Al - 27% Si 粉末的中值直径($D_{0.5}$)为 50.5 μm，Al - 50% Si 粉末的中值直径为 67.8 μm，而 Al - 70% Si 粉末的中值直径为 72.6 μm，在误差允许范围内与实际质量分数分布曲线上峰值所对应的粉末粒度相匹配。Al - 50% Si 和 Al - 70% Si 合金粉末的粒度均较 Al - 27% Si 合金粉末大一些，这主要是由于 Al - 50% Si 和 Al - 70% Si 合金熔体中大量的 Si 相导致黏度增大，且细小的粉末颗粒可能在冷却过程中黏附到大颗粒粉末表面形成卫星颗粒，从而导致粉末粒度增大。考虑到采用标准筛网筛分粉末时，细小粉末容易团聚而不便于筛分，由此可以推断粉末的实际粒度分布曲线应该往图(如图 2 - 4)的左边移动，因此实际平均尺寸应小于所读数值。粉末粒度分布特征主要与合金成分、杂质含量、熔体过

热温度、熔体流速、雾化气体的性质和雾化气体压力等参数有关。这是由于氮气雾化过程中，Al 合金熔体的氧化程度较低，溶液黏度较小，更易被高压气流击碎，因此，粉末向更细的粒度范围发展。气体雾化 Al – 27% Si、Al – 50% Si 和 Al – 70% Si 合金粉末的比表面积分别为 0.17 m^2/g、0.20 m^2/g 和 0.24 m^2/g，即 Al – Si 合金粉末的比表面积随着 Si 含量升高而逐渐增大，这说明粉末的表面粗糙程度逐渐升高。

表 2 – 3　气体雾化 Al – Si 合金粉末的粒度分布特征

成分	D_{10}	D_{50}	D_{90}	D_v	D_a
Al – 22% Si	16.0	48.2	106.4	56.7	27.2
Al – 27% Si	16.0	50.5	110.5	57.7	28.1
Al – 42% Si	25.5	59.3	116.8	66.5	39.2
Al – 50% Si	28.4	67.8	126.6	73.0	46.9
Al – 60% Si	28.0	69.5	142.2	79.7	46.8
Al – 70% Si	26.4	72.6	167.9	86.2	47.3

2.4　粉末组织结构及显微硬度

2.4.1　显微组织特征

气雾化 Al – 27% Si 合金粉末截面显微组织与粉末粒度的关系如图 2 – 5 所示。从图 2 – 5 可以看出，合金粉末的显微组织由初晶 Si 相、共晶 Si 相和 α – Al 基体组成，并且 Si 相分布比较均匀。粉末粒度较大时，初晶 Si 相之间存在一定程度的相互连接，形状不规则，且尺寸相差较大；而共晶 Si 相为不均匀针状，长宽比均相差很大（3.1 ~ 9.6）；初晶 Si 相之间和共晶 Si 相呈彼此分离的状态，如图 2 – 5(a) 和 (b) 所示。合金粉末的显微组织特征与粉末粒度有很大关系，随着粉末粒度减小，粗大的颗粒状或块状初晶 Si 相尺寸不断下降，其数量也逐渐减小，如图 2 – 5(c) 和 (d) 所示；而细小的针状共晶 Si 相逐渐缠结在一起。随着粉末粒度继续减小，初晶 Si 相尺寸逐渐减少并趋于分别在粉末颗粒边缘，且分布较为密集。对于粒度非常小的粉末颗粒（小于 10 μm），最显著的显微组织特征是块状初晶 Si 相尺寸小于 1 μm 且基本分布在粉末颗粒的边缘，而针状共晶 Si 相呈网络状结构集中分布在粉末颗粒的心部，如图 2 – 5(e) 所示。

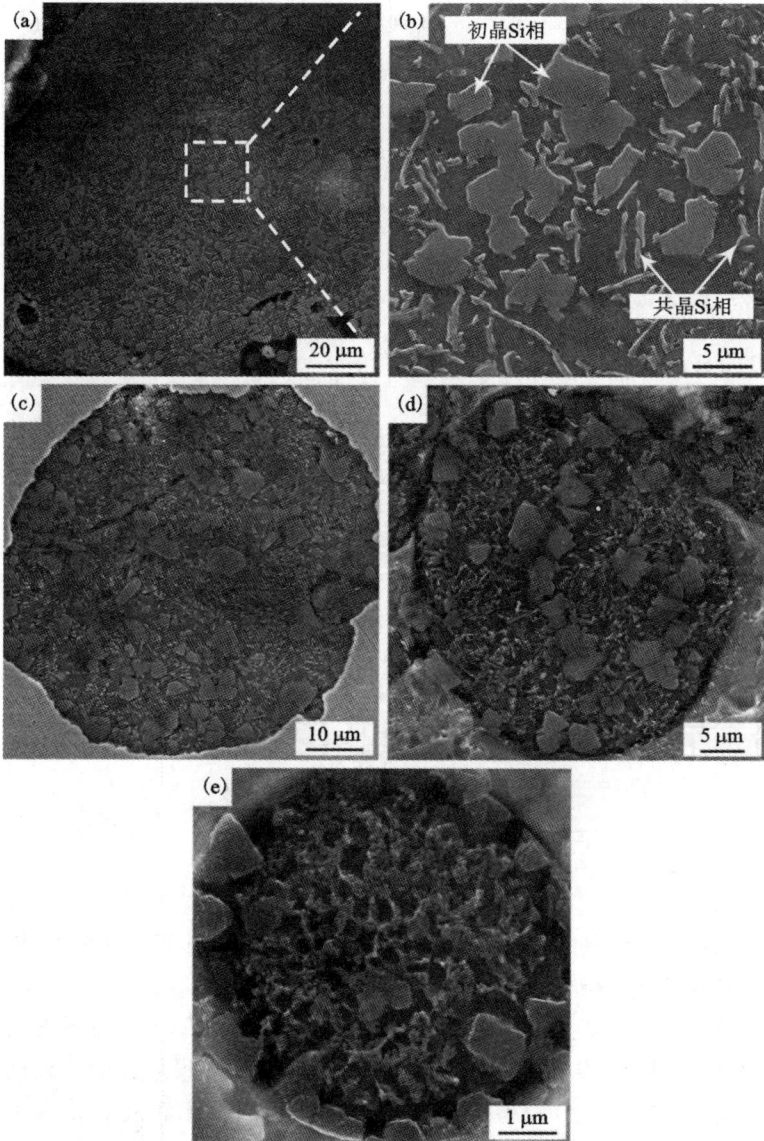

图 2 – 5 不同粒度 Al – 27％Si 合金粉末的截面显微组织

(a)约150 μm；(b)局部放大的(a)；(c)约80 μm；(d)约25 μm；(e)约6 μm

从图 2 – 5 还可以发现，在粒度较大的 Al – Si 合金粉末颗粒中存在明显的组织缺陷，如图 2 – 5(a)中的孔洞。这种缺陷的形成主要是由于高压气体在金属熔体破碎过程中被卷入熔滴，因为熔滴的凝固速率较高，被卷入的气体无法及时排出，所以残留在粉末中形成孔洞。气体受热产生膨胀，使合金内部压力增大，破坏合金内部组织结构并可能形成宏观裂纹从而导致材料性能失效[91]；粉末颗粒中的缺陷将降低合金的性能，因此需要在成型之前将这种粒度较大的粉末颗粒筛分掉。

小粒度 Al – Si 合金粉末颗粒中，初晶 Si 相在粉末颗粒边缘的密集分布可能影响其压制性能，并可能降低热固结过程的致密化以及粉末颗粒间的扩散黏结，从而降低材料的综合性能。Ge 等[92]和 Liu 等[93, 94]的研究表明，随着液滴尺寸减小(或过冷度升高)，Al – Si 合金粉末中初晶 Si 相尺寸得到明显细化，同时初晶 Si 相和共晶 Si 相形貌也发生变化。

对不同粒度 Al – 27% Si 合金粉末表面进行轻腐蚀，观察颗粒表面的显微组织并与截面组织进行对比，结果如图 2 – 6 所示。从图 2 – 6 可以发现，粉末粒度对表面组织中初晶 Si 相形貌的影响与截面组织类似；但是，由于粉末颗粒表面具有相对较高的凝固速率，初晶 Si 相的尺寸较截面中的要小一些。然而，相同粒度合金粉末中，颗粒表面共晶 Si 相的形貌和分布与截面中有很大差别。在粉末颗粒表面组织中，共晶 Si 相呈相互缠结的枝晶状；而在截面组织中，其呈现孤立的针状或棒状。共晶 Si 相之间的相互缠结程度随着粉末粒度减小而减弱；特别是当粒度小于 10 μm 时，合金粉末颗粒的表面组织中基本无法观察到共晶 Si 相[图 2 – 6(e)]。这种现象表明，初晶 Si 相先于共晶 Si 相在粉末颗粒表面凝固析出并长大。另外，从图 2 – 6 还可以发现，合金粉末颗粒表面显微组织中，初晶 Si 相的密度随着粉末粒度减小而逐渐升高；这种现象表明，不同粒度粉末颗粒的凝固行为存在较大差异。

Hong 等[95]对气雾化 Al – Si 合金粉末颗粒的表面显微组织进行比较详细的表征，并与截面显微组织进行对比和讨论，其结果与本文基本相似。尽管到目前还没有关于粉末粒度对快速凝固合金组织均匀性影响的报道，从粉末颗粒表面和截面显微组织中 Si 相的分布情况可知，非常细小的粉末颗粒中显微组织均匀性较低。另外，从图 2 – 6(a)和(c)中粉末表面细小的卫星颗粒的显微组织可以发现，卫星颗粒的显微组织还受到其依附的大尺寸颗粒凝固过程的影响。

气雾化 Al – 27% Si 合金粉末显微组织随着粒度变化的根本原因是粒度较大的粉末对应的凝固速率较小，过冷度也较小，初晶 Si 相和共晶 Si 相可在凝固和冷却过程中充分析出和长大；反之，粒度较小的粉末对应的凝固速率和过冷度就较大，可以有效抑制 Si 相的析出和长大，从而获得细小的显微组织。造成 Si 相优先从粉末颗粒边缘析出的原因是在气雾化过程中，合金液滴凝固过程由外向里进行，液滴表面较心部具有相对较高的凝固速率。随着粉末粒度减小，粉末颗粒的平均凝固速率急剧升高，初晶 Si 相优先在颗粒边缘析出后来不及进入心部即完全凝固，共晶 Si 相的熔点较低而在颗粒心部析出。初晶 Si 相析出后释放凝固潜热，导致液滴心部的温度升高、凝固速率下降，从而导致粉末颗粒心部的显微组织较为粗大。

图 2-6　不同粒度 Al-27%Si 合金粉末颗粒的表面显微组织

（a）约 150 μm；（b）局部放大的（a）；（c）约 80 μm；（d）约 25 μm；（e）约 6 μm

气雾化 Al-27%Si 合金粉末中初晶 Si 相尺寸与粉末粒度的关系如图 2-7 所示。由图 2-7 可以看出，初晶 Si 相尺寸随着粒度减小而逐渐减小。例如，粒度为 20 μm 的合金粉末颗粒中初晶 Si 平均尺寸大约为 2.6 μm，而该值在粒度为 100 μm 的合金粉末颗粒中则增大至约 11.7 μm，后者比前者增大约 4.5 倍。Rajabi 等[82]对气雾化不同粒度 Al – 20% Si – 5% Fe – 2% X(X 为 Cu，Ni，Cr)合金粉末显微组织特征的研究表明，减小粉末粒度对初晶 Si 相的生长起很大的抑制作用，这主要与气雾化过程的凝固条件有关，即高凝固速率和过冷度。另外，作者指出合金中的结构特征以及第二相的尺寸和形貌也随着粒度减小而发生明显变化。Shen 等[96]对超音速雾化 Al – Si 合金粉末和 Hong 等[97]对气雾化 Al – 14% Ni – 14% Mm(Mm 为混合稀土)合金粉末的研究均表明，合金中的组织结构特征和第二相形貌均与粒度有很大关系。从图 2 – 7 还可以发现，相同粒度 Al – Si 合金粉末中，初晶 Si 相的尺寸差别较大(最大值和最小值的差值)，并且这种现象随着粉末粒度增大而更加明显；导致这种现象的主要原因是相同粒度粉末或相同粉末不同位置的凝固条件存在差别，而粉末截面的随机截取也是其中一个原因。

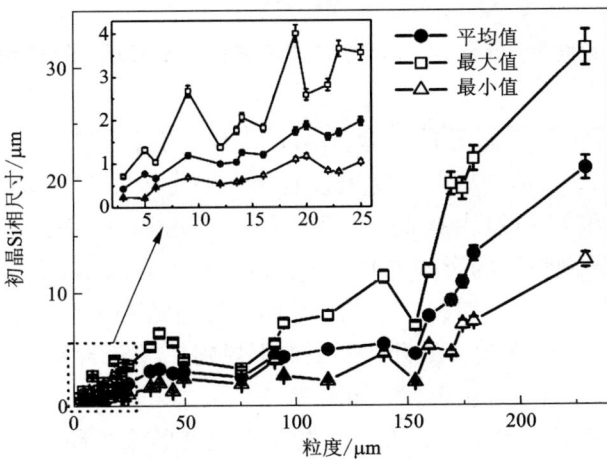

图 2 – 7　气雾化 Al – 27% Si 合金粉末中初晶 Si 相尺寸与粒度的关系

图 2 – 8 所示为气雾化 Al – 27% Si 合金粉末五个不同粒度范围的截面显微组织中初晶 Si 相平均尺寸的分布特征。从图 2 – 8 可以发现以下几个特征：①粉末粒度对初晶 Si 相平均尺寸的影响十分明显，即图中尺寸分布曲线的形状；②随着粉末粒度减小，初晶 Si 相的尺寸分布范围逐渐减小，即最大尺寸与最小尺寸的差值减小，在图中体现为尺寸分布曲线变窄；③随着粉末粒度减小，初晶 Si 相尺寸主要集中在某一特定范围，在图中体现为尺寸分布曲线变得又窄又高。不同粒度 Al – Si 合金粉末的显微组织中初晶 Si 相尺寸分布特征主要取决于气雾化过程的凝固速率。对于粒度较小的粉末颗粒，在气雾化过程中的凝固速率较大，并且由

于单颗粉末颗粒各处的凝固条件差异较小，导致初晶 Si 相和共晶 Si 相在析出后来不及充分长大，从而使 Si 相尺寸具有较高的均匀性。

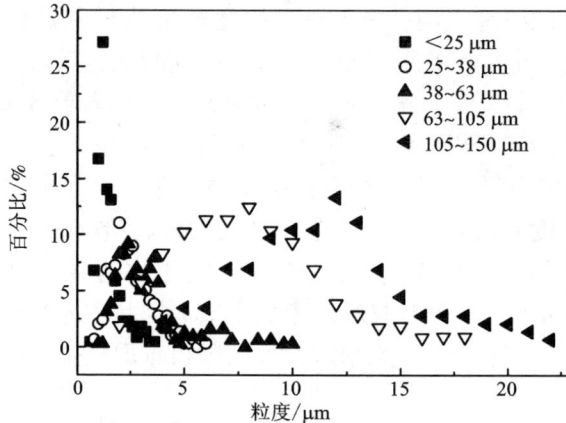

图 2-8　粒度对气雾化 Al-27%Si 合金粉末初晶 Si 相尺寸分布特征的影响

图 2-9 所示为气雾化不同 Si 含量 Al-Si 合金粉末的截面显微组织，其中粉末的粒度大约为 25 μm。从图 2-9 可以看出，与气雾化 Al-27% Si 合金粉末一样，合金的显微组织仍然由初晶 Si 相、共晶 Si 相和 Al 基体组成。Si 含量对 Al-Si合金粉末显微组织的影响主要体现在以下 4 个方面：①初晶 Si 相的平均尺寸随着 Si 含量升高而逐渐增大；②初晶 Si 相的密度随着 Si 含量升高而不断提高；③初晶 Si 相的形貌随着 Si 含量升高而更加不规则，当 Si 含量低于 50% 时，显微组织中初晶 Si 相基本呈现块体状，如图 2-9(a)~(c)所示；但在 Al-60% Si 和 Al-70% Si 合金的显微组织中，初晶 Si 相呈不规则形状，部分甚至出现类似铸造过共晶 Al-Si 合金中的星状初晶 Si 相，但其尺寸(20 μm)远小于铸造合金。导致这种现象的主要原因是，随着 Si 含量升高，Al-Si 合金熔体的温度逐渐升高，而雾化液滴的凝固速率不断降低；根据 Al-Si 二元相图，随着 Si 含量升高，合金的固液相线范围大幅度提高，从而造成合金的凝固时间随着 Si 含量升高而增加，初晶 Si 相在析出后有充分的时间长大。④对于共晶 Si 相，其尺寸和形貌没有很大变化，但是随着 Si 含量升高，其密度反而有所下降。值得注意的是，与 Al-27% Si 合金粉末一样，在各个 Si 含量合金粉末中，颗粒边缘的初晶 Si 相尺寸依然比心部的小。

气雾化 Al-Si 合金粉末中 Si 含量对显微组织中初晶 Si 相平均尺寸的影响如图 2-10 所示。从图 2-10 可以看出，显微组织中初晶 Si 相平均尺寸随着 Si 含量增加而逐渐增大，特别是当 Si 含量高于 42% 时，初晶 Si 相尺寸急剧增大，其平

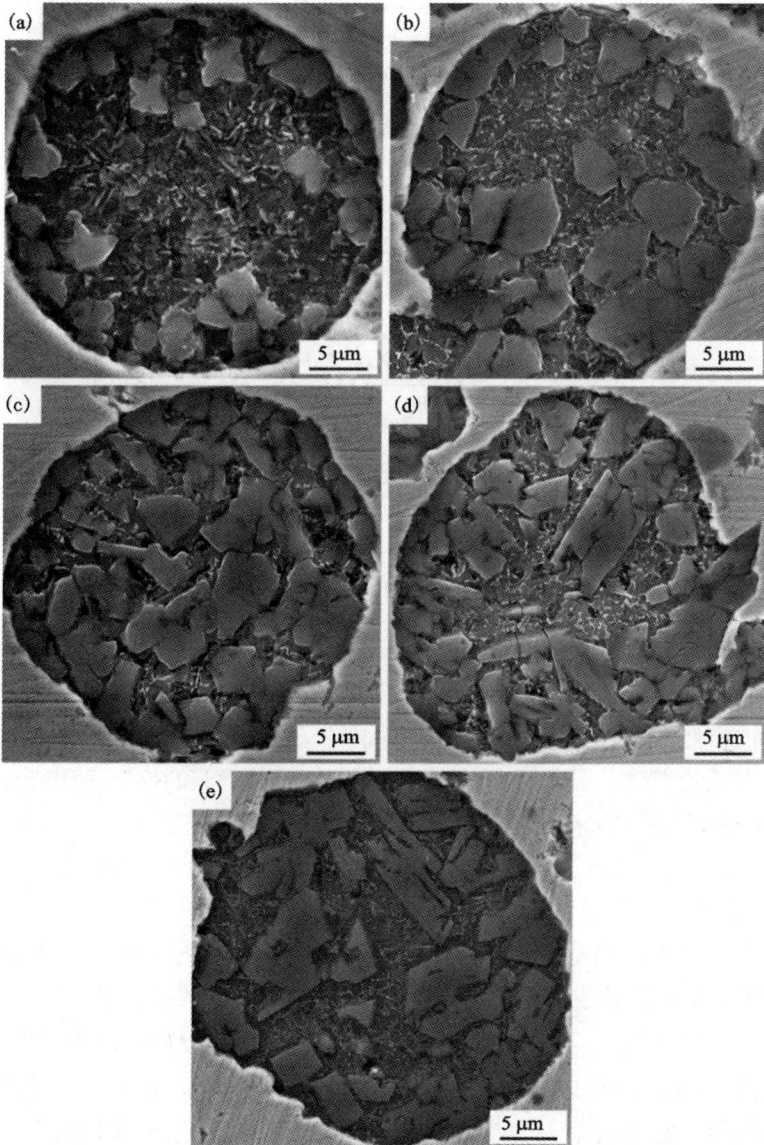

图 2 – 9　不同 Si 含量 Al – Si 合金粉末的截面显微组织(粒度大约为 25 μm)
(a) Al – 22% Si；(b) Al – 42% Si；(c) Al – 50% Si；(d) Al – 60% Si；(e) Al – 70% Si

均尺寸大约是 Al – 22% Si 合金的 2.8 倍。另外, 随着 Si 含量升高, 相同粒度范围粉末中初晶 Si 相最大和最小尺寸的差异也逐渐增大。

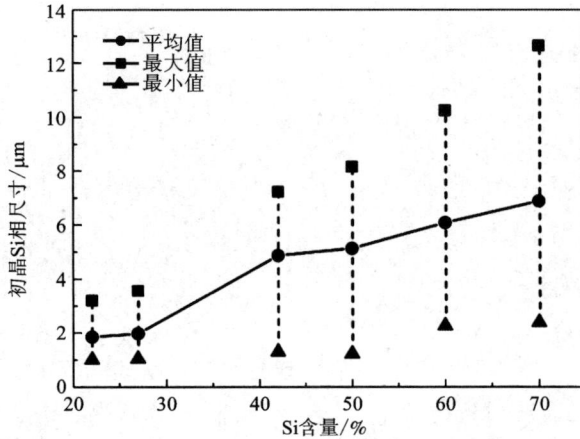

图 2 – 10　气雾化 Al – Si 合金粉末中初晶 Si 相尺寸与 Si 含量的关系

2.4.2　物相结构特征

采用 X 射线衍射对不同粒度气雾化 Al – 27% Si 合金粉末的相成分进行检测，结果如图 2 – 11 所示。由于粒度为 105 ~ 150 μm 与 63 ~ 105 μm 粉末的 X 射线衍射特征比较相似，图中不考虑该粒度范围粉末。从图 2 – 11 可以看出，对于不同粒度 Al – Si 合金粉末，其物相组成相同，均由 α – Al 相和 β – Si 相组成；但是，Si 相的衍射峰强度随着粉末粒度增加而明显升高。对于粒度小于 25 μm 的合金粉末，由于凝固速率相对较高且 Si 含量不是很高，X 射线衍射谱的低角度区域很难观察到 Si 相的衍射峰。

根据点阵常数的测量误差与衍射角之间的关系，衍射角越大，对应的衍射角正切值越大，测量误差也就越小，因此通常选用高角度的衍射峰进行点阵常数计算[98]。图 2 – 12 所示为不同粒度气雾化 Al – 27% Si 合金粉末高角度 X 射线衍射图谱。从图 2 – 12(a)可以看出，Al 基体和 Si 相衍射峰均发生一定程度宽化，且宽化程度与粉末粒度有很大关系，粉末粒度越小则其宽化程度越明显；反之，衍射峰宽化程度随着粒度增大而逐渐减弱。分析认为，引起 Al 基体和 Si 相衍射峰宽化的主要原因是气雾化制备合金粉末过程的高凝固速率。对于 Al 基体而言，Si 原子在基体中的固溶度随温度升高而逐渐增大，在凝固过程中固液界面以极高速率向前推进，溶解于液相中的溶质原子来不及完全析出，部分被高速生长的固相所截留，从而形成过饱和固溶体。由于 Al 原子半径(0.14318 nm)与 Si 原子半径(0.11758 nm)存在较大差异，过饱和固溶导致 Al 基体晶格发生严重畸变。不同

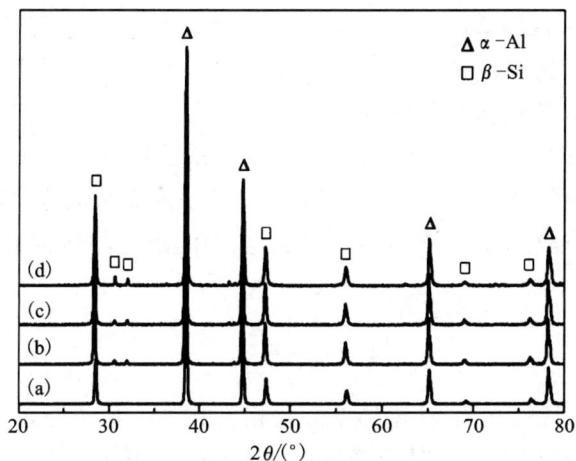

图 2 – 11　粒度对 Al – 27% Si 合金粉末 X 射线衍射图谱的影响

（a）< 25 μm；（b）25 ~ 38 μm；（c）38 ~ 63 μm；（d）63 ~ 105 μm

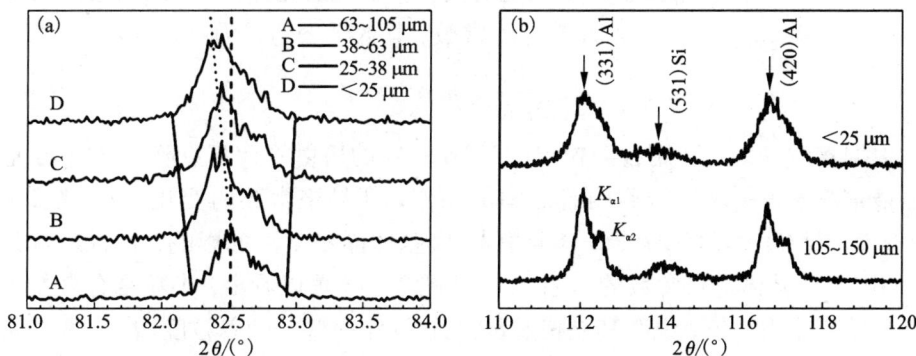

图 2 – 12　粉末粒度对 Al – 27% Si 合金粉末 Al（222）衍射峰（a）

及 Al（331）和 Al（420）衍射峰峰形（b）的影响

粒度 Al – Si 合金粉末中 Al 基体的过饱和程度不同，因此，晶格畸变程度的差异导致 X 射线衍射谱上衍射峰的宽化程度有所差异[96]。对于 Si 相来说，它从合金液中结晶析出时不可避免地俘获一定量合金元素，从而也引起不同程度的晶格畸变。随着合金粉末粒度减小，其凝固速率不断增大，Al 基体和 Si 相俘获的合金原子数量逐渐增多，对晶格畸变的影响也就增大，因此其衍射峰的宽化程度也就更加明显。

另外，从图 2 – 12（b）可以发现，粒度较小的 Al – 27% Si 合金粉末中 $K_{\alpha 1}$ 和

$K_{\alpha2}$ 没有分开而是合并在一起,这种现象随着粉末粒度减小而更加明显,这就说明 Al 基体的过饱和程度随着粉末粒度减小而逐渐增大。综上所述,粉末粒度越小,Al – Si 合金的凝固速率越快,固溶在 Al 基体中的 Si 元素就越多,因此对 Al 基体晶格常数和晶格畸变程度的影响也就越大。

快速凝固气雾化过程中,Si 原子大量过饱和固溶于 Al 基体,由于 Si 原子半径小于 Al 原子半径,导致 Al 基体点阵常数增大,从而影响 Al 基体晶格不同晶面的面间距。Al 基体为面心立方(bcc)结构,晶面间距与晶格常数的关系可以用下式表示[98]:

$$d_{hkl} = \frac{a}{\sqrt{h^2 + k^2 + l^2}} \tag{2-3}$$

式中,d_{hkl} 为晶面间距,a 为 Al 基体实际晶格常数,h、k、l 为晶面指数。

从式(2-3)可以看出,对于确定的晶面来说,其晶面间距与晶格常数成正比。若过饱和固溶的 Si 原子导致 Al 基体晶格常数发生变化,则相应地会改变 Al 基体的晶面间距。在 X 射线衍射图谱上,晶面间距的改变表现为相应晶面衍射峰位置发生变化,即 2θ 角发生一定程度的偏移。在衍射花样标定的基础上,可以通过布拉格方程 $2d_{hkl} \cdot \sin\theta = \lambda$ 计算点阵常数,其数学表达式为:

$$a = \frac{\lambda}{2\sin\theta}\sqrt{h^2 + k^2 + l^2} \tag{2-4}$$

根据式(2-4),采用合金粉末(331)α – Al 的衍射峰计算点阵常数并与纯 Al 的晶格常数 a 进行对比得到两者之间的差值,即晶格常数的变化 Δa。图 2-13 所示为粉末粒度对 Al – 27%Si 合金粉末 Al 基体晶格常数的影响,这种影响是基于 Si 相对 Al 基体晶格常数的作用[91]。从图 2-13 可以看出,小粒度合金粉末的晶格常数变化为负值,说明其晶格常数比纯 Al 小一些。随着粒度增大,晶格常数变化的绝对值逐渐减小,其晶格常数逐渐向纯 Al 靠拢。当粒度大约为 70 μm 时,晶格常数几乎没有变化,表明该粒度合金粉末的晶格常数与纯 Al 相当。随着粒度继续增大,晶格常数变化变为正值且有增大趋势,说明粒度较大合金粉末的晶格常数大于纯 Al。这是因为滞留在 Al 基体中的 Si 原子随着粉末粒度的减小而增加,从而导致 Al 基体中过饱和固溶的 Si 原子不断增加,从而导致 Al 基体晶格常数发生不同程度畸变。

其他 Si 含量气雾化 Al – Si 合金粉末中,粉末粒度对其 X 射线衍射特征的影响与 Al – 27%Si 合金粉末类似;但随着 Si 含量增加,不同粒度粉末间的衍射峰间的差异减弱,即粉末粒度的影响逐渐下降。这是由于随着 Si 含量增加,合金的熔炼温度以及熔体的黏度不断升高,导致液滴在雾化过程中获得的凝固速率不断下降,从而减小了 Al 基体的过饱和程度和晶格畸变程度。

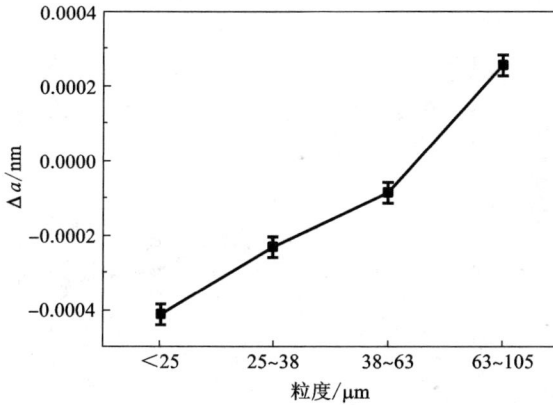

图 2 – 13　粉末粒度对 Al 基体点阵常数的影响

2.4.3　显微硬度

通过以上分析可知，不同粒度气雾化 Al – Si 合金粉末由于凝固条件的差异而获得明显不同的显微组织和结构特征，而这也将对粉末颗粒的力学性能产生较大影响。通过测量不同粒度 Al – 27% Si 合金粉末颗粒 Al 基体显微硬度来表征粉末粒度对力学性能的影响，结果如图 2 – 14 所示。相同粒度范围取 10 颗粉末测量显微硬度后取平均值、最大值和最小值。从图 2 – 14 可以看出，粉末基体的显微硬度随着粒度增大而逐渐减小，并且同一粒度范围内显微硬度也存在一定差异。显微硬度主要取决于显微组织中不同合金相的体积分数和它们之间的间距[99]，因此也取决于凝固条件。在气雾化过程中，在较高的凝固速度和较大的过冷度条件下，熔滴内萌生出更多的晶核，且凝固时间很短，从而使组织得到明显细化。另外，从图 2 – 5 可知，Si 相（包括初晶 Si 相和共晶 Si 相）之间的间距随着粉末粒度减小而不断下降，这也将导致硬度上升。随着合金粉末粒度减小，凝固速率提高引起的过饱和度增加和晶粒细化，通过固溶强化和细晶强化等作用得到增强，粉末中 Al 基体的显微硬度不断提高。相同粒度范围粉末颗粒截面的基体显微硬度值相差较大，这是由于相同尺寸范围颗粒或相同颗粒的不同位置的凝固速率不同，引起的强化作用也有差异。

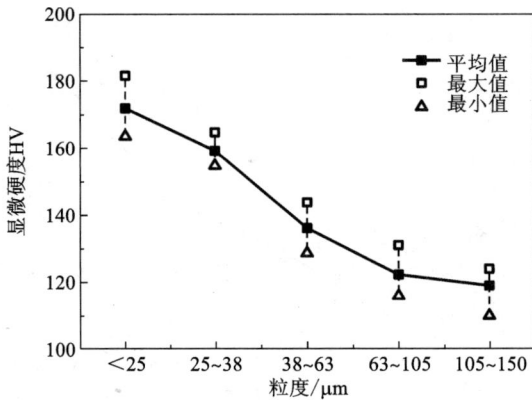

图2-14   不同粒度范围 Al-27%Si 合金粉末的维氏显微硬度

2.5   粉末凝固速率和过冷度

下面以气雾化 Al-27%Si 合金粉末为例,通过理论模型和经验公式分别计算不同粒度合金粉末的凝固速率和过冷度。

气雾化过程中,热传导定量模型十分复杂,在雾化气体与金属熔体相互作用过程中,既有能量交换过程也有热量交换过程[44, 100]。可以采用以下几点假设可进行简化分析:①金属液滴为球状并且始终保持稳定;②熔体迅速从喷嘴喷出;③气流速率保持恒定;④液滴沿直线飞行;⑤由于液滴尺寸很小,冷却过程可瞬间释放热量从而达到热平衡,因此,在液滴凝固形成粉末过程中,液滴内部温度可假设为均匀、无温度梯度;⑥液滴冷却环境可以假设为无限大空间,通过强烈对流传热作用液滴释放的热量迅速向周围扩散,因此其内部温度变化范围十分微小,可看作恒温状态。由于液滴与环境界面之间存在较大温差,液滴的热传递行为受界面控制,因此其冷却方式应遵循牛顿热传导模型[101]。液滴在冷却过程的热平衡条件为:液滴释放的热量等于液滴表面传给周围环境的热量,则热平衡方程可表述为[102, 103]:

$$-V\rho C_p \frac{\mathrm{d}T_d}{\mathrm{d}t} = hA(T_d - T_f) \qquad (2-5)$$

式中,V 为熔滴体积(m^3),ρ 为熔滴密度($\mathrm{kg/m}^3$),C_p 为比热容[$\mathrm{J/(kg \cdot K)}$],h 为传热系数[$\mathrm{W/(m \cdot K)}$],T_d 和 T_f 分别为熔滴温度(K)和雾化气体温度(K),A 为熔滴的表面积(m^2),t 为时间(s)。

根据以上假定条件,式(2-5)可转换为:

$$\frac{\mathrm{d}T_d}{\mathrm{d}t} = -\frac{hA}{V\rho C_p}(T_d - T_f) = -\frac{6h}{\rho C_p d}(T_d - T_f) \tag{2-6}$$

根据式(2 – 6)可知，雾化粉末颗粒的凝固速率取决于合金密度、比热容、液滴尺寸、界面传热系数和液滴与冷却介质的温度差等因素。由于合金液滴的尺寸以及液滴与冷却介质的温差基本保持恒定，液滴的凝固速率主要由液滴与冷却介质之间的界面传热系数(h)决定。根据 Szekely 理论[104]，界面传热系数可以通过以下方程计算：

$$h = \frac{K_g}{d}(2.0 + 0.6\sqrt{Re} \cdot \sqrt[3]{Pr}) \tag{2-7}$$

式中，K_g 为气体的热导系数，Pr 为普朗特常数，Re 为雷诺准数。根据 Lee 和 Ahn 的解释[105]，Pr 和 Re 的表达式如下：

$$Pr = C_g \mu_g / K_g \tag{2-8}$$

$$Re = (\rho_g d / \mu_g) |\mu_d - \mu_g| \tag{2-9}$$

由于雷诺准数是量纲为一的数，根据 Estrada 等[106]对气雾化 Al – Si – X 合金粉末的研究结果，Re 可表达为：

$$Re = (U\rho_g d)/\mu_g \tag{2-10}$$

式中，ρ_g 为气体密度，μ_g 为动力学黏度，U 为雾化气体和合金液滴之间的相对速度。根据式(2 – 7)和式(2 – 10)可以得到：

$$h = \frac{2.0K_g}{d} + 0.6K_g\sqrt{\frac{U\rho_g}{\mu_g d}}\sqrt[3]{Pr} \tag{2-11}$$

联立式(2 – 6)和式(2 – 11)，可以得到：

$$\left|\frac{\mathrm{d}T_d}{\mathrm{d}t}\right| = \frac{6}{\rho C_p}(T_d - T_f)\left(\frac{2.0K_g}{d^2} + 0.6\frac{K_g}{d}\sqrt{\frac{\rho_g U}{\mu_g d}}\sqrt[3]{Pr}\right) \tag{2-12}$$

气雾化过程中，Al – Si 合金熔体被高压氮气破碎成不同尺寸的液滴，液滴在高速气流中加速前进，尺寸较小的液滴可以获得较大的加速度，并很快接近或达到高速气流的速度，随之迅速冷却凝固形成合金粉末颗粒；反之，尺寸较大液滴的加速度较小，无法达到气流的速度，脱离高速区域，最后也凝固成型。基于这种情况，可以将雾化过程液滴和气流的相对速度(U)假设等于零，从而将式(2 – 12)简化为：

$$\left|\frac{\mathrm{d}T_d}{\mathrm{d}t}\right| = \frac{12}{\rho C_p}(T_d - T_f)\frac{K_g}{d^2} \tag{2-13}$$

采用上述公式计算合金液滴凝固速率时，只需要考虑粉末颗粒尺寸、液滴和环境的温度，以及合金和雾化气体的物理性能。氮气和 Al – 27%Si 合金的物理性能列于表 2 – 4。将表 2 – 4 中数据代入式(2 – 13)，可以获得气雾化 Al – 27%Si 合金粉末凝固速率的表达式为：

$$\left|\frac{\mathrm{d}T_d}{\mathrm{d}t}\right| = \frac{12}{2600 \times 826} \times (950 - 298) \times \frac{2.6 \times 10^{-2}}{d^2} = \frac{9.47 \times 10^{-5}}{d^2} \quad (2-14)$$

表 2 - 4 氮气和 Al - 27% Si 合金物理性能参数

材料	系数	数值
氮气[107]	μ_g	$1.78 \times 10^{-5} (\mathrm{N} \cdot \mathrm{s} \cdot \mathrm{m}^{-2})$
	k_g	$2.6 \times 10^{-2} (\mathrm{W} \cdot \mathrm{m}^{-1} \cdot \mathrm{K}^{-1})$
	ρ_g	$1.16 (\mathrm{kg} \cdot \mathrm{m}^{-1})$
Al - 27% Si	ρ	$2600 (\mathrm{kg} \cdot \mathrm{m}^{-1})$
	C_p	$826 (\mathrm{J} \cdot \mathrm{kg}^{-1} \cdot \mathrm{K}^{-1})$
	T_d	950 K
	T_f	298 K

采用式(2-14)计算气雾化 Al - 27% Si 合金粉末凝固速率随粉末粒度的变化关系,结果如图 2 - 15 所示。从图 2 - 15 可以看出,对于粒度比较集中的 10 ~ 120 μm合金粉末,其凝固速率为 $10^4 ~ 10^6$℃/s,远远高于常规铸造条件下的凝固速率($10 ~ 10^2$℃/s)。当粉末粒度小于 25 μm 时,减小粒度导致合金粉末的凝固速率急剧增大,如图 2 - 15 中Ⅰ区,比如,粒度为 20 μm 的合金粉末所对应的凝固速率达到 2.37×10^5℃/s。当粉末粒度大于 80 μm 时,随着粉末粒度减小,所对应的凝固速率的下降幅度大大降低,如图 2 - 15 中Ⅲ区,比如,粒度为 85 μm 的合金粉末所对应的凝固速率为 7.93×10^3℃/s,其数值大约为 20 μm 粉末的 1/30。

Rajabi 等[82]和 Zhou 等[91]研究不同粒度 Al - Si 合金粉末在雾化过程的凝固行为,结果表明合金液滴的对流凝固速率随着粉末粒度减小而逐渐增大。因此,较小粒度合金粉末对应较大的过冷度和界面生长速率,较大过冷度则会在合金液滴中产生较大形核驱动力最终获得较高形核率,从而获得细小的显微组织。

报道指出[108],共晶间距(d)只受凝固条件的影响;因此,可通过测量共晶间距来计算合金粉末的凝固参数(过冷度和界面生长速率等)。采用 IPP 图像分析软件对不同粒度 Al - 27% Si 合金粉末中共晶间距进行测量后取平均值,结果如图 2 - 16所示。从图 2 - 16 可以看出,共晶间距随着粉末粒度增大而不断增加,而相同粒度粉末不同位置的共晶间距值也存在一定差异,这说明粉末粒度对合金凝固过程的影响比较明显;另外,相同粒度的不同粉末或相同粉末的不同位置,其凝固条件也存在一定差别,这也就可以解释图 2 -7 中初晶 Si 相尺寸的差异。

不同粒度 Al -27% Si 合金粉末对应的共晶间距(d)、界面生长速率(V)和过

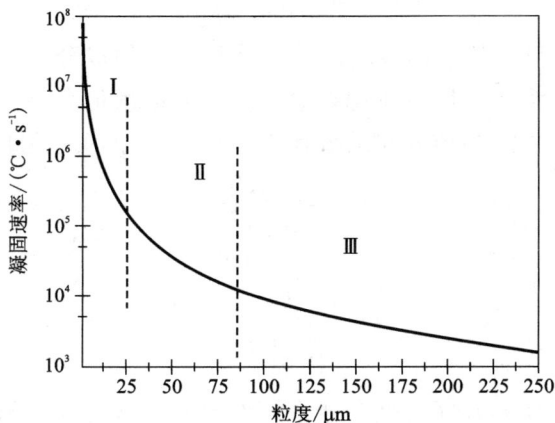

图 2 - 15　气雾化 Al - 27％Si 合金粉末凝固速率与粒度的关系

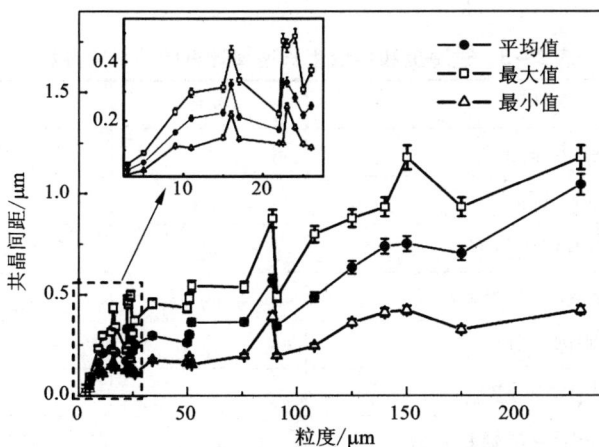

图 2 - 16　气雾化 Al - 27％Si 合金粉末共晶间距与粒度的关系

冷度（ΔT）之间的关系可以通过 TMK（Trivedi-Magnim-Kurz）模型[109]得到，此模型是在 JH（Jackson-Hunt）模型[110]基础上发展而来的，但其使用范围扩大了。以上三者之间的关系可以表述为：

$$\Delta T = K_1' d V + \frac{K_2}{d} \qquad (2 - 15)$$

式中，K_1' 和 K_2 是合金系统参数，可以用以下公式获得：

$$K_1' = \frac{m C_0 P_{TMK}}{f_\alpha f_\beta D} \qquad (2 - 16)$$

$$K_2 = 2m\sum_i \frac{\Gamma_i \sin(\theta_i)}{m_i f_i} \qquad (2-17)$$

式中，m_i 为共晶温度下的液相线斜率，C_0 为界面处的成分差，D 为扩散系数，f_i 为相体积分数，Γ_i 为吉布斯 - 汤姆森系数，θ_i 为接触角大小，P(Peclet 数，$P = \lambda V/2D$)与相体积分数、溶质分配系数有关。Λ 和 ΔT 的关系可用下式表示：

$$Vd^2 = \frac{KD}{P + \left(\frac{\partial P}{\partial d}\right)} \qquad (2-18)$$

$$d\Delta T = \frac{K_2 P}{P + \left(\frac{\partial P}{\partial d}\right)} + K_2 \qquad (2-19)$$

式中，$K = K_2 \cdot f_\alpha \cdot f_\beta / (m \cdot C_o)$ 是合金系统参数。气雾化 Al - Si 合金粉末的过冷度和界面生长速率计算详细过程可参考文献[111]，计算过程所采用的材料参数列于表 2 - 5。

表 2 - 5　过冷度和界面生长速率计算所用材料参数

名称	符号	数值
扩散系数	D	$5 \times 10^{-9}(\text{m}^2 \cdot \text{s}^{-1})$
共晶间距	C_0	98.2%
α 相液相线斜率	m_α	$7.5(\text{K} \cdot \%^{-1})$
β 相液相线斜率	m_β	$17.5(\text{K} \cdot \%^{-1})$
α 相体积分数	f_α	0.742
β 相体积分数	f_β	0.258
α 相的吉布斯 - 汤姆森系数	Γ_α	$1.96 \times 10^{-7}\text{km}$
β 相的吉布斯 - 汤姆森系数	Γ_β	$1.7 \times 10^{-7}\text{km}$
α 相角度	θ_α	30°
β 相角度	θ_β	65°
普朗特系统参数	K_r	$5.43 \times 10^{-7}\text{km}$
雷诺系统参数	K_c	2.016×10^{-10}
共晶温度	$T_{\text{eut.}}$	850.2 K
共晶成分	$C_{\text{eut.}}$	12.6%
极限条件参数	Φ	3.2

通过以上计算,可以获得气雾化 Al - 27% Si 合金粉末的过冷度和界面生长速率与粒度之间的关系,如图 2 - 17 所示。从图 2 - 17 可知,合金粉末的过冷度和界面生长速率随着粒度减小而急剧升高。较小粒度粉末具有很高的过冷度和界面生长速率,特别是粒度小于 10 μm 时,例如,粒度为 5 μm 合金粉末的过冷度大约为 100℃,大约是粒度为 100 μm 合金粉末的 43 倍。在过冷合金熔体中,固相与液相的吉布斯自由能差是熔体结晶的驱动力,从而也是粉末粒度(过冷度)的函数。以上结果可以很好地解释不同粒度合金粉末之间在显微组织和结构上的巨大差异。在粒度范围为 105 ~ 150 μm 的合金粉末中形成粗大的星状初晶 Si 相正是由于过冷度较小,熔滴以比较接近平衡状态的形式凝固形成的,故初晶 Si 相尺寸粗大且形貌类似于普通铸造合金;但是在粒度范围小于 25 μm 的粉末中,初晶 Si 相尺寸得到很大程度抑制,因此形状也趋于规则。

Rajabi 等[82] 的研究表明:快速凝固过程中,当合金界面生长速率小于绝对稳定速率($V_a = 14$ mm/s)时,无法得到没有偏析的显微组织。这种结果可以解释图 2 - 5 中,当粉末粒度小于 15 μm 时,显微组织中产生网络状共晶 Si 相的现象。同时,初晶 Si 相的生长得到有效抑制,在粒度小于 63 μm 的合金粉末中,初晶 Si 相的尺寸为 0.6 ~ 4.8 μm;然而,直径大于 5 μm 的粗大、块状初晶 Si 相则出现在较大粒度的合金粉末中。因此,初晶 Si 相和共晶 Si 相的尺寸和形貌主要取决于雾化粉末粒度,而其根本原因是合金凝固过程的凝固速率和过冷度差异。

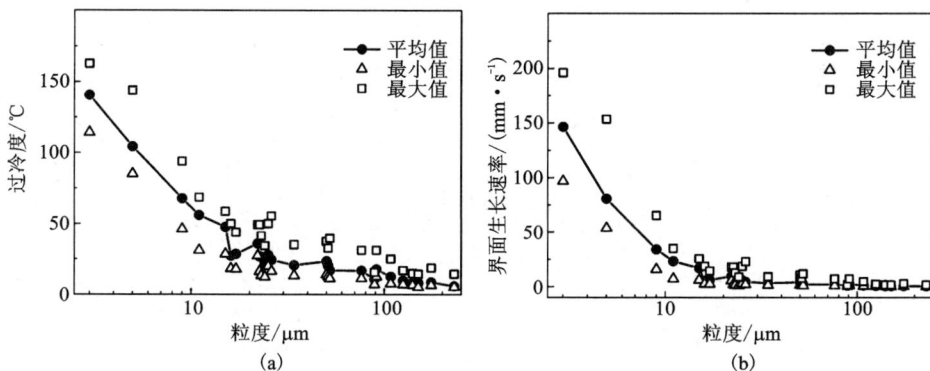

图 2 - 17　气雾化 Al - 27% Si 合金粉末的过冷度(a)和界面生长速率(b)

2.6　本章小结

本章研究气雾化 Al - Si 合金粉末的组织结构和凝固过程。采用氮气雾化法制备不同 Si 含量 Al - Si 合金粉末,采用显微组织表征技术结合图像分析软件研究初晶 Si 相和共晶 Si 相的尺寸、形貌和分布特征，采用 X 射线衍射仪对合金粉末的物相结构进行鉴定，采用理论模型和经验公式计算气雾化 Al – Si 合金粉末的凝固过程，并建立其与组织结构的关系。结果表明：

（1）Al – Si 合金粉末以不规则液滴状为主，表面粗糙并附有很多细小的卫星颗粒或毛刺，表面还存在部分孔洞；随着粒度减小，粉末形貌转变为近球形，表面趋于平滑，卫星颗粒和孔洞明显减少。随着 Si 含量升高，粉末平均尺寸逐渐增大，形状趋于不规则，表面粗糙度有所增加。

（2）对于 Al – 27% Si 合金粉末，随着粉末粒度减小，截面和表面显微组织中初晶 Si 相尺寸均逐渐减小，而形貌趋于规则；同时，共晶 Si 相形貌由独立的针状转变为缠结在一起的网络状结构。相同粒度合金粉末中，随着 Si 含量升高，初晶 Si 相尺寸和不规则程度均不断升高，甚至出现类似铸造合金中的初晶 Si 相形貌，但平均尺寸小于 20 μm。

（3）对于 Al – 27% Si 合金粉末，Al 基体过饱和程度随着粒度减小而增加，且基体衍射峰发生宽化和偏移，从而导致基体的晶格常数减小。过饱和程度提高和晶粒细化引起固溶强化和细晶强化，导致 Al 基体显微硬度随着粉末粒度减小而不断升高。Si 含量对 Al – Si 系列合金粉末结构特征的影响不是很明显。

（4）根据对流换热原理和共晶间距分别计算气雾化 Al – 27% Si 合金粉末的凝固速率和过冷度，结果表明：凝固速率和过冷度随着粉末粒度减小而急剧增大，这是导致不同粒度合金粉末显微组织、结构和性能差异的根本原因。

第 3 章　Al - Si 合金粉末的组织热稳定性

3.1　前言

根据第 2 章的实验结果和分析可知,气雾化 Al - Si 合金粉末具有细小、均匀的显微组织,但是,快速凝固制备的粉末在使用前通常需要通过高温致密化和成型,如热压烧结、热挤压、热锻造等。高温加热过程很可能对合金组织带来不利影响,例如使过饱和固溶体发生脱溶分解或组织发生粗化等;粉末显微结构受热发生的组织变化通常是不可逆的,不能通过热处理等手段来恢复[108]。Al - Si 合金粉末在热致密化过程中 Si 原子析出、Si 相长大、组织粗化是导致其塑性、强度降低的主要原因。为更好地保持快速凝固合金的组织结构优势,需要研究 Al - Si 合金粉末的热稳定性,分析合金粉末在加热保温过程中的组织演变以及 Si 相析出和长大行为,为选择合适的热致密化工艺参数提供理论依据。

Yamauchi 等[90]对水雾化 Al - (7.1% ~ 23.7%)Si 合金粉末中 Si 相粗化行为的研究表明,合金在 450℃退火过程中,Si 相粗化速率较快,与退火时间的平方根成比例,而不是立方根。这种现象在退火初始阶段尤其明显,其主要原因是合金较高的凝固速率获得较高的过饱和程度,从而导致 Si 相粗化驱动力较大。Vianco 等[112]对不同冷却速率 Sn - Pb 合金中富 Pb 相粗化行为的研究表明,富 Pb 相颗粒的粗化速率随着合金凝固速率(10 ~ 100℃/min)增大而逐渐提高,同时粗化激活能也随之提高。Graiss 和 Saad[113]对 Sb - InSb 共晶合金热稳定性的研究也表明,小尺寸试样(0.9 μm,凝固速率高)中 Sb 颗粒的粗化速率较大尺寸试样(3.4 μm,凝固速率低)高很多,其粗化激活能是大尺寸试样的 1.66 倍。Birol 等[114]采用甩带法制备 Al - 12% Si 合金并对其显微组织及其热稳定性进行研究表明,当退火温度低于 250℃时,显微组织中主要发生过饱和固溶 Si 原子的脱溶析出,当退火温度高于 300℃时,Si 相开始发生明显粗化同时基体显微硬度急剧下降。沈军等[115]研究快速凝固 Al - Si 合金粉末的时效特性发现,时效初期粉末显微硬度有一定程度降低,但继续延长保温时间对显微硬度的影响很小。

本章主要是分析气雾化 Al - 27% Si 合金粉末中过饱和固溶 Si 原子在加热过程中析出和 Si 相粗化行为,考察合金粉末粒度(即凝固速率)对其热稳定性的影响,并计算不同粒度合金粉末中析出 Si 相的粗化激活能;同时分析 Si 相尺寸、形貌在加热过程的演变。

3.2　实验过程

用于热稳定性研究的 Al – 27% Si 合金粉末采用气雾化法制备并筛分成 5 个不同粒度范围,具体过程同 2.2.1。不同粒度合金粉末的退火处理分别在管式炉中进行,退火温度为 300 ~ 500℃,保温时间为 10 ~ 10240 min,采用氩气进行保护以防氧化。合金粉末先置于陶瓷坩埚中,待炉温达到预设温度后放入装有合金粉末的坩埚,保温结束后采用水淬以保持合金粉末的高温显微组织。退火后合金粉末经抽滤干燥后真空保存以待进行显微组织观察和性能检测。

采用德国耐驰 DSC 200 F3 Maia 动态热流式差示扫描量热仪(DSC)分别对 5 个不同粒度 Al – 27% Si 合金粉末进行差热分析,加热温度为 25 ~ 700℃,升温速率为 10℃/min,实验在氩气保护下进行。

采用 Sirion 200 场发射扫描电子显微镜(SEM)对不同粒度和不同退火条件下 Al – 27% Si 合金粉末进行显微组织观察,其试样的制备同 2.2.2。相同条件下,对合金粉末的显微组织多次采集 SEM 图像,以测量初晶 Si 相和析出 Si 相尺寸。采用 D/Max 2500X 射线衍射仪(XRD)分析退火前后合金粉末的相结构,确定物相组成的 2θ 角度范围为 20° ~ 80°,而用于计算晶格常数的 2θ 角度范围 80° ~ 120°,其他测试条件同 2.2.2。采用扫描电子显微镜观察 Al – 27% Si 合金粉末中 Si 相形貌在退火过程的演变。不同退火条件下合金粉末用 50%(体积分数)HCl 水溶液进行深腐蚀以去除粉末颗粒中的 Al 基体,加热温度为 60℃,腐蚀时间为 48 h,腐蚀掉 Al 之后的 Si 相采用超声波多次清洗,采用抽滤收集腐蚀后的 Si 相,在干燥箱中 60℃烘干。

采用 Image Pro Plus(IPP)6.0 图像分析软件测量不同退火条件下 Al – 27% Si 合金粉末中的初晶 Si 相和析出 Si 相尺寸,相同条件下多次(> 200 次)测量后取平均值。

不同粒度 Al – 27% Si 合金粉末经不同温度和保温时间退火后,采用显微硬度标准衡量其力学性能变化规律,测试在抛光后未腐蚀的截面上进行,采用 HDX – 1000 型显微硬度计,测试条件同 2.2.2。

3.3　粉末粒度对合金组织稳定性的影响

根据第 2 章的结果可知,气雾化 Al – 27% Si 合金粉末的显微组织和结构特征随粉末粒度或凝固速率变化的演变十分明显,因此粉末粒度也应该对合金的热稳定性有较大影响;同时,快速凝固 Al – Si 合金中细小、均匀分布的 Si 相,特别是共晶 Si 相, 具有较大的表面能和较小的扩散间距而有利于 Si 相的粗化。因此, 首先研究粉末粒度(即凝固速率)对 Al – Si 合金热稳定性的影响。

3.3.1　显微组织演变

采用差示扫描量热法(DSC)研究不同粒度 Al – 27% Si 合金粉末在连续加热过程中的放热反应, 由于 105 ~ 150 μm 合金粉末的热效应与 63 ~ 105 μm 合金粉末的相似, 这里没有考虑该粒度粉末, 结果如图 3 – 1 所示。从图 3 – 1 可以看出, DSC 曲线中主要有两个微小的放热峰(P1 和 P2), 并且其峰值对应的温度随着粉末粒度减小而逐渐降低, 而放热量随着粒度减小而不断增大。

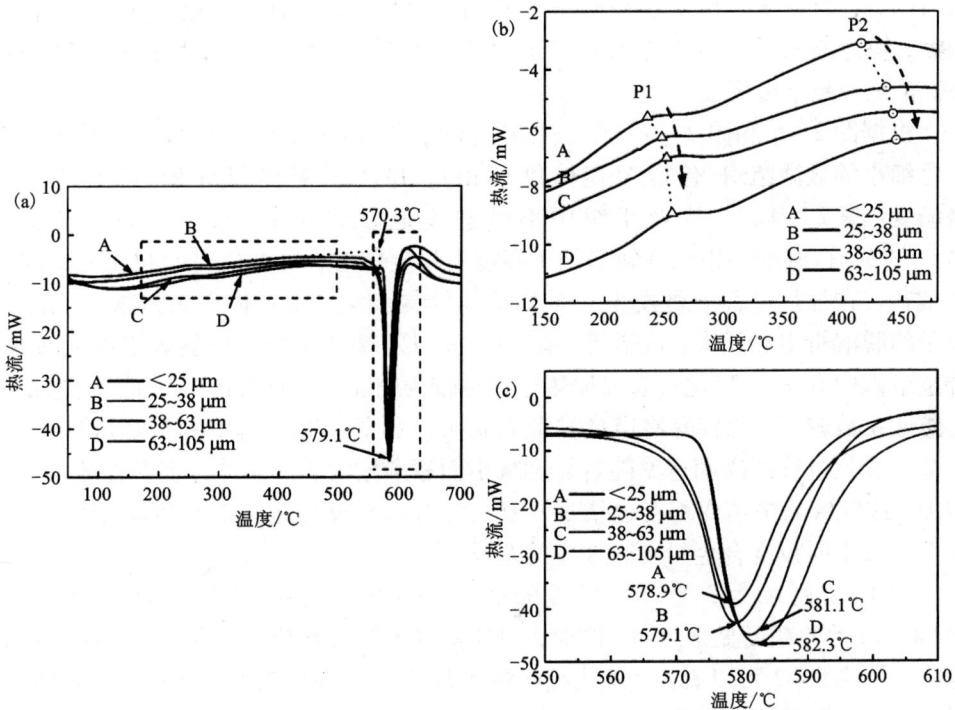

图 3 – 1　不同粒度 Al – 27% Si 合金粉末在不同温度区间的 DSC 曲线
(a)50 ~ 700℃; (b)150 ~ 510℃; (c)550 ~ 610℃

根据对快速凝固 Al – Si 合金粉末的研究发现, 第一个放热峰(239.5℃)是 Si 原子从过饱和 Al 基体中析出形成 Si 相的反应[96, 116]。气雾化过程具有很高的凝固速率(≥10³℃/s), Al 基体在冷却凝固过程中俘获大量 Si 原子而形成过饱和固溶体, 使 Al 基体发生严重的晶格畸变, 因此粉末系统处于一种热力学不稳定状态。粉末受热后将释放晶格畸变能，过饱和固溶在 Al 基体中的 Si 原子发生脱溶析出，以降低系统能量，从而引起放热反应。对二次加热 Al - Si 合金粉末的研究表明，DSC 曲线无此放热峰，说明粉末系统能量已经达到平衡状态。该现象与 Yamauchi 等[90]对水雾化 Al - Si 合金粉末的研究结果相似，但是放热效应稍微低一些，这应该是由于水雾化过程具有相对较高的凝固速率。

而对于第二个放热峰(419.7℃)目前还没有统一定论。根据本实验结果认为，该放热峰是基体中初晶 Si 相、共晶 Si 相以及析出 Si 相的聚集和长大导致的，但还不是十分清楚。Al - Si 合金粉末 DSC 曲线上的放热峰均不是很明显，主要原因是过饱和固溶 Si 原子析出过程耗费很大的合金储能且测试过程的加热速率较低；因此，Si 相形貌和尺寸变化需要在较高温度下才比较明显。从图 3 - 1(c)可以看出，合金粉末在稍低于平衡态共晶温度(557.2℃)时便开始发生部分熔化。因此，快速凝固 Al - Si 合金在高于共晶温度加热保温时，Si 相长大所需时间较短，粗化现象十分明显[117]。

根据图 2 - 5 和图 2 - 6 可知，采用气雾化法制备的 Al - 27% Si 合金粉末具有十分细小的显微组织(包括 Al 基体和 Si 相)，并且 Al 基体和 Si 相均发生严重晶格畸变(图 2 - 12)，因此组织中不可避免地形成许多缺陷(比如高密度位错[84, 85])，这些细小组织和缺陷处于高能不稳定状态，对加热温度和保温时间十分敏感。在加热过程中将发生一系列组织结构变化，主要体现为过饱和固溶 Si 原子的脱溶析出和长大、位错等缺陷的消失以及基体组织的回复等不可逆过程。合金组织中 Si 相的粗化在高温加热过程将较为明显，其原因在于 Si 原子在 Al 中的扩散系数较高，比较容易通过扩散而长大。另外，根据图 2 - 15 可知，Al - Si 合金在雾化过程的凝固速率随着粒度减小而逐渐增大，Al 基体过饱和程度也随之增加，这导致晶格畸变程度也增加，因此合金内部储能也随着粒度减小而增大，从而导致不同粒度合金粉末热效应的差异。

图 3 - 2 所示为 3 个不同粒度的 Al - 27% Si 合金粉末在 450℃保温 40 ~ 10240 min 后的截面显微组织，同时，图片上方为粉末颗粒的粒度及其对应的凝固速率。从图 3 - 2 可以看出，棒状或网络状共晶 Si 相在加热保温后消失于基体中；因此，快速凝固 Al - Si 合金的显微组织在加热保温后仅留下两个平衡相，即 α - Al 相和 Si 相。与此同时，初晶 Si 相的尖角发生明显钝化，特别是在具有较高凝固速率的小粒度合金粉末中；但是，初晶 Si 相的尺寸在保温 40 min 和 640 min 后没有发生明显变化。一般情况下，随着保温时间延长，析出相尺寸逐渐增大而数目不断减少。Ullah 等[118]的研究结果表明，扩散和界面动力控制圆形、大颗粒晶体的形成，即球化和 Ostwald 粗化同时进行。然而，在他们的工作中，由于合金的凝固速率较低(铜模铸造)，这样的快速生长过程只有在高温(600℃保温 60 min)条件下才能够发生。在 450℃保温 10240 min 后，粒度为 200 ~ 250 μm、63 ~

74 μm 和小于 25 μm 的合金粉末中析出相平均尺寸分别达到 1.82 μm、2.03 μm 和 2.87 μm。通过对比不同粒度 Al - 27% Si 合金粉末在相同加热保温条件下的显微组织，可以发现以下几点主要区别：

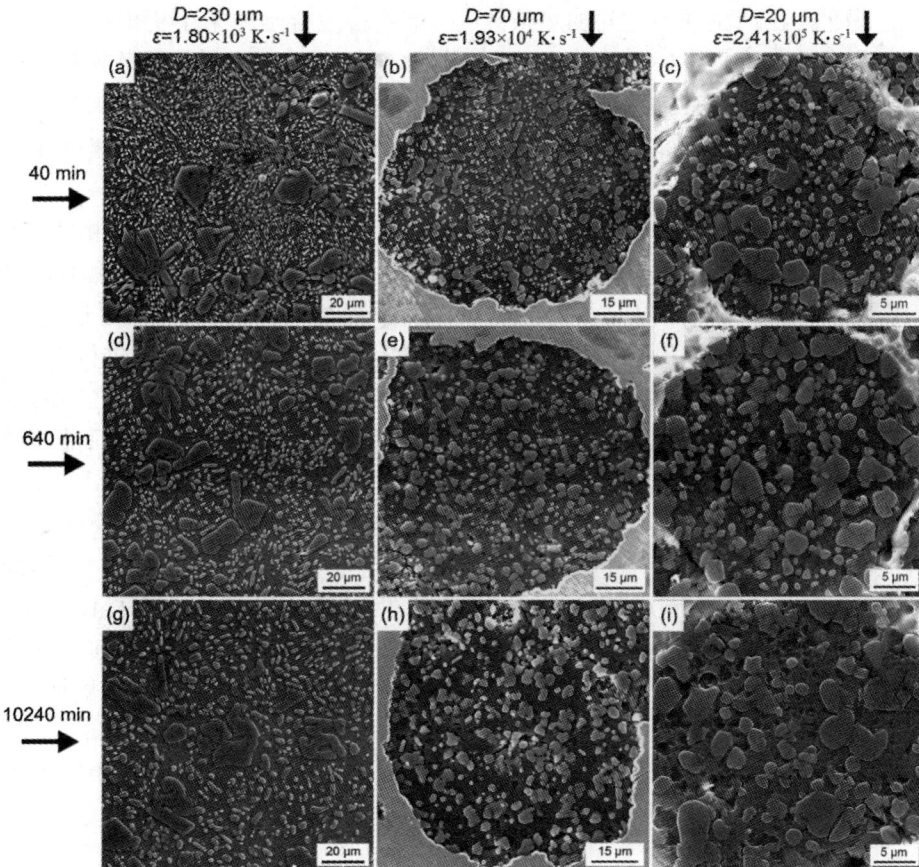

图 3 - 2　不同粒度 Al - 27% Si 合金粉末在 450℃ 保温不同时间后的显微组织

第一，对比 450℃ 退火同一时间后不同粒度 Al - Si 合金粉末的显微组织可以发现，在小粒度合金粉末中更容易观察到析出 Si 相；另外，共晶 Si 相在小粒度粉末中更容易完全溶解到 Al 基体中，而在大粒度粉末中共晶 Si 相还保留有雾化态的形貌特征。这种差异在 400℃ 和 430℃ 保温后的显微组织中也可以观察到，但是由于析出动力较低，这种显微组织差异不是很明显。这种现象表明，过饱和固溶原子的脱溶析出过程更容易在具有高凝固速率的小粒度合金粉末中进行，即小粒度粉末中过饱和固溶 Si 原子的析出动力高于大粒度粉末。

第二，在相同加热保温条件下，合金粉末凝固速率对析出 Si 相的形貌也有很大影响。在450℃保温10240 min 后，粒度为200～250 μm 的合金粉末中，析出 Si 相的长宽比为2.64[图3-2(g)]；但是，在粒度为63～74 μm 和小于25 μm 这两个粉末中，析出 Si 相的长宽比均接近1，表明其形状为近球形[图3-2(h)和(i)]。另外，在低温或短时间加热条件下，不同粒度合金粉末中析出相的尺寸和形貌差异尤为突出[图3-2(a)～(c)]。这种现象表明，具有高凝固速率的小粒度粉末较易于在低温或短时间加热条件下形成球状析出相。这样的结果与目前已有的报道截然相反，大部分认为需要高温加热条件以提高原子的扩散速率才能形成球状析出相[119]。

第三，从粒度小于25 μm 合金粉末的显微组织可以发现，析出 Si 相在450℃保温10240 min 后发生明显的聚集长大；但是这种现象在大粒度粉末中不是很明显[图3-2(g)～(i)]。由此可知，Al-Si 合金中，Si 相的长大不仅通过 Si 原子的扩散进行，还依靠小尺寸 Si 相聚集到原有大尺寸 Si 相表面的方式进行[120]。析出 Si 相的聚集长大导致难以将析出相和初生相区分开来。这种 Si 相之间的聚集长大是析出相在高温加热条件下快速长大的原因之一。加热保温处理后的这种差异取决于气雾化 Al-Si 合金粉末的非平衡态组织结构特征。

经加热保温处理后，3 种不同粒度 Al-27% Si 合金粉末采用深腐蚀去除 Al 基体，以便于进一步观察 Si 相形貌，结果如图3-3 所示。从图3-3 可以看出，在450℃保温10240 min 后，一方面，析出 Si 相和初晶 Si 相表面变得比较平滑；另一方面，从 Si 相形貌可以更清楚地看出，析出 Si 相和初晶 Si 相之间相互黏结到一起而形成复杂的形貌，这种 Si 相之间的黏结随着粉末粒度减小而更加明显。尤为突出的是粒度小于25 μm 的合金粉末，其显微组织中已很难观察到孤立的 Si 相颗粒[图3-3(c)]。因此，加热保温处理后，显微组织中 Si 相尺寸发生急剧增大。

3.3.2　析出 Si 相粗化动力学

图3-4 所示为3 个不同粒度的 Al-27% Si 合金粉末在450℃保温不同时间后，析出 Si 相的平均尺寸。析出相尺寸随着加热温度升高或保温时间延长而逐渐增大。从图3-4 中还可以看出，对于粒度小于25 μm 的合金粉末，析出 Si 相的粗化速率明显高于其他两个粒度合金粉末。例如，在保温10240 min 后，粒度小于25 μm 的合金粉末中析出 Si 相尺寸增大6.4 倍，而该数值在相同加热保温条件下的63～74 μm 和200～250 μm 的合金粉末中分别仅为3.9 和2.6。析出 Si 相生长速率在经历保温初始阶段的快速增长后变得比较平缓，该现象在大粒度合金粉末中尤为明显。这种结果表明，在相同加热保温条件下，大粒度合金粉末的显微组织相较其他小粒度粉末而言更快达到平衡状态。

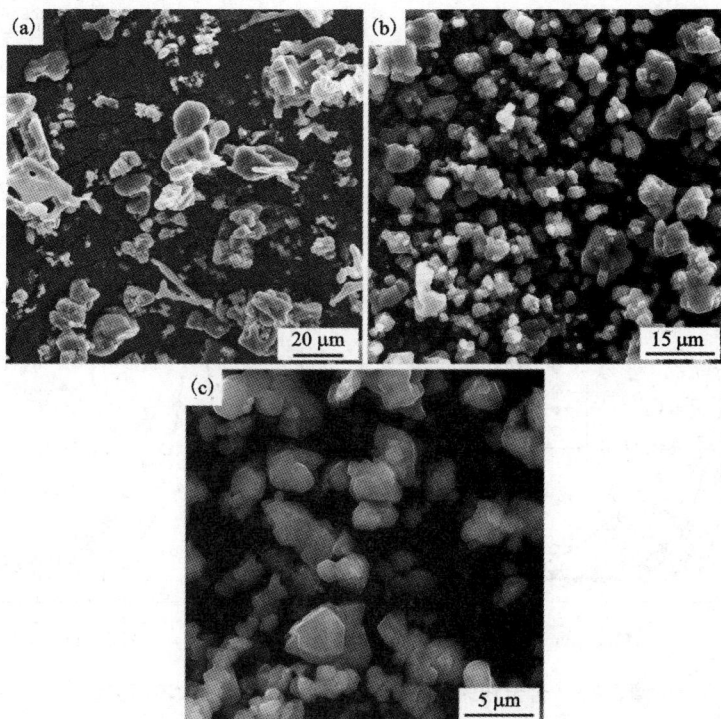

图 3 – 3　不同粒度 Al – 27%Si 合金粉末 450℃保温 10240 min 后的 Si 相形貌

(a)200 ~ 250 μm；(b)63 ~ 74 μm；(c) <25 μm

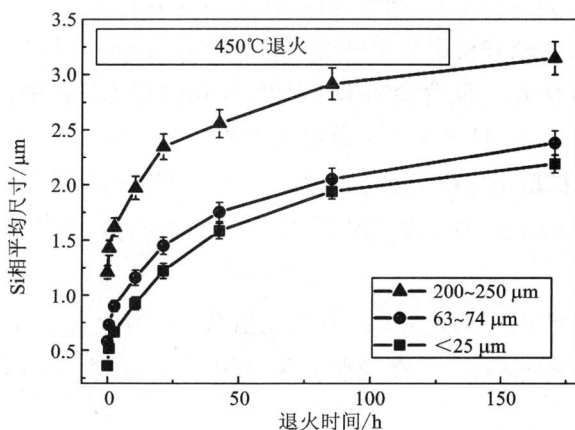

图 3 – 4　不同粒度 Al – 27%Si 合金粉末 450℃保温后析出 Si 相的平均尺寸

气雾化 Al – 27% Si 合金粉末在加热保温过程中，过饱和固溶 Si 原子的析出和长大还有一个特征,即析出 Si 相尺寸分布曲线随着温度升高或保温时间延长变得比较平坦,如图 3-5 所示。从图 3-5 可以看出,随着温度升高或保温时间延长,析出 Si 相的尺寸分布曲线顶点高度下降而尺寸分布变宽。对于不同粒度合金粉末,析出 Si 相的尺寸分布特征与图 3-5 所示相似,但是曲线的高度和宽度随着凝固速率的降低而升高。将析出 Si 相的体积分数考虑在内,这种尺寸分布将随着体积分数的增加而宽化且对称性较好[119]。

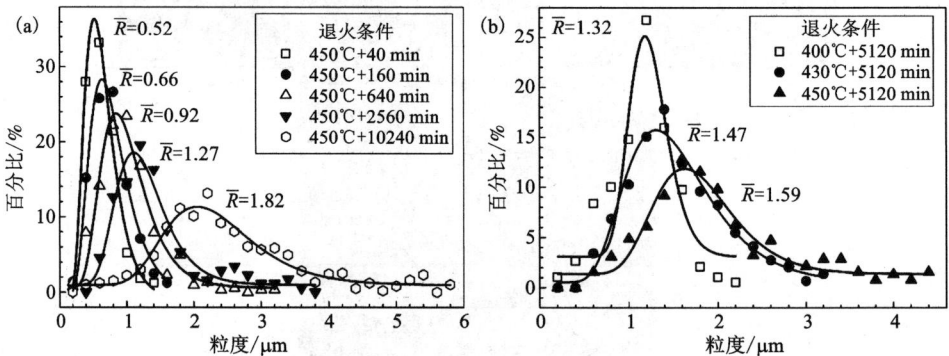

图 3-5　合金粉末 450℃保温不同时间(a)和不同温度
保温 5120 min(b)后析出 Si 相的尺寸分布

在加热保温过程中,过饱和固溶在 Al 基体中的 Si 原子析出后开始聚集长大,即发生粗化(也称为熟化)。Lifshitz、Slyozov 和 Wagner 对加热保温过程析出相粗化行为进行深入的研究并得出相关演变规律,被称为 LSW 理论或 Ostwald 熟化或粗化[121, 122]。气雾化 Al-Si 合金粉末中析出 Si 相的粗化过程中,Si 相半径 r 与保温时间 t 满足比例关系,即 $r^n \propto t$,n 为粗化指数。当 n 为 2 时,扩散由界面扩散控制;当 n 为 3 时,扩散由体扩散控制。为进一步了解合金凝固速率对加热保温过程析出 Si 相粗化行为的影响,采用以下 LSW 方程进行分析[123]:

$$\bar{R}^n - \bar{R}_0^n = Kt \tag{3-1}$$

式中,$\bar{R}$ 为析出 Si 相的平均尺寸,n 为粗化指数,K 为包含点阵扩散系数的粗化速率常数,t 为加热保温时间。在经典 LSW 理论中,n 值为 3,即析出相的粗化过程由体扩散控制。

根据 LSW 理论,粗化速率常数(K)可以用如下方程表示:

$$K = \frac{8\sigma D C_0 V_m^2}{9RT} \tag{3-2}$$

式中,σ 为析出相与基体的界面能,D 为溶质原子在基体中的等效扩散系数,C_0

为在温度(T)下基体中的溶质平衡浓度，V_m 为析出相的摩尔体积，R 为气体常数，T 为绝对温度。

为更好地了解不同粒度 Al – Si 合金粉末在不同加热保温条件下，析出 Si 相粗化指数(n)的变化规律，图 3 – 6 所示为不同加热温度下，析出 Si 相平均尺寸与保温时间的关系。采用式(3 – 1)计算得到不同粒度合金粉末在不同加热保温条件下的粗化指数列于表 3 – 1。从图 3 – 6 和表 3 – 1 可知，所有的实验数据均表现出较好的线性关系，回归系数(R^2)均大于 0.98。Vianco 等[112]的研究表明，凝固速率较高的合金其显微组织中存在较高缺陷密度，故粗化指数值会比较接近 2，即粗化速率较高。因此，较小的粗化指数应该与 Si 原子的高速运动有关，而这种运动取决于快速凝固过程获得的组织结构特征，即非平衡态组织结构。

在加热保温过程中晶体生长速率取决于合金中原子的扩散速率。析出 Si 相的生长通过 Si 原子扩散到已有 Si 相颗粒表面的形式进行，因此，Si 原子的扩散速率在析出 Si 相的生长过程中起主要作用。Si 原子的扩散是个热激活过程，所以，当加热温度升高时，扩散速率也随之增加，Si 原子的扩散将更容易进行。因此，析出 Si 相的尺寸随着加热温度升高而逐渐增大。然而，采用传统的扩散控制生长过程来解释不同凝固速率合金中粗化行为的差异存在一定困难。一般认为，析出相的粗化受很多因素的影响，如第二相体积分数、通过表面的短路扩散、晶界和位错、析出相和基体不匹配导致的弹性应变等，这主要取决于所研究的合金系统[124]。

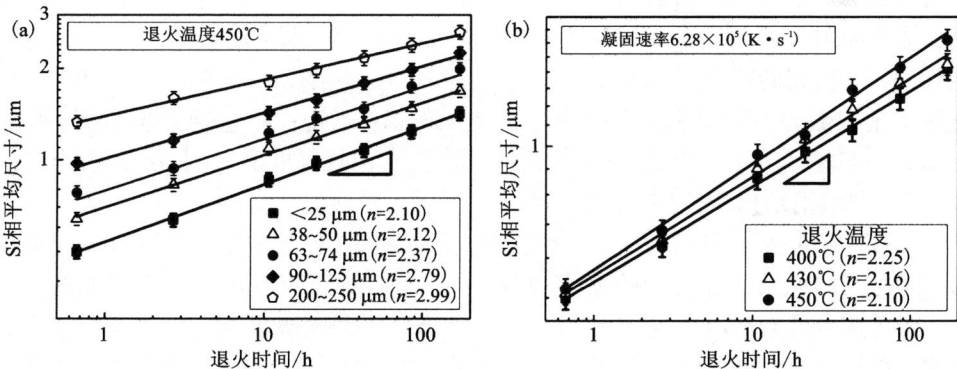

图 3 – 6　不同粒度 Al – Si 合金粉末(a)和不同温度下(b)析出 Si 相尺寸与保温时间的关系

表 3-1　不同粒度 Al-Si 合金粉末加热保温过程的粗化指数(n)和粗速化常数(K)

退火温度 /℃	粒度 /μm	粗化指数	回归系数	速率常数 ($n=3$)/($\times 10^{-28}\mathrm{m}^3 \cdot \mathrm{h}^{-1}$)	回归系数
400	<25	2.25	0.995	9.62	0.983
	38~50	2.41	0.995	6.26	0.989
	63~74	2.56	0.994	4.52	0.992
	90~125	2.84	0.993	2.76	0.991
	200~250	3.16	0.997	1.62	0.995
430	<25	2.16	0.997	20.96	0.977
	38~50	2.22	0.996	12.43	0.985
	63~74	2.49	0.999	7.69	0.985
	90~125	2.85	0.995	4.58	0.999
	200~250	3.03	0.993	2.63	0.993
450	<25	2.10	0.998	34.78	0.976
	38~50	2.12	0.996	18.82	0.984
	63~74	2.37	0.997	10.98	0.991
	90~125	2.79	0.996	5.87	0.991
	200~250	2.93	0.995	3.38	0.997

为进一步了解不同粒度 Al-27% Si 合金粉末在不同加热保温条件下粗化速率常数的变化，将粗化指数值固定为 2，分析析出 Si 相平均尺寸与保温时间的关系，结果如图 3-7 所示。图 3-7 中所有的数据采用方程：$\overline{R} = (\overline{R_0^2} + Kt)/2$ 进行线性回归，得到的粗化速率常数同样列于表 3-1。从图 3-7 和表 3-1 可知，粗化速率常数随着凝固速率增大或加热温度升高而不断增大。这种结果表明，快速凝固 Al-Si 合金中，析出 Si 相的粗化速率不仅受加热温度的影响，也与合金的凝固速率（即组织结构特征）有很大关系。

图 3-8 所示为不同加热温度下，析出 Si 相的粗化速率常数与粉末粒度的关系，同时列出粉末粒度对应的凝固速率。从图 3-8 可以看出，在相同加热温度下，粗化速率常数随凝固速率减小而逐渐下降。这种现象表明，在高凝固速率合金中，析出 Si 相的粗化过程由较高扩散速率的机制控制。一般而言，粗化的驱动力是界面面积减小，即自由能下降，其中包括过饱和固溶原子脱溶析出并生长的过程[125]。假设不同凝固速率合金在加热保温处理时具有相同的自由能，那么，在雾化态合金中，小粒度合金粉末应该具有比大粒度合金粉末更高的界面能，从而获得较高的粗化速率常数。

根据第 2 章的分析可知，小粒度合金粉末中 Al 基体晶格发生严重扭曲，这就

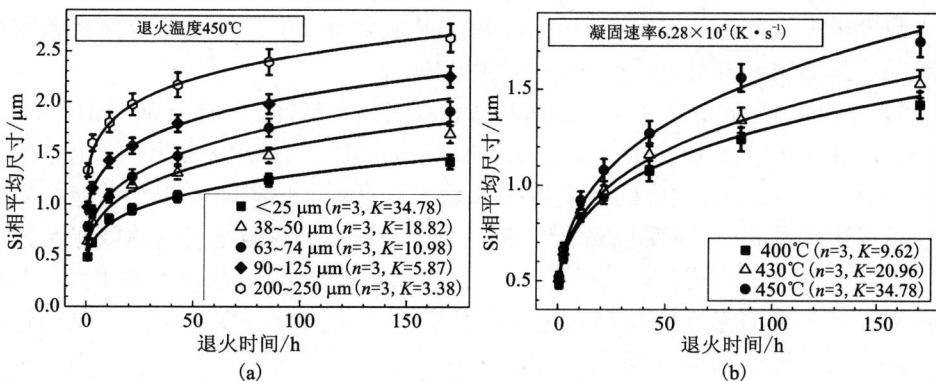

图 3 – 7　不同粒度 Al – Si 合金粉末(a)和不同温度下(b)析出 Si 相尺寸与保温时间的关系

在基体中产生大量缺陷,如位错和空洞等,这些缺陷将为 Si 原子的扩散提供更多通道。Vianco 等[112]的研究表明,在 Sn – Pb 合金退火过程中,点缺陷和线缺陷的运动为 Pb 原子的重新分布提供了重要通道。快速凝固 Al – Si 合金中通常存在高密度位错,从而导致粗化由较快扩散速率控制。Chung 等[119]的研究表明,对快速凝固合金进行低温预退火具有降低基体过饱和程度和 L1$_1$ 析出相粗化动力的作用,从而可以降低析出相在后续加热保温过程的粗化速率。然而,与预退火处理相反,提高合金的凝固速率会引起过饱和程度升高,从而导致析出 Si 相的粗化速率增大。

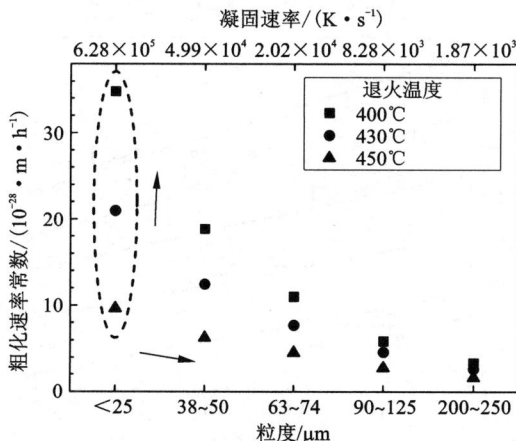

图 3 – 8　不同加热温度下粗化速率常数(K)与凝固速率的关系

再者,根据不同粒度气雾化 Al – 27% Si 合金粉末的显微组织(图 2 – 5),初晶 Si 相和共晶 Si 相尺寸随凝固速率升高而急剧下降。这种现象导致在小粒度合金粉末中的 Si 相具有较高的表面能,从而有利于相互扩散和 Si 相粗化。这种作用在粒度很小的合金粉末中尤为突出，因为其显微组织中存在密集分布且缠结在一起的共晶 Si 相，并且共晶 Si 相的熔点相对较低。

另一方面，由于小粒度合金粉末具有较高的内部储能，Si 原子从过饱和 Al 基体中析出和 Si 相长大所需的能量较低。Nakajima 等[126]的研究表明，析出相的粗化速率由于 Al – Cu 合金中的蠕变应变而增大；同时指出，这种应变引起的粗化加速可以用位错的消除机制来解释。同一合金系统中，两相之间的热膨胀系数不匹配将在界面处产生微观应变[127]。由于 Al 和 Si 的热膨胀系数相差很大，因此快速凝固 Al – Si 合金在冷却凝固过程必然产生大量错配应变。这种现象也将导致加热保温过程析出 Si 相粗化行为的差异。

假设析出 Si 相的粗化过程符合 Arrhenius 方程，从而可以计算析出 Si 相在加热保温过程粗化所需的激活能[128]：

$$K = A\exp\left(-\frac{Q}{RT}\right) \qquad (3-3)$$

或

$$\lg K = -\frac{Q}{RT} + \lg A \qquad (3-4)$$

式中，K 为粗化速率常数，A 为常数，R 为气体常数，T 为绝对温度。从而，析出 Si 相的粗化激活能可以通过不同加热温度下的粗化速率常数获得，$\lg K$ 与 $(1000/T)$ 的关系如图 3 – 9 所示。从图 3 – 9 可以看出，气雾化 Al – 27% Si 合金粉末中，析出 Si 相粗化速率常数与加热温度的对数关系基本呈线性。

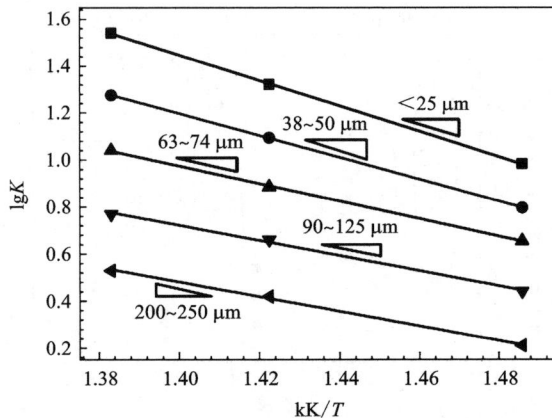

图 3 – 9　不同粒度 Al – 27% Si 合金粉末粗化速率常数(K)与加热温度的关系

根据图 3 – 9 可以得到气雾化 Al – 27% Si 合金粉末中析出 Si 相的粗化激活能，结果如图 3 – 10 所示。从图 3 – 10 可以看出，随合金凝固速率升高，析出 Si 相的粗化激活能从 25.9 kJ/mol 增加到 45.1 kJ/mol。小粒度合金粉末具有较高的激活能，这就可以解释加热过程中，过饱和固溶 Si 原子更容易受热析出以及在低温或短时间加热条件下容易形成近球状 Si 相的现象；而同样的过程在大粒度合金粉末中则需要较高的加热温度或较长的保温时间。另外，这种较高的激活能也导致小粒度合金粉末中析出 Si 相具有较高的粗化速率。

　　由于高凝固速率合金中具有很高的内部储能，导致析出 Si 相粗化所需的激活能较小。该析出相的激活能远低于 Si 原子的自扩散激活能(400 ~ 450 kJ/mol)，同时这也低于等离子喷涂 Al – 12% Si 合金中 Si 相析出和粗化的激活能(81 ~ 105 kJ/mol)[129, 130]。Voorhees 等[131]研究了粗化相体积分数对粗化行为的影响，析出相的粗化速率常数随着其体积分数的增加而逐渐升高。因此，在本实验条件下，导致析出 Si 相激活能较低的其中一个原因是合金中有较高的 Si 含量。考虑到快速凝固合金中，高过饱和程度引起基体结构扭曲和晶粒细化从而获得高体积分数的晶界，Si 原子可以通过这些缺陷和晶界进行扩散，而这种扩散对应的能垒也较低，这可以降低析出 Si 相粗化的激活能。另外，由于在高凝固速率合金中或高温加热处理后显微组织中存在 Si 相之间聚集长大的现象，从而引起 Si 相的快速粗化，这种粗化机制也将大大降低析出 Si 相的粗化激活能。

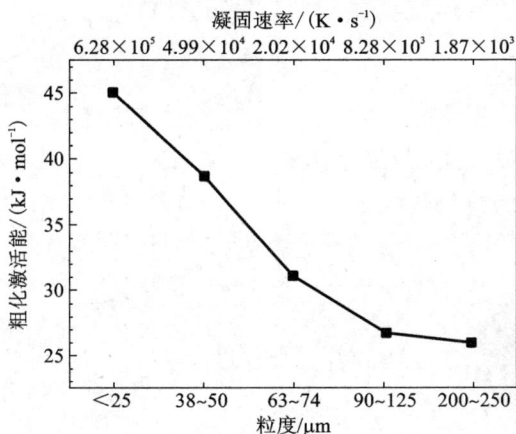

图 3 – 10　不同粒度 Al – 27% Si 合金粉末中析出相的粗化激活能

3.4　加热温度和保温时间对组织热稳定性的影响

3.4.1　显微组织演变

　　气雾化 Al – 27% Si 合金粉末(约 25 μm)在不同温度下保温 160 min 后的截面显微组织如图 3 – 11 所示。由图 3 – 11 可以看出，与雾化态合金粉末的显微组织相比[图 2 -5(d)]，在加热温度较低时(300℃)，初晶 Si 相的尺寸和形貌基本保持不变；随着加热温度升高(400～450℃)，块状初晶 Si 相的尖角发生明显钝化，即初晶 Si 相颗粒趋于球形。而细小的针状共晶 Si 相则在较低温度下(300℃)即发生溶解，表现为针状共晶消失，这种反应对应 DSC 曲线上的第一个放热峰(图 3 -1)。同时，300℃加热 160 min 后，显微组织中可以发现细小的析出 Si 相颗粒，其形状随着加热温度升高而逐渐转变为近球状并不断长大。根据最小能量原理，共晶 Si 相溶解后的 Si 相颗粒将自发向球状演变并逐渐聚集长大。对比图 3 -11(b)和(c)可以发现，组织中析出 Si 相的颗粒数目最多，且球化程度较好，而其平均尺寸仅为 1.2 μm。加热温度升高至 500℃时，析出 Si 相进一步长大[图 3 -11(d)]。

图 3 -11　气雾化 Al -27%Si 合金粉末在不同加热温度保温 160 min 后的显微组织
(a)300℃；(b)400℃；(c)450℃；(d)500℃

　　气雾化 Al -27%Si 合金粉末在 450℃保温不同时间后的显微组织如图 3 -12 所示。由图 3 -12(a)可以看出，450℃保温 10 min 后，初晶 Si 相的尺寸和形貌没有发生明显变化；而共晶 Si 相已基本完全溶解到 Al 基体中，细小的析出 Si 相弥散分布在 Al 基体中。随着保温时间延长至 40 min 和 160 min[图 3 -12(b)和

（c）］，过饱和固溶 Si 原子不断析出并聚集长大，同时析出 Si 相的球化程度较好。由于加热温度较高，析出 Si 相随着保温时间延长而急剧长大，Si 相之间的团聚比较明显；同时初晶 Si 相的尖角钝化现象十分明显。450℃保温 10240 min 后［图 3 – 12（d）］，析出 Si 相的粗化现象非常严重，导致析出 Si 相与初晶 Si 相难以区分，但可以看出析出 Si 相与初晶 Si 颗粒之间均发生团聚长大。由图 3 – 11 和图 3 – 12 可以看出，Al – Si 合金粉末显微组织中 Si 相密度随加热温度升高或保温时间延长呈先上升后下降的趋势，特别是在高温或长时间保温条件下，这种现象从另一方面说明 Si 相的生长方式还包括 Si 相之间的相互缠结（包括析出 Si 相和初晶 Si 相），而这种粗化方式对高温条件下析出 Si 相快速粗化的作用十分明显。

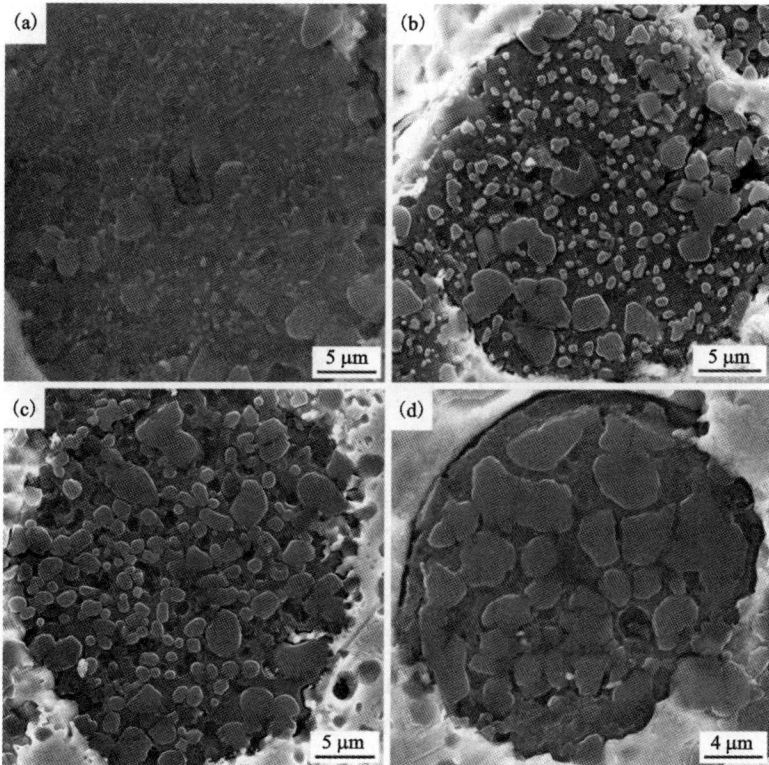

图 3 – 12　气雾化 Al – 27% Si 合金粉末在 450℃保温不同时间的显微组织

（a）10 min；（b）40 min；（c）640 min；（d）10240 min

3.4.2　物相结构特征

图 3 – 13 所示为气雾化 Al – 27% Si 合金粉末在不同加热温度下保温 160 min

后的 X 射线衍射图谱。由图 3 – 13 可以看出，随着加热温度升高，合金粉末的相成分与雾化态相比没有发生变化；但是 Al 基体和 Si 相对应的衍射峰宽化程度有所缓和，且衍射峰强度呈增强的趋势，但增强速率随着加热温度升高而不断下降。上述结构演变主要是由于在加热过程中，Al 基体显微组织发生回复和过饱和固溶原子脱溶析出，这与其显微组织演变过程相呼应（图 3 – 11）。另外，过饱和固溶原子的析出和长大还导致显微组织中 Si 相体积分数的增加，在 X 射线衍射图谱上表现为 Si 相衍射峰的强度升高。

王话等[108]对雾化 Al – 12.8％Si 合金粉末的研究发现，合金显微组织在热处理过程有两个连续的变化过程：过饱和固溶在 Al 基体中的 Si 原子在 156～290℃开始脱溶析出，并在 340℃发生粗化，随着加热温度升高，粗化现象仍然存在；同时作者发现，该合金粉末中 Si 相的粗化行为符合经典的 LSW 理论。谢壮德等[132]对气雾化 Al – 17％Si – 6％Fe – 4.5％Cu – 0.5％Mg 合金粉末的研究也发现类似的现象；同时作者表示，Si 相的热稳定性较差，其在加热保温过程先于其他金属间化合物发生溶解，主要原因是 Si 原子在 Al 基体中扩散系数较高，而且 Si 在 Al 基体中的固溶度随着温度升高而逐渐增大。

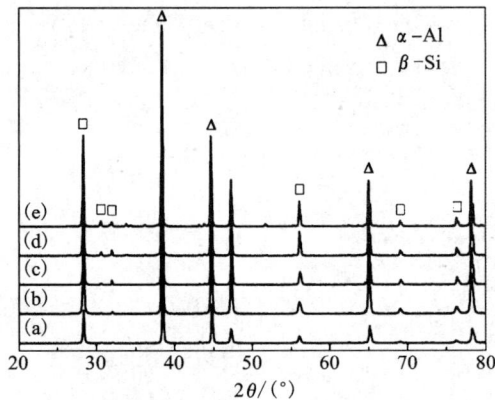

图 3 – 13　气雾化 Al – 27％Si 合金粉末在不同加热温度下
保温 160 min 后的 X 射线衍射图谱
（a）室温；（b）300℃；（c）400℃；（d）450℃；（e）500℃

图 3 – 14 所示为 Al – 27％Si 合金粉末在 400℃保温不同时间的 X 射线衍射图谱。对比图 3 – 13 和图 3 – 14 可知，合金组织成分保持不变，而合金的结构特征受加热温度和保温时间的影响表现出相似的特性。但是，相比保温时间的影响，合金粉末在提高温度后很快达到平衡状态，这说明快速凝固组织结构对加热温度表现出较高的敏感性。

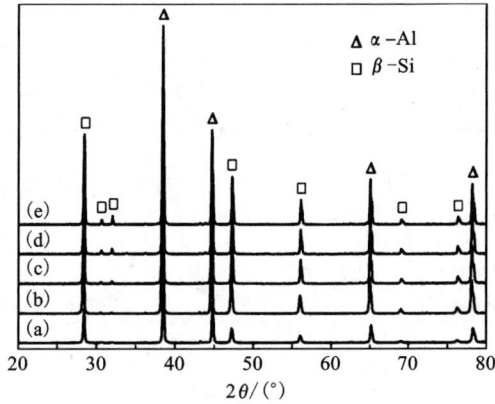

图 3 – 14　气雾化 Al – 27%Si 合金粉末在 400℃保温不同时间的 X 射线衍射图谱

(a)0 min；(b)10 min；(c)40 min；(d)640 min；(e)10240 min

　　为进一步分析气雾化 Al – 27%Si 合金粉末在加热保温过程中 Si 相的析出和长大行为，对 400℃保温 160 min 的合金粉末做高角度区间 X 射线衍射分析，结果如图 3 – 15 所示。由图 3 – 15 可以看出，Al – Si 合金粉末经 400℃保温 160 min 后 Al 基体的衍射峰尖锐化，且在主峰 $K_{\alpha1}$ 右侧又出现一个 $K_{\alpha2}$ 峰。从图 3 – 15 还可以看出，与雾化态相比，退火后合金粉末的 Al 基体衍射峰向低角度方向偏移，说明退火处理引起相应晶面间距增大，使 Al 基体晶格常数增大。该结果可表征如下：经快速凝固后大量的 Si 原子过饱和固溶于 Al 基体中，造成 Al 基体晶格收缩，使其晶格常数减小；经加热保温后过饱和固溶的 Si 原子发生脱溶析出，引起基体晶格收缩作用减弱，使 Al 基体的晶格常数表现出增大的趋势。

　　由以上观察可知，气雾化 Al – 27%Si 合金粉末在加热保温过程中，首先发生过饱和固溶 Si 原子析出和共晶 Si 相溶解；随着温度升高或保温时间延长，析出 Si 相通过扩散依附到原有 Si 相颗粒表面而长大，同时 Si 相之间相互团聚而长大；初晶 Si 相在整个退火过程主要发生尖角的钝化，其尺寸无明显变化。为进一步分析 Si 相析出行为，对退火前后合金粉末做 X 射线衍射分析，根据式(2 – 3)计算 Al 基体的点阵常数，结果列于表 3 – 2。从表 3 – 2 可以看出，随着温度升高或保温时间延长，Al 基体点阵常数增大，这表明 Si 相从 Al 基体中不断脱溶析出，从而进一步印证以上分析。保温时间对 Al 基体晶格常数的影响与此相似。丁道云等[81]采用多级雾化技术制备 Al – 22%Si 合金粉末并研究其显微组织热稳定性发现：随着退火温度升高或保温时间延长，Si 原子逐渐从过饱和 Al 基体中脱溶析出与长大，Al 基体晶格常数增大，这种现象对退火温度和保温时间均表现出较强的敏感性。

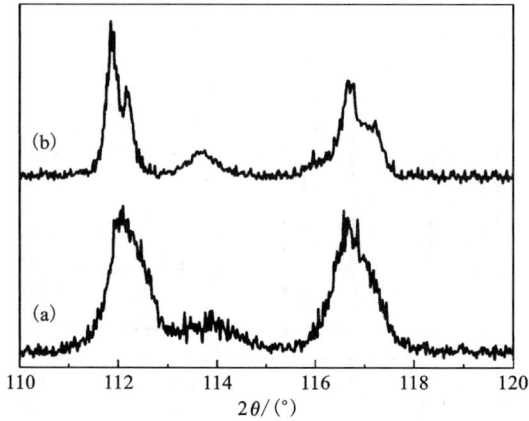

图 3－15   （331）Al 相在高角度区间的 X 射线衍射图谱
(a)雾化态；(b)400℃退火 160 min

表 3－2   气雾化 Al－27%Si 合金粉末退火后 Al 基体的点阵常数

退火温度/℃	RT	300	400	450	500
晶格常数/nm	4.0467	4.0492	4.0508	4.0511	4.0518

3.4.3　显微硬度

气雾化 Al－27%Si 合金粉末在不同加热温度下，显微硬度与保温时间的关系如图 3－16 所示。从图 3－16 可以看出，在加热保温初期，随着保温时间延长，合金粉末的显微硬度急剧下降；当保温时间超过 240 min 时，继续延长保温时间，显微硬度不再继续降低，而是保持相对稳定。另外，提高加热温度也会降低合金粉末的显微硬度，当温度达到 450℃以后，显微硬度的变化不太明显。合金粉末在保温初期导致显微硬度下降的原因主要有以下 3 个：①合金粉末加热后，Al 基体过饱和固溶的 Si 原子在热激活作用下脱溶析出，对基体的固溶强化作用随着加热温度升高或保温时间延长而不断减弱；②高凝固速率或大过冷度使 Al 基体晶格发生严重畸变，组织中存在大量缺陷(如高密度位错等)，对 Al 基体起到晶格错配强化和位错强化作用；合金粉末加热后，Al 基体晶格畸变发生一定松弛并释放一定量错配畸变能，同时位错发生滑移和重新排列，异号位错相互抵消，位错密度降低，造成晶格配错和高密度位错对 Al 基体的强化作用减弱，使合金发生软化，表现为显微硬度下降。随着保温时间延长，合金粉末中过饱和固溶原子的脱溶析出和组织回复过程已充分完成，因此，显微硬度下降到一定程度后便不再继续下降，而是基本保持相对稳定；③气雾化在较高凝固速率条件下获得细小的组织，包括 Al 基体晶粒尺寸和 Si 相间距，这也导致合金粉末基体具有较高的显微硬度[133]，退火处理后显微组织发生一定程度的长大，从而导致硬度下降，这也可以从显微硬度与粉末粒度的关系中看出（图 2 - 14）。

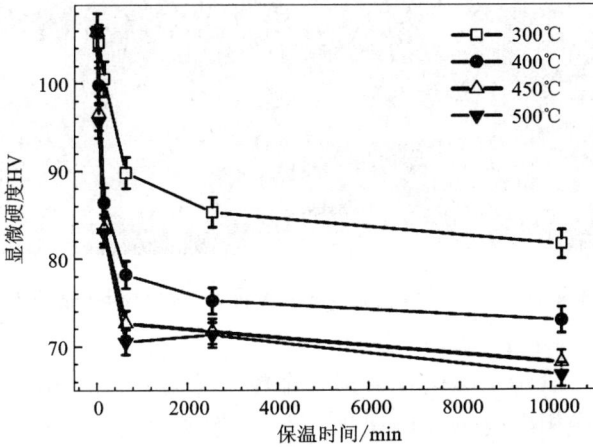

图 3 - 16　气雾化 Al - 27% Si 合金粉末显微硬度与退火温度和保温时间的关系

3.5　加热保温过程析出 Si 相粗化机制

3.5.1　Si 相形貌演变

为清楚地观察 Al - 27% Si 合金粉末在加热保温过程中 Si 相的演变，对不同条件下加热保温后的合金粉末进行深腐蚀，通过去除掉 Al 基体以更加清楚地观察 Si 相形貌的演变。图 3 - 17 所示为雾化态 Al - Si 合金粉末中初晶 Si 相和共晶 Si 相的 SEM 形貌。从图 3 - 17 可以看出，雾化态合金粉末中初晶 Si 相尺寸较大且形貌比较复杂，主要呈不规则形状且棱角较为尖锐，这与截面显微组织类似（图 2 - 5）；但是，共晶 Si 相形貌则与截面显微组织有较大差异，深腐蚀获得的共晶 Si 相基本呈连续网络状，而截面显微组织较难体现共晶 Si 相的这种特征。此外，相同状态下，初晶 Si 相和共晶 Si 相之间的尺寸和形貌也存在一定差异。

根据前面的观察（DSC 曲线的一个放热峰和显微组织演变）以及文献对快速凝固 Al - Si 合金的研究发现，高凝固速率或大过冷度条件下，合金处于高能不稳定状态，Al 基体中过饱和固溶 Si 原子在较低加热温度下便发生脱溶析出。由于二元 Al - Si 合金中没有金属间化合物或介稳相，且 Si 在 Al 中具有一定的固溶度（1.6%），Al - Si 系列合金成为研究析出过程的最佳选择。Yamauchi 等[90]的研究

图 3 – 17　雾化态 Al – 27%Si 合金粉末中初晶 Si 相(a)和共晶 Si 相(b)的形貌

结果表明,不同 Si 含量水雾化 Al – Si 合金粉末的第一个放热反应归因于 Si 原子从过饱和固溶体中析出或 Si 相的粗化;另外,作者对比不同 Si 含量合金粉末的 X 射线衍射图谱发现,Al 基体过饱和程度在 14% ~16%Si 合金中达到最高值,这种现象与 Si 原子从过饱和固溶体中析出的过程相呼应。与此类似的是,快速凝固 Al – Mg 合金中过饱和固溶原子的析出速率也与 Mg 的体积分数有关[134]。Matyja 等[135]对高速急冷和退火合金进行透射电子显微观察,确认 Si 原子在加热过程中从过饱和固溶 Al 基体中析出并形成细小的 Si 相颗粒;他们对比不同加热温度下,析出 Si 相长大至可见尺寸大小所需要的时间;同时,分别计算不同 Si 含量合金析出过程的激活能。Mourik 等[127]对快速凝固 Al – Si 系列合金中析出过程的研究表明,高凝固速率导致的空位缺陷影响析出动力,Si 相粗化需要在 300℃ 加热条件下保温 1 h 才开始。根据 DSC 曲线可知第一个放热峰从开始到结束的时间大约为 15 min,Si 相粗化不太可能是导致该现象的主要原因,该粗化应该对应于 DSC 曲线上第二个放热反应[90]。

图 3 – 18 所示为气雾化 Al – 27%Si 合金粉末在 300℃ 分别保温 10 min(a)和 160 min(b)后共晶 Si 相的表面形貌。从图 3 – 18 可以看出,细小的网络状共晶 Si 相从顶点尖角处开始发生溶解并逐渐收缩,导致该顶点转变为近球状。由于共晶 Si 相的熔点较低(577℃)且存在过饱和固溶部分 Al 原子和大量孪晶结构而具有较高储能[84];另一方面,共晶 Si 相的间距较小从而减小扩散距离;此外,根据最小能量原理,细小的网络状共晶 Si 相具有较大的表面能,特别是顶点的尖角处。在低温加热条件下,共晶 Si 相首先通过扩散而发生溶解。随着保温时间延长,共晶 Si 相的溶解持续进行并逐渐聚集到一起而形成近球形 Si 颗粒,如图 3 – 18(b)所示。这种现象应该对应 DSC 曲线的第一个放热峰。

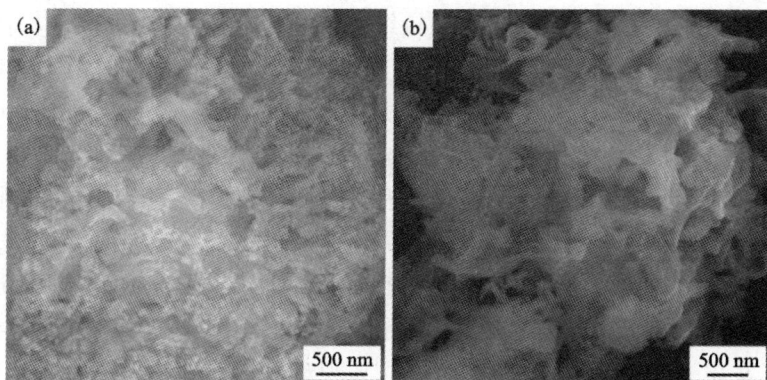

图 3 – 18　400℃退火 10 min(a)和 160 min(b)后
共晶 Si 相从顶点尖角处开始发生熔解并逐渐生长

　　图 3 – 19 为气雾化 Al – 27% Si 合金粉末在 300℃ 保温 160 min 后,粗大共晶 Si 相和初晶 Si 相的表面形貌。从图 3 – 19 可以看出,过饱和固溶的 Si 原子在 Al 基体与 Si 相的界面处析出,并依附在原有 Si 相颗粒表面生长,但尺寸非常细小(小于 500 nm);或者 Si 相析出并长大到一定尺寸后依附到原有初晶 Si 相和共晶 Si 相表面继续长大。目前,快速凝固 Al – Si 合金中,对过饱和固溶于 Al 基体中的 Si 原子在加热保温过程中通过这种方式析出和长大还没有相关的研究报道,因此还需要进行更加深入的研究工作。

图 3 – 19　析出 Si 相依附到原有共晶 Si 相(a)和初晶 Si 相(b)颗粒表面生长

　　关于快速凝固 Al – Si 合金中过饱和固溶 Si 原子的脱溶析出过程可以做这样的理解:由于 Si 原子在 Al 基体中的扩散速率较高,过饱和固溶在 Al 基体中的 Si

原子在加热条件下，随着保温时间延长而逐渐析出；当 Al 基体中析出 Si 相尺寸小于某一临界值时，该析出 Si 相将在持续加热或保温过程溶解于基体中而消失，并在后续过程扩散到其他 Si 相表面，只有尺寸大于此临界值的析出 Si 相才能继续在基体中不断长大。但是，Al 基体中析出 Si 相的尺寸十分细小而难以观察到。析出 Si 相的临界尺寸应该与合金状态（成分和凝固条件）和加热条件有关，即与合金的内部储能和外部提供的能量高低有关。另外，由于 Si 与 Al 的热膨胀系数相差较大，在快速凝固过程产生大量错配应变而导致 Al – Si 界面能较高，同时 Al 与 Si 的晶体结构差异也导致合金具有较高的界面能。在加热条件下，过饱和固溶在 Al 基体中的 Si 原子优先在界面处析出以降低合金的内部能量。根据 Kim 等[84]对气雾化 Al – 20% Si 合金粉末的 TEM 观察显示，非常细小（50 ~ 100 nm）的初晶 Si 相均匀分布于 Al 基体中。因此，即使加热温度较低，析出 Si 相也可能是源于这种细小初晶 Si 相的长大。

图 3 – 20 所示为气雾化 Al – 27% Si 合金粉末在 350℃保温 160 min 后初晶 Si 相表面依附或生长的析出 Si 相。随着加热温度升高或保温时间延长，初晶 Si 相和共晶 Si 相表面变得比较光滑，这是由于依附在其表面的析出 Si 相逐渐扩散到原有 Si 相中，从而引起 Si 相发生粗化；另一方面，初晶 Si 相和共晶 Si 相表面依附的析出 Si 相发生粗化，这是由于过饱和固

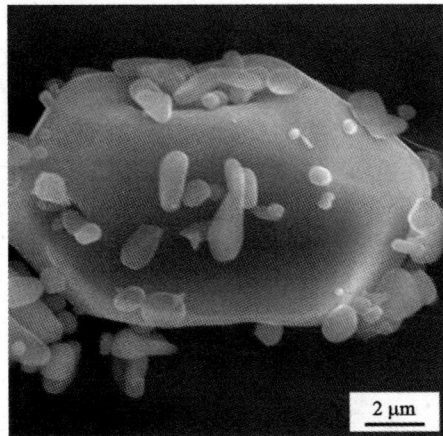

图 3 – 20   初晶 Si 相表面依附或生长的析出 Si 相

溶的 Si 原子在这些 Si 相表面析出后发生粗化或者在 Al 基体中析出长大到一定程度后依附到这些 Si 相表面。与图 3 – 19 对比还可以看出，初晶 Si 相和共晶 Si 相表面的析出 Si 相，在数量上明显减小，尺寸上则大大升高，并且尺寸存在较大差别。

根据以上结果可知，在加热保温过程中，气雾化 Al – 27% Si 合金粉末中 Si 相的粗化过程不仅通过 Si 原子的扩散进行，还通过 Si 相与 Si 相之间的团聚方式进行，包括共晶 Si 相与共晶 Si 相、共晶 Si 相与初晶 Si 相以及初晶 Si 相与初晶 Si 相之间的相互团聚，见图 3 – 21。图 3 – 21（a）和（b）分别为气雾化 Al – 27% Si 合金粉末在 350℃保温 160 min 条件下，共晶 Si 相与共晶 Si 相之间和共晶 Si 相与初晶 Si 相之间的相互团聚。由于共晶 Si 相的熔点较低，在较低加热温度下，初晶 Si

相的形貌和尺寸相对稳定，因此，这种团聚现象主要取决于共晶 Si 相的演变，即部分共晶 Si 相通过相互团聚而另一部分共晶 Si 相通过依附到初晶 Si 相表面的方式长大。与此同时，共晶 Si 相的这种生长机制有利于 Si 相尺寸的粗化。图 3 – 21(c)为合金粉末在 450℃保温 640 min 条件下，初晶 Si 相之间由于相互团聚而形成尺寸很大且形状复杂的 Si 相。由于加热温度较高，Si 原子扩散速率大大提高，这种复杂的 Si 相的形成不仅是由于初晶 Si 相之间的相互团聚，而且还由于析出 Si 相在高温下发生粗化或长大后依附到初晶 Si 表面。从图 3 – 21(d)可以看出，大尺寸 Si 相之间团聚之后其界面依然清晰可见，且这些 Si 相表面还依附着少量细小的析出 Si 相。Al – Si 合金粉末中，Si 相之间的相互团聚随着保温时间延长而更加明显。由于 Si 相的本质脆性，在过共晶 Al – Si 合金中，这种 Si 相之间相互团聚而形成的不规则 Si 相将严重降低其力学性能。

图 3 – 21　退火过程中 Si 相与 Si 相之间的相互团聚

(a)共晶 Si 相之间；(b)共晶 Si 相与初晶 Si 相之间；(c)初晶 Si 相与初晶 Si 相之间；(d)局部放大的(c)

当加热温度高于共晶温度时，液相的出现为 Si 原子的快速扩散提供了通道。图 3-22 所示为气雾化 Al-27%Si 合金粉末在 600℃ 保温 10 min 后初晶 Si 相和共晶 Si 相的 SEM 形貌。从图 3-22 可以看出，初晶 Si 相主要呈块状，尺寸较大且带有明显的尖角，这种形貌与雾化态合金粉末中的初晶 Si 相较为相似；而共晶 Si 相呈针状，尺寸也较大且相对孤立。这种 Si 相形貌与普通铸造过共晶 Al-Si 合金比较接近，但尺寸均较为细小，这是因为 Si 相尺寸受到合金粉末粒度的限制，而且由于粉末粒度较小，在淬火过程的凝固速率较普通铸造高，故高温加热后合金中仍然没有非常粗大的星状初晶 Si 相和片状共晶 Si 相出现。以上结果表明：气雾化 Al-Si 合金粉末的成型温度应该低于共晶温度，以防止 Si 相在高温下过分粗化。

图 3-22 高温退火后 Al-27%Si 合金粉末中初晶 Si 相(a)和共晶 Si 相(b)形貌

3.5.2 Si 相粗化机制

图 3-23 所示为不同退火温度下，气雾化 Al-27%Si 合金粉末中析出 Si 相平均尺寸随保温时间的变化规律。从图 3-23 可以看出，析出 Si 相的平均尺寸随着退火温度升高或保温时间延长而不断增大。Al-Si 合金粉末中，不同退火温度下析出 Si 相的粗化指数可以通过快速凝固合金中析出 Si 相平均尺寸与退火温度的对数关系获得，如图 3-23 所示。粗化指数即图中拟合直线斜率的倒数，结果列于表 3-3。从表 3-3 可以看出，气雾化 Al-Si 合金粉末中析出 Si 相的粗化速率较快($n=2.06 \sim 2.25$)，扩散机制由界面扩散控制，但是退火温度对粗化指数的影响不太明显。

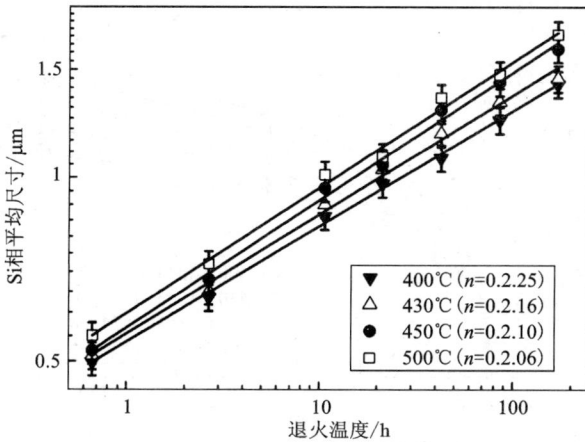

图 3 – 23 不同退火温度下析出 Si 相平均尺寸与保温时间的对数关系

表 3 – 3 加热保温条件下析出 Si 相的粗化指数和粗化速率常数

退火温度/℃	粗化指数	粗化速率常数/($nm^3 \cdot min^{-1}$)
400	2.25	9.62
430	2.16	20.96
450	2.10	34.78
500	2.06	38.35

　　根据经典 LSW 理论($n = 3$)，由式(3 – 1)，根据 $r = (r_0^3 + kt)/3$ 对不同退火温度下合金中析出 Si 相平均尺寸与保温时间的关系进行非线性拟合，结果如图 3 – 24所示。从图 3 – 24 可以看出，该方程对实验数据的拟合效果较好；从而可以得到不同退火温度下析出 Si 相的粗化速率，结果同样列于表 3 – 3。由表3 – 3可以看出，气雾化 Al – 27% Si 合金粉末中，析出 Si 相的粗化速率随着退火温度升高而不断增大，这说明退火温度对粗化速率的影响较大。

　　由扩散理论 $D = D_0 \exp(-Q/RT)$，可以获得析出 Si 相的粗化速率：

$$K = \frac{8\sigma C_0 V_m^2}{9RT}\exp(-Q/RT) \qquad (3 – 5)$$

式中，D_0 为频率因子，Q 为析出 Si 相的粗化激活能。由式(3 – 3)取对数可得：

$$\lg\left(\frac{KT}{C_\infty}\right) = A \frac{Q}{RT} \qquad (3 – 6)$$

　　根据式(3 – 6)，气雾化 Al – 27% Si 合金粉末在不同退火温度下，析出 Si 相

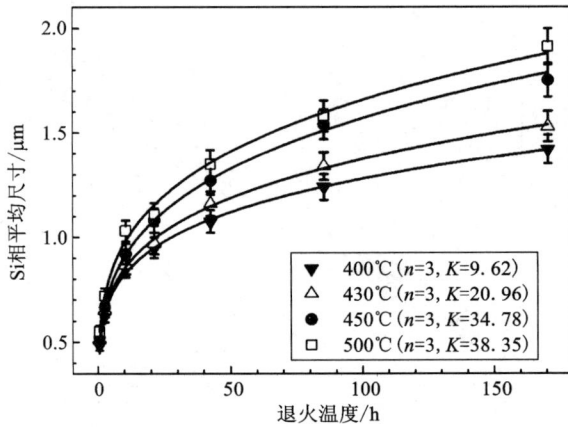

图 3 – 24   不同退火温度下析出 Si 相平均尺寸与保温时间的关系

的粗化速率常数与保温时间的对数关系如图 3 – 25 所示。由图 3 – 25 中拟合直线的斜率可以获得合金粉末中析出 Si 相的粗化激化能为 45.5 kJ/mol，该数值与3.3.2的计算结果十分相近。

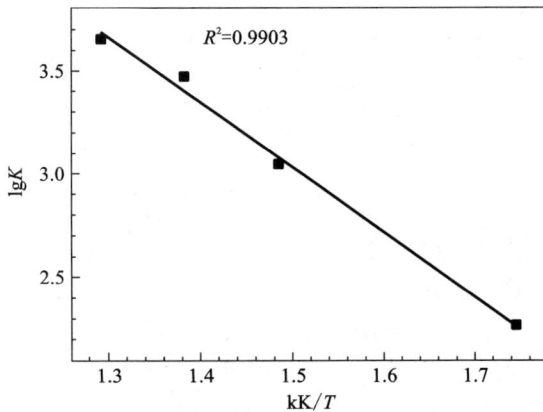

图 3 – 25   气雾化 Al – 27% Si 合金粉末中析出
Si 相粗化速率常数与保温时间的关系

根据 Si 相尺寸的分布特征和亚稳态的粗化理论[136]，可以得到不同加热温度下析出 Si 相尺寸分布与保温时间的关系，如图 3 – 26 所示。图 3 – 26（a）为气雾化 Al – 27% Si 合金粉末在 400℃保温不同时间后析出 Si 相的尺寸分布特征，析出Si 相随着保温时间延长而发生粗化；但在 640 min 和 2560 min 保温条件下，析出

Si 相尺寸没有很明显的变化，只是大尺寸颗粒的数目有所增加；在保温 640 min 时，析出 Si 相的尺寸集中在 1.15 ~ 2.15 μm，且 1.5 μm 左右的 Si 相颗粒较多。图 3 – 20(b) ~ (d) 分别为气雾化 Al – 27% Si 合金粉末在 430℃、450℃ 和 500℃ 保温不同时间后析出 Si 相的尺寸分布特征。由此可见，随着保温时间延长，析出 Si 相粗化相对比较明显，但尺寸分布特征均与 400℃ 保温后的相似。

由以上结果可知，气雾化 Al – 27% Si 合金粉末中析出 Si 相的粗化速率较高，导致这种现象的主要原因是高凝固速率条件下形成的非平衡组织结构特征，即高过饱和程度、高组织缺陷（如高密度位错）和较小的 Si 相间距，从而引起析出 Si 相的粗化激活能较高。

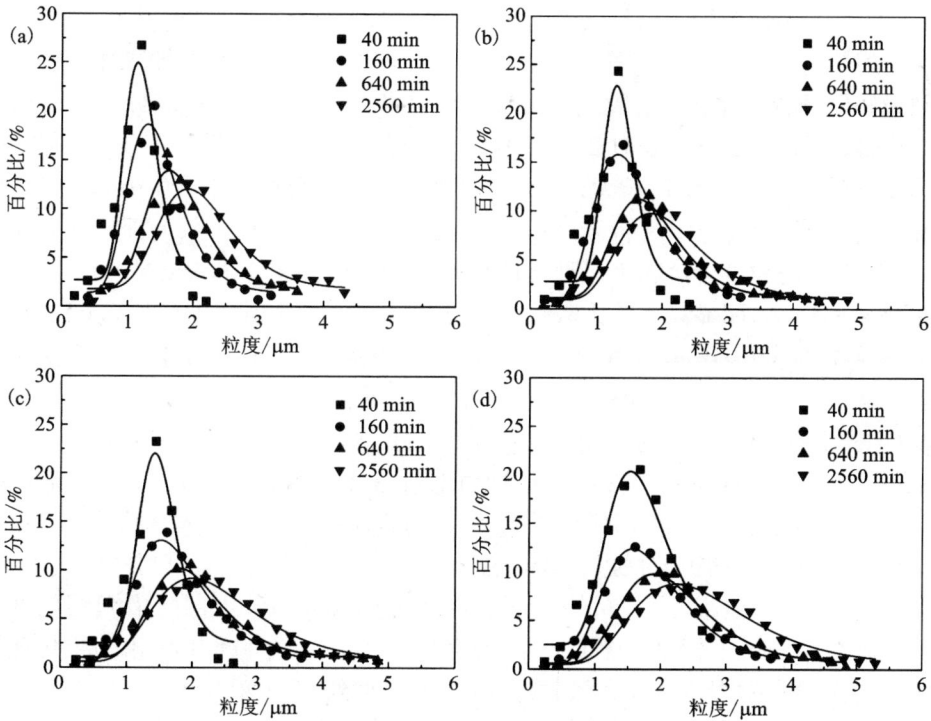

图 3 – 26　粒度小于 25 μm 的合金粉末加热保温处理后析出 Si 相的粒度分布
(a)400℃；(b)430℃；(c)450℃；(d)500℃

3.6　本章小结

本章研究气雾化 Al – 27% Si 合金粉末的显微组织热稳定性。采用氮气雾化法制备 Al – 27% Si 合金粉末，采用扫描电子显微镜观察退火过程中初晶 Si 相和共晶 Si 相尺寸和形貌的演变，采用 X 射线衍射仪分析合金粉末物相结构的变化，结合图像分析软件和 LSW 理论分析 Si 相的粗化机制及其与合金凝固速率的关系，并对 Si 相形貌转变进行深入分析。结果表明：

（1）不同加热温度和保温条件下，对快速凝固 Al – Si 合金中 Si 相粗化行为的分析发现，析出 Si 相随着退火温度升高或保温时间延长而不断粗化；但其粗化不符合经典 LSW 理论，粗化机制接近由界面扩散控制（粗化指数 n 接近 2）。快速凝固获得的非平衡组织结构特征是导致析出 Si 相快速粗化的根本原因。在加热保温初期，随着保温时间延长，合金粉末显微硬度呈下降趋势；当保温时间超过 240 min，继续延长保温时间，合金显微硬度保持相对稳定。

（2）Al – Si 合金粉末加热保温后，共晶 Si 相很快消失于 Al 基体中，初晶 Si 相的尖角发生钝化但尺寸相对稳定。具有高凝固速率的小粒度合金粉末中，在低温加热或短时间保温条件下，脱溶析出过程较容易进行且有利于形成近球形析出 Si 相；然而，在高温加热或长时间保温条件下，析出 Si 相之间发生明显的缠结，这种现象导致析出 Si 相快速长大，特别是粒度很小的合金粉末中（20 μm），孤立的 Si 相已基本消失。

（3）对不同粒度合金粉末热稳定的分析发现，小粒度合金粉末中，析出 Si 相的粗化速率（6.4）明显高于较大粒度的 2 个合金粉末（分别为 3.9 和 2.6）；在相同加热保温条件下，具有较低凝固速率大粒度合金粉末，其显微组织很快就达到平衡状态。

（4）采用 LSW 方程分析析出 Si 相的粗化行为发现，随着粉末粒度减小，粗化指数（n）不断减小且大部分数值小于 3，而粗化速率常数（K）则逐渐升高。高凝固速率合金在雾化态下具有较高界面能，由于高凝固速率产生的大量缺陷，如位错和空位，为 Si 原子的扩散提供更多通道从而导致析出 Si 相具有较高的粗化速率；再者，细小的 Si 颗粒产生较高的表面能以及因热膨胀系数不匹配引起的应变均对小粒度合金粉末中析出 Si 相的高粗化速率起一定作用。析出 Si 相的粗化激活能随着合金粉末凝固速率升高从 25.9 kJ/mol 增加到 45.1 kJ/mol。

（5）对深腐蚀后 Si 相形貌的观察发现，加热保温过程，首先发生过饱和固溶 Si 原子在低温条件下的脱溶析出和长大，包括自身的团聚长大和依附到初晶 Si 相和共晶 Si 相表面的长大；同时，共晶 Si 相发生熔解和长大，包括自身的团聚长大和依附到初晶 Si 相表面的长大；高温加热条件下，初晶 Si 相之间也发生团聚长大，从而导致 Si 相的快速粗化和不规则形貌的形成；Si 相之间的依附和团聚现象随着保温时间的延长而更加明显。

第 4 章　Al – Si 合金粉末的压制性能

4.1　前言

采用快速凝固 – 粉末冶金(RS – PM)法制备 Al – Si 合金的优势在于快速凝固技术提供具有细小、均匀显微组织的粉末原料，并通过粉末冶金工艺低温固结过程获得致密且良好的显微组织，特别是能够有效控制初晶 Si 相的尺寸和形貌。日本的 Dixon 等[137, 138]最早采用传统粉末冶金法制备 Al – 45% Si 合金，其组织中初晶 Si 相细小、均匀；之后，他们对 Al – (25% ~45%) Si 合金进行了系统研究，制备出具有高耐磨性能的 Al – Si 合金。从 20 世纪 80 年代开始，快速凝固 Al – Si 合金的研究进入高速发展阶段，但是大部分研究工作是基于获得性能良好的耐磨材料。采用快速凝固 – 粉末冶金法的关键工艺是合金粉末的制备和固结成型，其中往往还包括粉末的冷压成型，以便为后续固结提供高密度和一定强度的冷压坯料。

对于粉末冶金工艺而言，粉末压制性能(compatibility/copressibility)对产品最终的性能有很大影响。因此，通过粉末致密化和显微组织演变过程深入了解粉末的室温压制行为具有重要意义。但是，目前显微组织特征对快速凝固粉末压制性能的相关研究还很少。另外，铝及其合金粉末表面往往有一层大约10 nm的氧化膜且具有较高的热力学稳定性，很难通过普通固相扩散过程获得结合性能良好的材料[139, 140]。因此，通过压制过程的塑性变形破碎氧化膜成为提高粉末颗粒间结合性能的重要手段之一。许多研究者[141, 142]对比 Al 及其合金粉末添加增强体(颗粒或纤维)前后的压制性能后指出，增强体的含量、尺寸和形貌等特征对复合材料粉末的压制性能有很大影响。但是，目前对快速凝固 Al – Si 合金粉末压制性能的研究还很少。Kim 等[133, 143]采用 3 种工艺制备 Al – Si 合金粉末并进行压制性能研究，结果表明粉末的压制性能主要取决于粉末形貌，粒度的影响不是很明显，但作者未考虑粉末显微组织的影响。

本章在第 2 章和第 3 章工作的基础上，分别探讨粉末粒度(即凝固速率)和退火温度对气雾化 Al – 27% Si 合金粉末室温压制性能的影响，并采用压制方程分析合金粉末在压制过程的致密化行为。

4.2 实验过程

用于压制性能研究的 Al – 27% Si 合金粉末采用气雾化法制备，具体过程同 2.2.1。由于合金粉末中小于 25 μm 和大于 200 μm 粉末的含量较低，因此本章将合金粉末筛分为 150 ~ 250 μm、105 ~ 150 μm、63 ~ 105 μm、38 ~ 63 μm 和小于 38 μm 5 个不同粒度范围。采用 Micr-Plus 粉末粒度分析仪测量不同粒度范围合金粉末的粒度分布特征。

粒度小于 38 μm 的 Al – 27% Si 合金粉末在不同温度（100 ~ 450℃）下进行退火处理，保温时间为 160 min。退火处理在管式炉中进行，采用氩气保护以防止粉末氧化，合金粉末先置于陶瓷坩埚中，待炉温达到预设温度后放入装有合金粉末的坩埚，保温结束后合金粉末随炉冷却至室温。

采用 Sirion 200 场发射扫描电子显微镜（SEM）观察不同粒度和不同热处理条件下 Al – 27% Si 合金粉末的 Si 相形貌，采用 50%（体积分数）盐酸进行深腐蚀去除粉末颗粒中的 Al 基体，条件如 3.2.2。采用 Quanta – 200 环境扫描电子显微镜观察粉末压坯的截面显微组织。粉末压坯截面显微组织试样用金相砂纸由粗至细逐级打磨，最后一道砂纸为 1200 目金相砂纸，然后将打磨的观察面用金刚石研磨膏结合抛光布进行机械抛光；由于压坯中孔隙率较高，试样的腐蚀时间大约为 15 s，腐蚀后试样立即用蒸馏水冲洗并干燥保存。采用 Quanta – 200 环境扫描电子显微镜对三点抗弯粉末压坯试样的断口形貌进行观察。

不同粒度和不同热处理条件下 Al – 27% Si 合金粉末采用室温双向压制，钢模内径为 φ20 mm，压制压力为 16 ~ 400 MPa。合金粉末压制在 60 t 液压机上进行。压制过程中，首先将称量好的粉末置于模具中并振实，然后缓慢升高压力至预设值并保压 30 s。为保证压制压力的均匀分布，粉末压坯的高度与直径的比值小于 0.5。由于粉末压坯中残留的孔隙率较高，采用阿基米德排水法测量密度存在较大偏差，因此采用体积法测量粉末压坯密度，即通过粉末分别测量重量和体积来计算密度，每块压坯分别测量 5 次后取平均值。

采用 Instron MTS 850 型电子万能材料试验机测试不同粒度和不同热处理条件下 Al – 27% Si 合金粉末压坯的三点抗弯强度。粉末压坯抗弯强度试样采用线切割取样，尺寸为 3 mm × 4 mm × 20 mm，抗弯加载速率为 0.1 mm/min，取 5 个平行试样进行测试后取平均值。

4.3 不同粒度合金粉末压制性能

报道指出，复合材料粉末的压制性能受增强体含量、尺寸、形貌等特征的影响十分明显，特别是当增强体体积分数高、尺寸细小或长宽比较大时，粉末的致密化过程将大大受阻[144, 145]。对快速凝固合金粉末组织结构特征的研究表明，在相同成分合金中，随着粉末粒度减小，合金的凝固速率大大提高，从而细化显微组织并提高力学性能[82, 83, 146]。根据第 2 章的结果也可以看到，粉末粒度对 Al – Si 合金粉末显微组织和基体硬度的影响很大；从计算所得凝固速率与粉末粒度的关系可知，粉末显微组织特征和力学性能主要取决于合金凝固速率。根据合金粉末凝固速率的差异，粉末中初晶 Si 相和共晶 Si 相的形貌、尺寸和分布受凝固速率的影响很大；另外，粉末力学性能也受凝固速率的影响。因此，合金凝固速率对粉末压制性能的影响也应该较大。

4.3.1　振实密度和 Si 相形貌特征

表 4 – 1 所列为不同粒度范围气雾化 Al – 27% Si 合金粉末的粒度分布特征，其中 D_{50} 为累积质量分数 50% 所对应的粉末尺寸，$\sigma = \ln(d_{84}/d_{50})$ 为标准偏差常数[147]。从表 4 – 1 可以看出，合金粉末的 D_{50} 随着粒度减小而逐渐减小；不同粒度范围粉末的标准偏差常数比较接近，这表明不同粒度范围粉末的粒度分布较均匀。合金粉末的松装密度和振实密度也列于表 4 – 1，可以看出，松装密度和振实密度均随着粉末粒度的减小和表面形貌的规则化而逐渐增大。这种现象归因于粉末的形貌特征和小粒度粉末填充孔隙的能力。Kim 等[133, 143] 采用 3 种不同雾化方法制备 Al – Si 合金粉末并对其压制性能进行研究发现，影响合金粉末松装密度和振实密度的主要因素是粉末形貌。

表 4 – 1　气雾化 Al – 27% Si 合金粉末不同粒度范围的粒度特征

粒度范围 /μm	D_{50} /μm	σ	松装密度 /(g·cm⁻³)	振实密度 /(g·cm⁻³)
150 ~ 250	219.54	1.68	0.87	1.09
105 ~ 150	126.83	1.61	0.90	1.13
63 ~ 105	81.56	1.76	0.96	1.16
38 ~ 63	48.41	1.90	1.07	1.20
< 38	23.51	1.85	1.08	1.22

目前，已有大量文献采用实验或模拟方法对复合材料粉末的室温压制行为进行了深入研究，同时与未添加增强体的纯金属或合金粉末进行对比，结果表明增强体的粒度、形状和体积分数等特征对其压制行为的影响很大[144, 148]。因此，首先采用深腐蚀将 Al – Si 合金粉末中的 Al 基体去除以进一步观察 Si 相的形貌特征

与粉末粒度的关系，结果如图 4 – 1 所示。从图 4 – 1 可以更加清楚地看出粉末粒度对 Si 相形貌的影响，正如 2.4 节的观察，粉末粒度对初晶 Si 相和共晶 Si 相形貌的影响均很大。在大粒度粉末(150 ~ 250 μm)中，初晶 Si 相呈粗大的不规则形状，如多边形状或星状，并且具有尖锐的棱角，如图 4 – 1(a)所示。随着粉末粒

图 4 – 1 不同粒度 Al – 27％Si 合金粉末中初晶 Si 相和共晶 Si 相的表面形貌

(a)，(d)150 ~ 250 μm；(b)，(e)63 ~ 105 μm；(c)，(f)小于 38 μm

度减小，初晶 Si 相形貌趋于规则；当粉末粒度下降到 63～105 μm 和小于 38 μm 时，初晶 Si 相呈较为细小的颗粒状且形貌较为规则，并且初晶 Si 相的棱角有所钝化，如图 4 - 1(b) 和(c) 所示。

另外，从图 4 - 1 还可以看出，粉末粒度对共晶 Si 相尺寸和形貌也有较大影响。在大粒度粉末(150～250 μm) 中，共晶 Si 相呈独立分布的粗大针状或棒状，如图 4 - 1(d) 所示；随着粉末粒度减小，共晶 Si 相明显趋于形成相互缠结在一起的细小网络状结构。当粉末粒度减小到 63～105 μm 时，共晶 Si 相变成较为细小的层片状，如图 4 - 1(e) 所示。共晶 Si 相形貌的最明显差别是在粒度小于 38 μm 粉末中，其呈现明显的细小网络状结构，基本没有发现独立分布的共晶 Si 相，如图 4 - 1(f) 所示。初晶 Si 相和共晶 Si 相形貌随粉末粒度的演变与图 2 - 5 和图 2 - 6 所示的截面和表面显微组织相似。

4.3.2　压力 - 相对密度关系

图 4 - 2 为室温压制过程中，气雾化不同粒度 Al - 27% Si 合金粉末压坯相对密度和致密化速率与压制压力的关系曲线。图 4 - 2(a) 中压力为零时对应的相对密度为相对振实密度(表 4 - 1)；图 4 - 2(b) 中致密化速率表示压力升高对应的相对密度增量比。从图 4 - 2 可以看出，Al - Si 合金粉末压坯的相对密度和致密化速率主要取决于压制压力和粉末粒度。一般情况下，合金粉末的压制曲线与纯金属粉末的压制曲线相似，即随着压制压力上升，相对密度不断提高而致密化速率逐渐下降[148]。

粉末的压制性能通常定义为：在一定压制压力作用下，压坯密度或相对密度的提高幅度。因此，从图 4 - 2(a) 可以看出，Al - Si 合金粉末的室温压制性能随着粉末粒度减小而逐渐降低，导致这种现象的主要原因是不同粒度合金粉末的显微组织和力学性能存在差异。根据第 2 章的实验和计算结果可知，气雾化过程的凝固速率和过冷度是产生这种差异的根本原因。在压制压力较小的初始阶段，粒度较大的合金粉末(松装密度最低) 具有最高致密化速率；与其他粒度粉末相比，其相对密度随着压力上升而急剧升高并很快超过其他粒度粉末，而且在继续加大压力下依然保持最高的相对密度。从图 4 - 2(a) 可以看出，不同粒度合金粉末压制性能的差异随着压力上升而更加明显；然而，不同粒度合金粉末之间致密化速率的差异则随着压力上升而逐渐减小[图 4 - 2(b)]。

图 4 - 3 为不同粒度气雾化 Al - 27% Si 合金粉末在最大压制压力(400 MPa) 作用下的相对密度和压制前后的密度增量比。从图 4 - 3 可以看出，随着合金粉末粒度增大，压坯相对密度不断上升，如粒度为小于 38 μm、63～105 μm 和 150～250 μm 合金粉末的相对密度分别为 84.3%、87.7% 和 89.6%。另一方面，随着合金粉末粒度增大，压坯的致密化程度也不断上升，压制前后的密度增量比(即

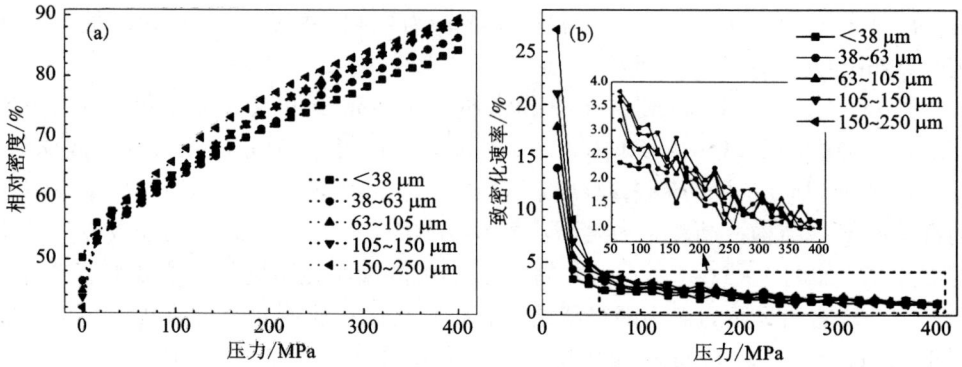

图 4 - 2　不同粒度 Al - 27%Si 合金粉末的压制(a)和致密化(b)曲线

400 MPa 压制后的相对密度与振实密度的比值)从小于 38 μm 的 68.0% 上升到 150 ~ 250 μm 的 113.4%。这种结果显示，快速凝固 Al - Si 合金粉末的室温压制性能随着粉末粒度的减小而急剧下降，较大粒度的合金粉末有利于室温压制成型。

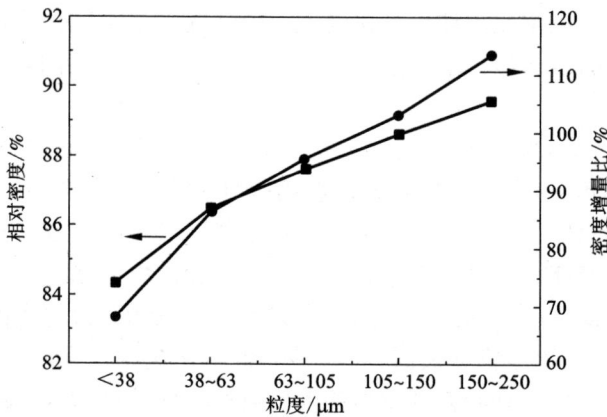

图 4 - 3　不同粒度 Al - 27%Si 合金粉末在最大压力(400 MPa)作用下的相对密度和压制前后的密度增量比

4.3.3　粉末致密化行为

由于压制在粉末冶金过程的重要性，研究者很早就对金属、陶瓷和复合材料粉末的压制行为进行了深入的研究。除实验测试外，研究者还采用模拟手段和实验模型等对粉末的压制性能进行研究，以分析粉末在压制过程中的致密化行为[142, 146, 149]。报道指出，实验模型能够为压制过程粉末的致密化行为提供直观的信息，并可以用来预测不同压力下粉末压坯的相对密度[150]。因此，文献资料中有许多关于粉末压制的实验模型，并被用于实验数据的对比和分析。

金属粉末在刚性模具中的致密化过程一般包括 4 个阶段：粉末颗粒的滑动或重排、韧性基体的塑性变形、脆性增强体的破碎以及块体粉末压坯的弹性变形[148, 151]。根据不同粉末特征(特别是增强体的特征)和压制压力，这几个阶段可能同时发生。在压制压力较小的初始阶段，起主要作用的机制是粉末颗粒的滑动、无变形的重排以及填充模具时形成的粉末之间搭桥的破坏。当压制压力上升时，粉末颗粒的运动受到较大程度限制，作用在粉末上的能量通常以变形和摩擦的方式消耗掉[148]。因此，在较大压力作用下，韧性基体的塑性变形成为最主要的致密化机制，并且随着压力上升，其作用更加明显。根据压制实验所得的压力 - 相对密度关系曲线，气雾化 Al - Si 合金粉末的致密化行为与普通金属粉末相似。但是，不同粒度 Al - Si 合金粉末的压制性能受显微组织特征和基体力学性能的影响很大。

压制过程中，粉末压坯相对密度与压制压力的关系可以用压制模型和模拟方程来分析。文献中已有大量关于单一组元粉末或复合材料粉末的压制模型。报道指出，采用线性方程可以了解塑性变形在致密化过程中的作用[148]。为分析不同粒度 Al - 27% Si 合金粉末的压制行为，以下分别采用 Heckel[152]、Panelli-Ambrosio Filho[153] 和 Ge[154] 三个线性方程分析不同粒度合金粉末的致密化过程：

$$\text{Heckel 方程：} \ln\left(\frac{1}{1-R}\right) = A_1 P + B_1 \tag{4-1}$$

$$\text{Panelli-Ambrosio Filho 方程：} \ln\left(\frac{1}{1-R}\right) = A_2 P^{1/2} + B_2 \tag{4-2}$$

$$\text{Ge 方程：} \lg\left[\ln\left(\frac{1}{1-R}\right)\right] = A_3 \lg P + B_3 \tag{4-3}$$

式中，R 和 P 分别为粉末压坯的相对密度和压制压力；参数 A_1、A_2 和 A_3 称为致密化系数，分别为式(4-1)、式(4-2)和式(4-3)方程对应直线的斜率，这些参数主要与粉末的变形性能有关，具有较高致密化系数的粉末拥有较好的塑性变形能力；而参数 B_1、B_2 和 B_3 分别为各方程对应直线在压力为零时的截距，这些参数主要与粉末的重排性能有关，即粉末的表观密度或振实密度。

本节的主要目的是分析粉末粒度对气雾化 Al - 27% Si 合金粉末室温压制性能的影响，因此，以下仅对参数 A_1、A_2 和 A_3 进行考察，即粉末粒度对致密化性能的影响。比如，图 4-4 所示为采用 Heckel 方程对不同粒度 Al - 27% Si 合金粉末的压力 - 相对密度数据进行拟合的致密化直线。从图 4-4 可以看出，该压制方程对实验数据的拟合结果较好。表4-2列出分别根据压制方程[式(4-1)、式(4-2)和式(4-3)]进行拟合后得到的致密化参数(A_1、A_2和A_3)以及每个方程拟合相对应的回归系数(R^2)。从表4-2可以看出,回归系数均接近或大于0.99,这表明三个方程对实验数据的拟合结果均较好。

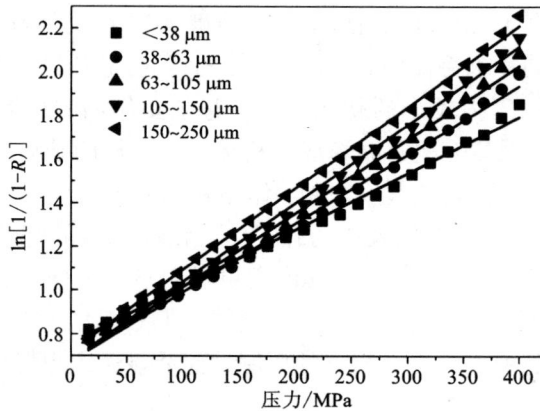

图4-4 采用 Heckel 压制方程对 Al - 27%Si 合金
粉末的压制数据进行拟合的结果

表4-2 采用三个压制方程进行拟合后的致密化系数和回归系数

粒度范围 /μm	Heckel		Panelli-Ambrosio Filho		Ge	
	$A_1 \times 10^{-3}$	R^2	$A_2 \times 10^{-2}$	R^2	$A_3 \times 10^{-1}$	R^2
150 ~ 250	3.74	0.998	9.42	0.989	3.60	0.991
105 ~ 150	3.60	0.997	9.06	0.993	3.55	0.993
63 ~ 105	3.39	0.995	8.53	0.996	3.41	0.995
38 ~ 63	3.16	0.995	7.91	0.997	3.27	0.996
< 38	2.60	0.994	6.52	0.997	2.74	0.997

为更好观察凝固速率对 Al - 27%Si 合金粉末致密化系数的影响,不同粒度合金粉末的致密化系数如图4-5所示。从图4-5可以看出,随着凝固速率上升,合金粉末致密化系数逐渐下降,这表明合金粉末的塑性变形能力随着粉末粒度减小而不断下降,即在一定压制压力下,随着凝固速率升高,Al - Si 合金粉末 Al 基体的变形抗力逐渐增大。文献对机械球磨复合材料粉末压制行为的研究指出,延长球磨时间对粉末压制性能的影响十分明显,这主要是由于粉末形貌演变和基体

硬度发生了变化[155, 156]。对于 Al-Si 合金粉末，高凝固速率产生密集分布的细小 Si 相颗粒大大降低了粉末的塑性变形和致密化能力，特别是小粒度粉末中密集分布在颗粒表面的 Si 相。

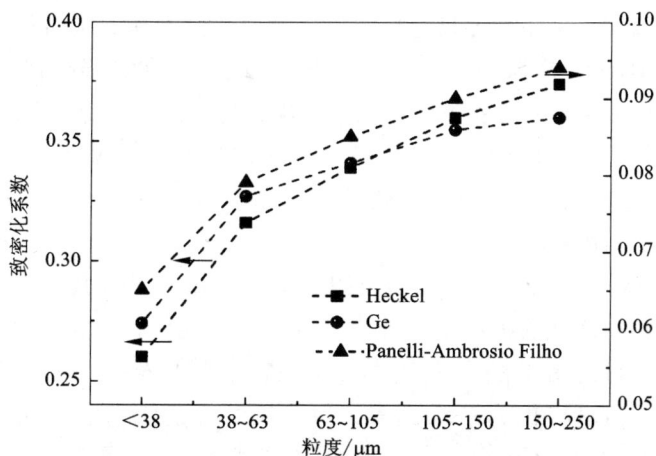

图 4-5　不同粒度 Al-27%Si 合金粉末的致密化系数

Kim 等[143]采用不同雾化工艺制备不同形貌 Al-Si 合金粉末并对其压制性能进行研究，结果表明：粉末形貌是决定粉末松装和振实密度的主要因素，这与本文结果相似。对 Al-Si 合金粉末压制曲线（图 4-2）的分析可知，粉末规则性（形状和表面粗糙度）对压制初期（压力较小）的致密化速率也有一定影响。这是因为不规则粉末在压制前形成较高孔隙率，而这些孔隙为粉末滑动和重排提供更大空间；同时，粉末间的机械结合（搭桥）在压力作用下会很快受到破坏。这种现象在小粒度合金粉末中更为明显。小粒度合金粉末的低致密化能力可能还来自其较大的表面积（表 4-1），从而导致粉末颗粒之间严重的相互摩擦。

但是，与普通复合材料粉末不同，由于 Al-Si 粉末为预合金粉末，粉末颗粒的滑动和重排对致密化过程的贡献比较小[148]。根据 Al 基体硬度与粉末粒度的关系，如图 2-14 所示，小粒度合金粉末的屈服强度高于大粒度粉末。粉末在压制过程通过塑性变形致密化，同时孔洞的尺寸和数量不断减小。由于 Al 基体与 Si 相的强度差异较大，致密化过程主要是塑性 Al 基体的变形而硬质 Si 相没有发生变形。在较低压制压力下，由于压制前粉末已经振实，致密化过程主要为粉末颗粒间接触处的变形。随着压制压力上升，小粒度合金粉末的致密化速率急剧下降，导致这种现象的主要原因是高凝固速率获得的高显微硬度以及其相对较高的振实密度。

由于 Al – Si 合金粉末中 Si 相分布特征不同于复合材料粉末，且受粉末粒度的影响很大，为更好地了解快速凝固合金粉末的室温压制特性，还应将其显微组织特征(Si 相尺寸、形状和分布)纳入考虑。

第一，随着粉末粒度减小，高凝固速率有效抑制了 Si 相的生长，因此 Si 相的比表面积不断增大，这导致压制过程的相互摩擦更加严重，从而降低其致密化能力。合金粉末中的初晶 Si 相和共晶 Si 相尺寸越小，对合金的强化作用越大，Al – Si合金粉末的变形抗力就越高。因此，合金粉末的压制性能随着粉末粒度减小而下降。另外，报道指出，增强体的尺寸分布范围越大则粉末的压制性能越好[148]。因此，小粒度合金粉末中，较窄的初晶 Si 相尺寸分布范围(如图 2 – 8 所示)也将导致其压制性能降低。

第二，随着粉末粒度减小，显微组织不均匀性和 Si 相密度不断升高，这种现象将导致粉末颗粒间接触处的变形能力下降。这种现象在小粒度合金粉末中特别明显，因为初晶 Si 相和共晶 Si 相密集分布在粉末颗粒表面。共晶 Si 相的形貌可能是影响粉末压制性能的另一个因素，当小粒度合金粉末中出现树枝状共晶 Si 相时，Al 基体需要更大的变形才能达到相同的密度，因为复杂形状的增强体不利于致密化过程[144]。然而，大粒度合金粉末中不规则的、带尖角的初晶 Si 相似乎对压制性能的影响较小，这可能是因为该相尺寸较大。

第三，当压制压力上升到一定水平(或临界值)，Al 基体强度由于应变硬化而不断提高并超过 Si 相强度时，则发生 Si 相的破碎和重排，例如细小针状共晶 Si 相的破碎。对于小粒度合金粉末，该临界值对应的压制压力应该小于大粒度粉末，因为其具有相对较高的 Al 基体强度和较为细小的共晶 Si 相。另外，Si 相的破碎应该优先开始于粉末颗粒表面，因为压制压力通过粉末颗粒表面间的接触传递到颗粒内部，故颗粒表面的应力较其内部大。另外，具有较大长宽比的 Si 颗粒应也是较早破碎的地方。粉末压制过程中，Si 颗粒的破碎通过释放变形能的方式有利于粉末的致密化。

气雾化 Al – Si 合金粉末压制过程中，粉末压坯的相对密度随着压力上升而不断提高，但其致密化速率却不断下降，这是因为 Al 基体在压制过程中产生加工硬化。从而导致不同粒度合金粉末的致密化速率在大压力下接近同一水平。粉末的塑性变形导致 Al 基体产生加工硬化和屈服应力的上升，故 Al 基体的变形抗力逐渐升高。但是，由于大粒度合金粉末在压制过程的塑性变形程度相对较为严重，其致密化速率随着压力升高的下降速度也较快。

综上所述，凝固速率对气雾化 Al – 27% Si 合金粉末压制性能的作用主要源于不同粒度粉末在形貌、力学性能，特别是显微组织特征(初晶 Si 相和共晶 Si 相的尺寸、形状和分布)的差异。一般情况下，小粒度合金粉末具有高凝固速率从而有利于获得高性能材料,因为其显微组织较为细小,但是,对于粉末压制性能而言,其相对较低的变形性能不利于压制致密化。因此,为提高快速凝固合金粉末的压制性能,优化粉末的粒度范围或进行预退火是提高其压制性能的有效途径之一。

4.3.4　粉末压坯显微组织和抗弯强度

采用三点抗弯法测试 Al - 27% Si 合金粉末压坯的强度,结果如图 4 - 6 所示。从图 4 - 6 可以看出,当粉末粒度从小于 38 μm 增大到 63 ~ 105 μm 时,抗弯强度从 15.6 MPa 上升到 20.4 MPa。随着粉末粒度减小,粉末硬度提高而组织细化,其塑性变形性能下降,粉末颗粒间的机械黏合强度降低,从而导致抗弯强度不断下降。影响粉末压坯抗弯强度的另一个因素是粉末形貌,大粒度合金粉末粗糙的表面相对于近球形且表面光滑的小粒度粉末具有更强的机械咬合能力,从而提高压坯的抗弯强度。报道指出,粉末压坯的强度与压制过程中由于塑性变形而导致的粉末颗粒间的接触面积成正比[157]。因此,随着粉末粒度减小,颗粒间的接触面积由于塑性变形能力下降而减小,故粉末压坯抗弯强度下降。但是,当粉末粒度为 105 ~ 150 μm 和 150 ~ 250 μm 时,其抗弯强度均有所下降,这可能是由于粉末颗粒间的接触面积已经达到一定极限,这时候决定压坯强度的主要因素是粉末颗粒强度。因此,粉末压坯的强度不仅取决于压坯的相对密度,也受原始粉末显微组织特征和性能的影响。具有一定强度的粉末压坯通常有利于成型,因此,合理选择粉末粒度范围既有利于提高压坯相对密度也能够提高压坯强度。

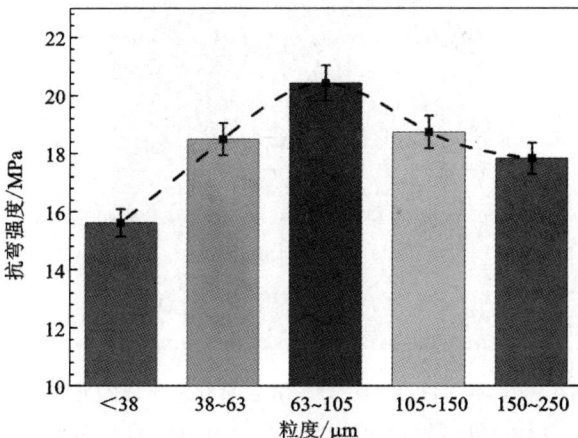

图 4 - 6　气雾化 Al - 27% Si 合金粉末压坯抗弯强度与粉末粒度的关系

经400 MPa 压制成型后，气雾化不同粒度 Al – 27% Si 合金粉末压坯的截面显微组织如图 4 – 7 所示。从图 4 – 7 可以看出，大粒度合金粉末的变形程度较小粒度粉末明显，并可有效填充粉末颗粒之间的间隙。由于合金粉末在 400 MPa 压制后不能完全致密，压坯显微组织中可以看到许多孔洞和粉末颗粒间的间隙；随着粉末粒度减小，这些孔洞的尺寸逐渐减小但数量不断上升。粉末颗粒的边界呈现一种机械结合，即粉末颗粒之间以冷焊的形式结合。由于粉末颗粒在压制过程发生塑性变形，粉末颗粒的扁平化可以从颗粒变成多边形颗粒观察到，即颗粒的边界基本呈直线，这种多边形颗粒在大粒度合金粉末压坯中特别明显。小粒度合金粉末的较高硬度和密集分布的 Si 颗粒导致其变形抗力较大，因此这种粉末颗粒的扁平化程度较低；而大粒度粉末中均匀的显微组织有利于粉末颗粒的均匀变形，因此其截面显微组织中粉末颗粒形貌呈较规则的多边形。

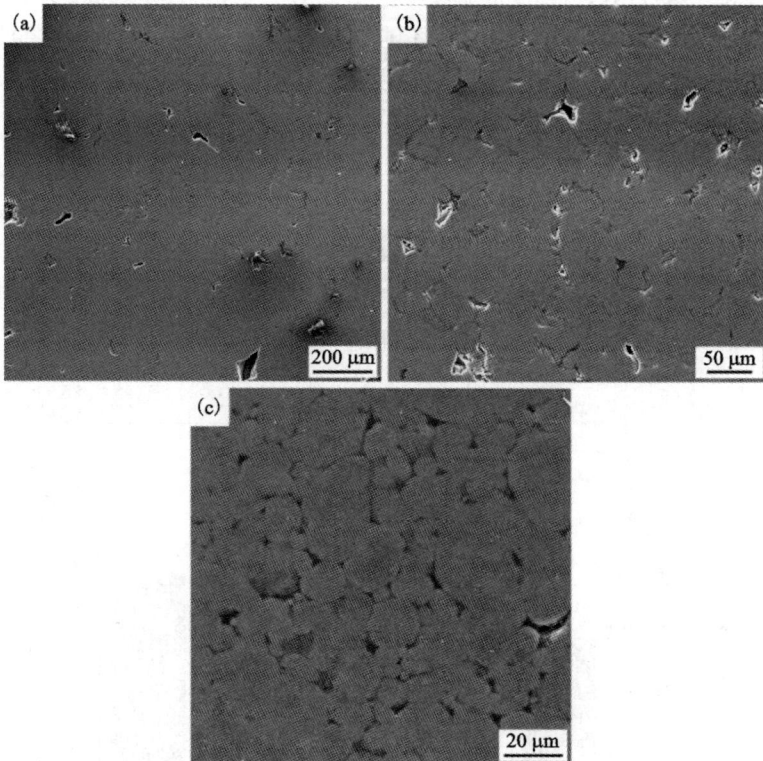

图 4 – 7　不同粒度 Al – 27% Si 合金粉末压坯的显微组织

(a)150 ~ 250 μm；(b)63 ~ 105 μm；(c)小于 38 μm

粒度为 105 ~ 150 μm 的 Al -
27% Si 合金粉末于 400 MPa 压制
成型后，显微组织中可以发现部
分初晶 Si 相已发生破碎，如图 4 -
8 所示。由于共晶 Si 相在压制过
程发生破碎导致尺寸太小而难以
观察。小粒度合金粉末中，由于 Si
相颗粒较为细小而不易于观察。
但是，可以理解的是，其较高的基
体强度和较小的 Si 相尺寸应该更
容易发生 Si 颗粒的破碎。然而，
有报道认为[158]，增强体的破碎对

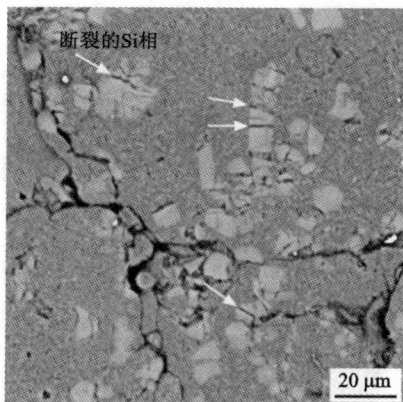

图 4 - 8　粒度为 105 ~ 150 μm 合金
粉末压坯中初晶 Si 相发生破碎

粉末致密化的贡献有限，因为颗粒的碎裂是微不足道的。如果所施加的压力足够
大，Si 相破碎就可能导致新的表面之间形成通道，该通道可以被 Al 基体所填充，
从而有利于提高致密化程度。另外，初晶 Si 相在压制过程中发生破碎可以释放
变形能，这样也有利于提高 Al - Si 合金粉末的致密化程度。

　　图 4 - 9 所示为不同粒度 Al - 27% Si 合金粉末压坯的抗弯断口形貌。从
图 4 - 9 可以看出，粉末颗粒的变形痕迹，即颗粒间接触处的扁平化，随着粉末粒
度减小而减弱。仔细观察可以发现，粉末颗粒表面的卫星颗粒被压入颗粒表面或
颗粒间的间隙，如图 4 - 9(a) 和 (b) 所示。由于大粒度合金粉末具有相对较低的
硬度和较高的变形能力，压制过程中其通过大塑性变形而获得比较高的密度。然
而，小粒度合金粉末由于高凝固速率而具有较高硬度，压制后基本保持近球形，
如图 4 - 9(c) 所示。这种现象表明，粉末颗粒的滑动和重排是小粒度合金粉末的
主要致密化机制。但是，粉末压坯中孔洞密度随着粒度减小而增大，同时孔洞尺
寸急剧减小。粉末压坯这种断口形貌特征与其截面显微组织一致(图 4 - 7)。从
图 4 - 9 还可以发现，大粒度合金粉末通过大塑性变形可以较好地填充颗粒之间
的孔隙。以上结果表明，气雾化 Al - Si 合金粉末的致密化通过粉末颗粒从表面到
内部的塑性变形过程进行，而小粒度合金粉末的致密化程度受到其 Al 基体硬度
和显微组织特征的抑制。

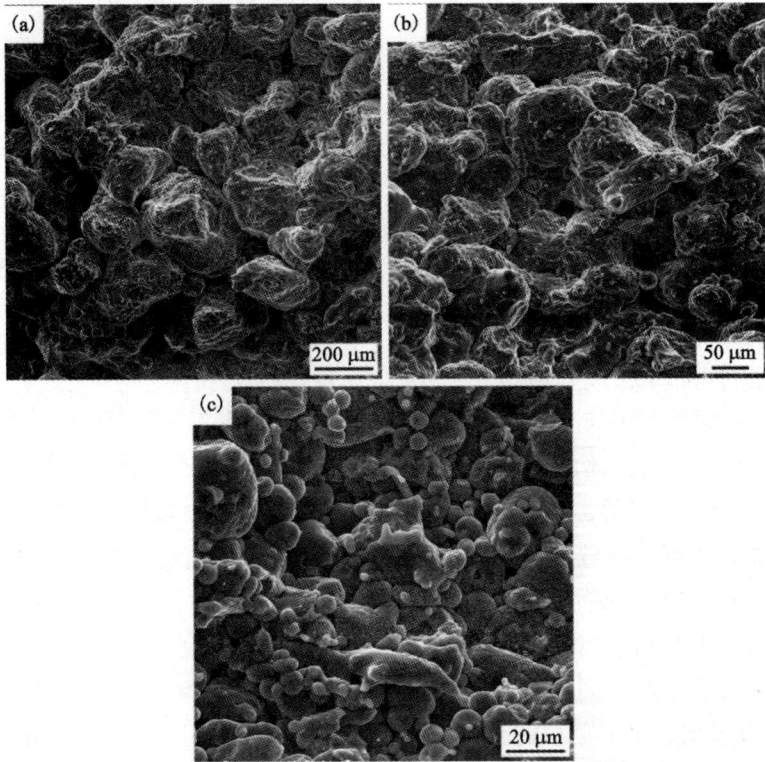

图 4 – 9   不同粒度 Al – 27%Si 合金粉末压坯(400 MPa)的抗弯断口形貌
(a)150 ~ 250 μm；(b)63 ~ 105 μm；(c)小于 38 μm

4.4   退火合金粉末压制性能

　　根据 4.3 节的实验结果与分析可知，气雾化 Al – 27%Si 合金粉末的压制性能受到高凝固速率的抑制，因此本节通过对粉末进行预退火处理以期提高合金粉末的压制性能。合适的退火温度可以有效软化合金基体，从而提高粉末的变形性能；同时，快速凝固合金的显微组织对退火温度比较敏感[114, 129]，适当的预退火处理可以明显改善 Si 相的形貌和尺寸特征，这也将有利于提高粉末的压制性能。Chung 等[119]对快速凝固 Al – 3%(Ti，V，Zr)合金的研究指出，相对于凝固态合金，退火合金在加热保温后的析出相尺寸较小，因为析出相具有较低的粗化动力。这是因为退火处理会降低因高凝固速率导致的高过饱和程度、内部储能和缺陷密度。因此，合适的退火处理不仅可以提高合金粉末的压制性能，还可以降低析出相在后续高温固结过程的粗化速率。可惜的是，到目前尚未有关于预退火处理对快速凝固粉末压制性能影响的相关报道。

4.4.1　Si 相形貌特征

气雾化 Al – 27% Si 合金粉末中，作为 Al 基体中的增强相，Si 相特征(包括初晶 Si 相和共晶 Si 相)对粉末的压制性能有很大影响。不同温度退火后合金粉末中 Si 相形貌的演变可以通过腐蚀掉 Al 基体以便于更好地观察，结果如图 4 – 10 所示。从图 4 – 10 可以看出，退火温度对 Si 相形貌特征的影响十分明显。雾化态合金粉末中，初晶 Si 相呈现不规则形状且具有尖锐的棱角，如多边形或星状；而共晶 Si 相呈现针状或相互缠结的网络状，如图 4 – 10(a)所示。合金粉末在 300℃ 和 400℃ 退火后，可以发现初晶 Si 相稍微发生球化，其尖角变得平滑；同时，共晶 Si 相变成棒状或块状，如图 4 – 10(b)和(c)所示。另外，经 300℃ 退火后在试

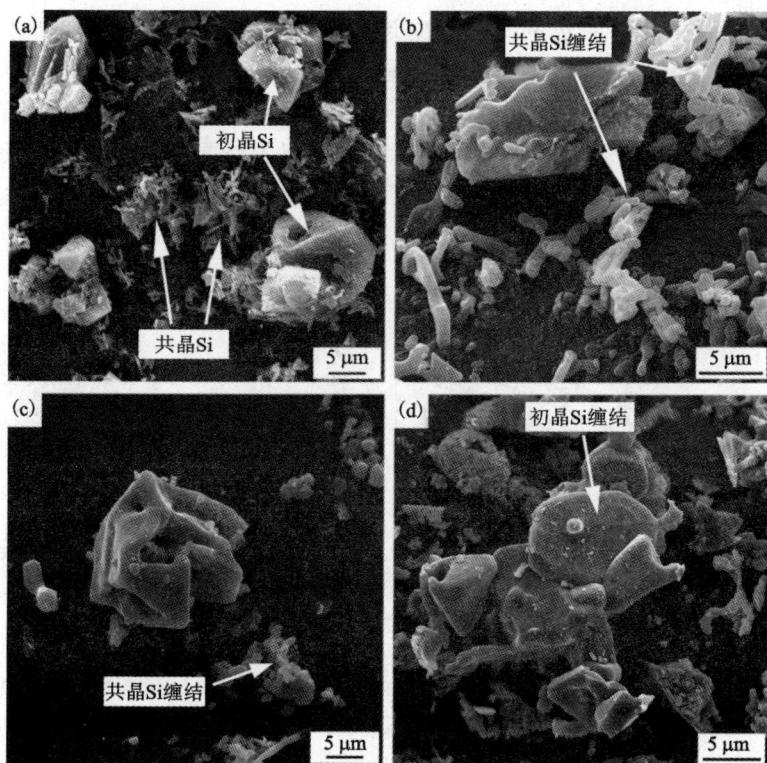

图 4 – 10　不同状态下 Al – 27% Si 合金粉末中初晶 Si 相和共晶 Si 相的典型形貌

(a)雾化态；(b)300℃；(c)400℃；(d)450℃退火

样中还可以发现,共晶 Si 相之间开始发生相互缠结,并伴随部分共晶 Si 相依附到初晶 Si 相表面。在 450℃ 退火后试样中可以发现明显的初晶 Si 相之间的相互缠结,这种相互缠结形成形状复杂且尺寸很大的 Si 颗粒,并且颗粒边界仍然十分明显,如图 4 – 10(d) 所示,这种现象与图 3 – 21 一样。

4.4.2 压力 – 相对密度关系

图 4 – 11 为不同温度退火后气雾化 Al – 27% Si 合金粉末压坯相对密度和致密化速率与压制压力的关系曲线。压制压力为零时对应的相对密度为 45.6%,即振实密度。从图 4 – 11 可以看出,合金粉末相对密度和致密化增量取决于压制压力和退火温度。一般情况下,合金粉末压制曲线与纯金属粉末的压制类似,即相对密度随着压制压力升高而不断增加,但其致密化速率却逐渐下降[148]。粉末的压制性能通常表现为压坯的密度随压力上升而增大。因此,Al – Si 合金粉末的压制性能随着预退火温度从室温上升到 400℃ 而大大提高。合金粉末在 400℃ 退火后,粉末压坯的相对密度达到 94.1%,这比雾化态合金粉末提高了 11.4%。另外,从图 4 – 11(a) 可以发现,不同温度退火合金粉末在 175 MPa 下压制后的相对密度差异最大。但是,在不同退火温度条件下合金粉末的致密化速率随着压制压力的上升而逐渐下降,如图 4 – 11(b) 所示。由以上结果可知,退火温度对 Al – 27% Si 合金粉末的室温压制性能有很大影响。根据第 3 章的实验结果,这种影响主要来自显微组织(特别是 Si 相尺寸和形貌)演变和 Al 基体硬度变化。

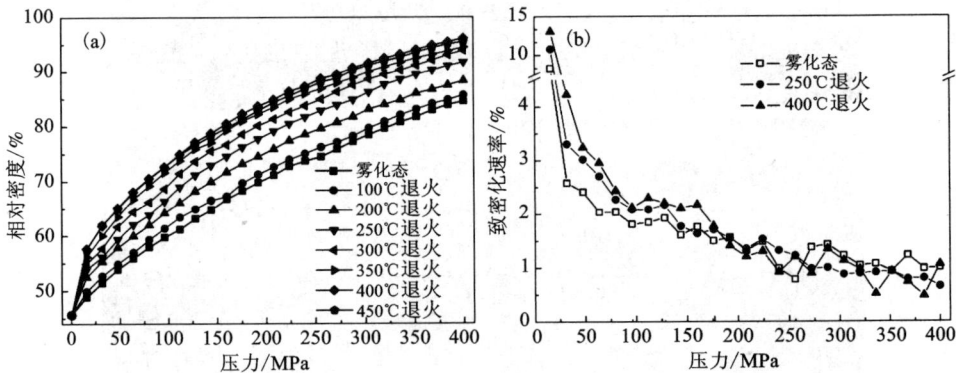

图 4 – 11 不同温度预退火后 Al – 27% Si 合金粉末的压制(a)和致密化(b)曲线

图 4 – 12 所示为不同温度退火后,Al – 27% Si 合金粉末在最大压制压力(400 MPa)下的相对密度和压制前后的密度增量比。从图 4 – 12 可以看出,当退火温度从室温升高到 400℃ 时,合金粉末压坯的相对密度从 84.5% 提高到 94.1%,增幅达 11.4%;同时,粉末压坯获得更高的致密化程度,相对密度增量比从 85.5%

提高到 106.9%。但是，在 450℃ 退火后，粉末压坯的相对密度和相对密度增量比却分别下降至 95.6% 和 103.4%。从以上结果可知，在 400℃ 退火 4 h 后，气雾化 Al - 27% Si 合金粉末的室温压制性能得到很大程度提高。

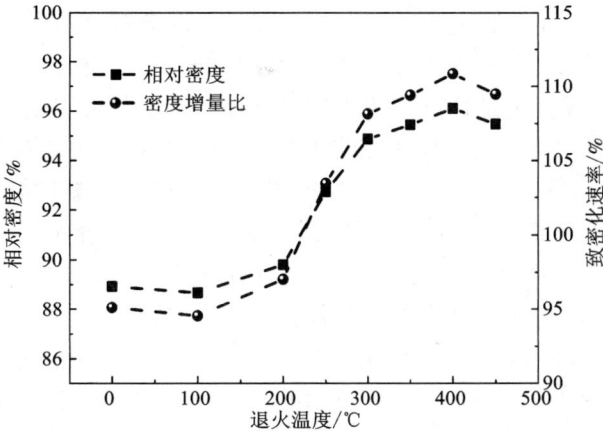

图 4 - 12　不同温度退火后合金粉末在最大压力
作用下的相对密度和压制前后的密度增量比

4.4.3　粉末致密化行为

退火温度升高的最直接结果是降低 Al 基体显微硬度（图 3 - 16）。这是因为快速凝固组织在加热后，内部残余应力释放；同时，非平衡组织向平衡态转变，从而降低了基体硬度。由于 400℃ 退火后 Al 基体具有较低显微硬度，因此合金粉末的压制性能得到提高，压坯的相对密度得到大大提高。由于 Al 基体与 Si 相的强度差异较大，致密化过程通过 Al 基体的塑性变形进行，而 Si 相没有发生变形。在较低压制压力下，由于压制前粉末已经振实，致密化过程主要为粉末颗粒间接触处的变形。该结果表明，在压制压力作用后合金粉末颗粒仅发生少量的重排，随即发生塑性变形。

报道指出[120]，快速凝固 Al - Si 合金在退火过程中，Si 相不仅通过 Si 原子的扩散进行粗化，也通过 Si 相之间的相互缠结而粗化，正如前文分析（3.5.1）和图 4 - 10(d) 所示；但是，文献很少有关于初晶 Si 相之间相互缠结而导致 Si 相长大的报道。在普通扩散控制的粗化过程中，Si 相的生长通过 Si 原子依附到原有 Si 颗粒表面的形式进行，因此 Si 原子的扩散速率对 Si 相粗化起主要作用。作为一个热激活过程，Si 原子的扩散将随着温度升高而越发容易进行，从而大大提高其扩散速率[114, 159]。而高温条件下，Si 相之间的相互缠结，特别是初晶 Si，容易导致 Si 相平均尺寸急剧增大。因此，Si 相平均尺寸随着退火温度升高而明显增大。

为进一步了解快速凝固 Al-Si 合金粉末的室温压制性能，除基体显微硬度，还应将其显微组织特征(Si 相尺寸、形状和分布)考虑在内。在压制过程中，合金粉末的塑性变形随着压力升高而不断进行，同时粉末压坯中孔洞的尺寸和数量不断减小，但是 Al 基体屈服强度却因为加工硬化而逐渐提高。雾化态合金粉末中，不规则且带尖角的初晶 Si 相和针状且密集分布的共晶 Si 相将不利于粉末在大压力下的致密化过程，这是由于不规则、细小而长宽比大的增强体不利于致密化[144,160]。退火温度升高至 200℃和 250℃时，针状且细小的共晶 Si 相发生溶解而有利于粉末的致密化。但是，在这样的温度下，初晶 Si 相仍然具有明显尖角且析出 Si 相尺寸十分细小，使 Si 相具有较大表面积，故增大了压制过程的摩擦力[161]。这种摩擦力抑制粉末的变形能力，从而阻碍其致密化。因此，较低的退火温度对提高粉末压制性能的作用有限。由于大尺寸和球形增强体有利于致密化[145,160,162]，在 400℃退火后，析出 Si 相的粗化和初晶 Si 相的球化进一步提高合金粉末的塑性变形性能；另外，初晶 Si 相也发生一定程度粗化，这也有利于粉末的致密化过程。因此，当退火温度从 300℃升高到 400℃时，合金粉末的压制性能得到很大程度提高。然而，合金粉末在 450℃退火后发生 Si 相之间相互缠结而形成的复杂形状的 Si 相具有较高比表面积，使得其压制性能反而有所下降。

压制压力较低时，由于致密化过程主要通过粉末颗粒间接触处的部分塑性变形进行，Si 相特征对合金粉末压制性能的影响较小。随着压制压力升高，由于 Al 基体产生加工硬化和粉末颗粒的大塑性变形，Si 相特征对压制性能的影响逐渐增加。Si 相特征对粉末压制性能的影响类似于复合材料粉末中增强体特征对压制性能的影响[141,145,151]。Al-Si 合金粉末中 Si 相的形貌特征和尺寸分布可能也对其压制性能有较大影响，但是由于 Si 相的复杂性和随温度的连续变化而不易于描述清楚。

另一个影响合金粉末压制性能的可能是 Si 相的体积分数。尽管过饱和 Si 原子的脱溶析出软化 Al 基体有利于致密化，但是同时也提高了基体中增强体的体积分数，这导致相同压力下基体需要发生更大的塑性变形[160,163]，结果合金粉末在 450℃退火后的变形抗力增大，因为过饱和固溶 Si 原子的析出已基本完成，从而导致粉末压坯相对密度较 400℃退火粉末有所下降。

综上所述，Al 基体硬度在压力较低的初始阶段为影响压制过程的主要因素；而共晶 Si 相的熔解、析出 Si 相的长大和初晶 Si 相的球化是影响预退火合金粉末在较高压力下的主要因素。同时，Si 相尺寸和形貌对合金粉末的压制性能也有较大影响，特别是 Si 相形貌，高温退火后发生的 Si 相之间的相互缠结而形成型貌复杂的 Si 相则不利于致密化。

根据以上分析可知，退火处理对气雾化 Al-27%Si 合金粉末压制性能的影响主要是通过 Al 基体硬度和显微组织特征随退火温度而演变来实现的。粉末压制过程的致密化机制一般包括以下几种[151, 163]：

①压制压力较低的初始阶段，粉末颗粒的部分滑动、重排或无变形重新叠放以及部分搭桥和非常弱的粉末聚集发生崩塌；

②脆性增强体的破碎和多孔集聚体的破坏，这取决于粉末粒度和粉末颗粒间接触处的变形程度；

③基体的塑性变形；

④高压力下，低孔隙率粉末压坯的弹性变形。

这些致密化机制是否同时发生，取决于粉末特征和压制压力。压制过程压坯相对密度与压制压力的关系可以通过压制模型和数值模拟进行分析。实验模型可以用于定量分析压制过程粉末的致密化行为，同时还可以用于预测一定压力下压坯的相对密度[150, 156]。报道指出，线性压制方程在分析塑性变形对致密化过程的作用时比较方便，其中一个被广泛用于分析金属、合金和复合材料粉末压制过程致密化行为的是 Heckel 压制方程（式 4 - 1）[152]：

具有较高致密化系数的材料在一定压力下可以获得更高的相对密度，致密化系数可以表达为：

$$A = -\left[\frac{\mathrm{d}\ln(1 - R)}{\mathrm{d}P}\right] \tag{4 - 4}$$

气雾化 Al - 27% Si 合金粉末的致密化系数可以通过拟合压制压力与相对密度的关系获得，结果如图 4 - 13 所示。从图 4 - 13 可以看出，Heckel 压制方程对实验数据的拟合效果较好，回归系数均大于 0.99。

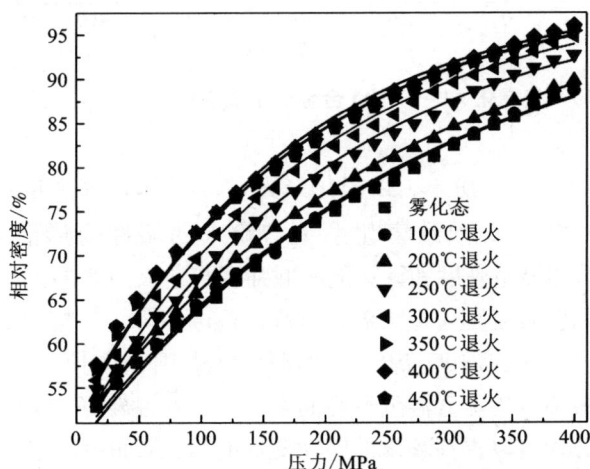

图 4 - 13　采用 Heckel 压制方程对实验数据进行拟合的结果

图 4 - 14 所示为气雾化 Al - 27% Si 合金粉末致密化系数与退火温度的关系。从图 4 - 14 可以看出，随着退火温度从室温升高至 400℃，合金粉末致密化系数不断增大，这就表示合金粉末的塑性变形能力随着退火温度升高而提高，即在一定压制压力下，Al 基体的变形抗力随着退火温度升高而降低[141, 163]。400℃退火后粉末具有较低的显微硬度和比较有利的 Si 相形貌和尺寸特征，从而具有较低的变形抗力并获得较高的致密化系数。一般情况下，添加增强体前后粉末的压制行为相似，但是添加增强体粉末的致密化程度较低，从而导致粉末压坯的相对密度也较低。

另外，从图 4 - 14 还可以发现，450℃退火后合金粉末的致密化系数相对 400℃退火后有所下降，这与图 4 - 11 所示压制曲线一致。在普通压力下，Al - Si 合金粉末中的 Si 相不能发生变形，当显微组织中 Si 相发生相互缠结时，Al 基体的变形能力受到阻碍，从而降低了合金粉末的致密化程度，表现为致密化系数减小。

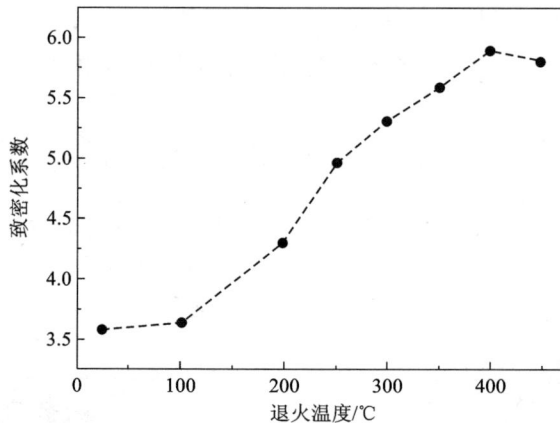

图 4 - 14 气雾化 Al - 27% Si 合金粉末致密化系数与退火温度的关系

报道指出，对于金属粉末，致密化系数(K)与其屈服强度(σ_0)有个经验关系：$K = (1/3\sigma_0)$ [142, 151]，故致密化系数与粉末的塑性变形能力直接相关。图 4 - 15 所示为 Al 基体显微硬度和计算的屈服强度与退火温度的关系。从图 4 - 15 可以看出，Al 基体屈服强度随着退火温度升高而逐渐下降。根据 Orowan 理论[164]，颗粒增强金属基复合材料的强度随着增强体颗粒尺寸下降而升高。对于本实验，Al 基体屈服强度和显微硬度均随着温度升高而下降且一致性较好，说明合金粉末在较高温度进行预退火处理可以提高粉末的塑性变形能力，从而可以很好地填充粉末颗粒之间的孔隙。另外，具有较低刚度或较高加工硬化能力粉末的致密化性能较好[165]；因此，在相对较高温度下退火后的 Al - Si 合金粉末获得良好的压制性能。

　　综上所述，由于 Al 基体软化和显微组织演变，特别是初晶 Si 相和共晶 Si 相尺寸和形貌的演变，退火处理可以有效提高快速凝固 Al – Si 合金粉末的室温压制性能，从而有利于后续加工过程。另外，根据 Chung 等[119]的研究结果，适当的退火处理还有助于获得组织细小的材料，从而提高材料的力学性能。但是，退火处理对快速凝固 Al – Si 合金中析出 Si 相粗化速率的抑制作用还有待进一步考察。

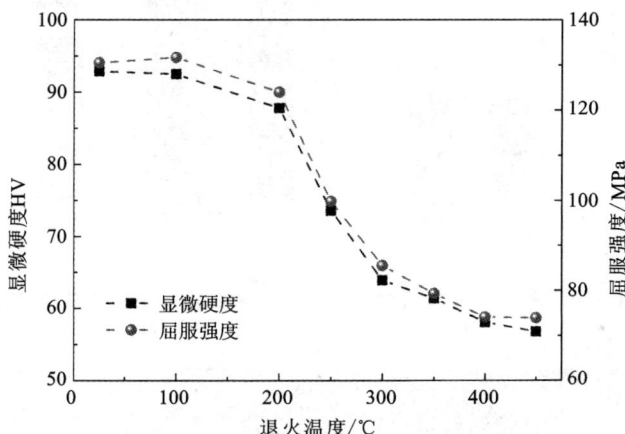

图 4 – 15　气雾化 Al – 27% Si 合金粉末
显微硬度和屈服强度与退火温度的关系

4.4.4　粉末压坯显微组织和抗弯强度

　　具有一定强度的粉末压坯通常有利于成型过程，采用三点抗弯实验测试 Al – Si 合金粉末压坯的强度，分析粉末预退火温度对压坯强度的影响，结果如图 4 – 16 所示。从图 4 – 16 可以看出，粉末压坯的强度随着退火温度从室温升高至 300℃时不断提高，之后继续升高退火温度反而导致压坯强度稍微下降。由于 Al 基体硬度下降和 Si 相特征演变，粉末颗粒在压制过程中的塑性变形程度随着退火温度升高而提高，粉末颗粒之间的间隙不断减小，从而增强了粉末颗粒之间的机械结合强度。但是，当退火温度高于 350℃时，Si 相随着温度升高而急剧粗化导致压坯强度下降。这说明粉末压坯的强度不仅取决于粉末的致密化程度，还与粉末颗粒的显微组织有一定关系。这种结果与粒度对合金粉末压坯强度的影响一致（图 4 – 6）。

　　在 400 MPa 压制后，不同温度退火后气雾化 Al – 27% Si 合金粉末压坯的截面显微组织如图 4 – 17 所示。从图 4 – 17 可以看出，随着粉末退火温度升高，粉末颗粒在压制过程的变形程度逐渐升高，从而可以更好地填充颗粒之间的间隙；同时，压坯中的

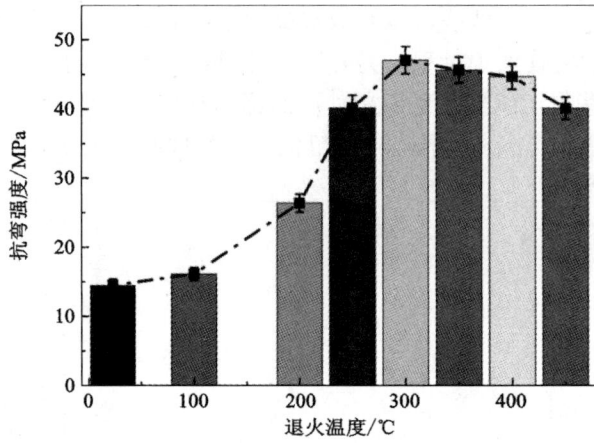

图 4 – 16　Al – 27％Si 合金粉末压坯抗弯强度与退火温度的关系

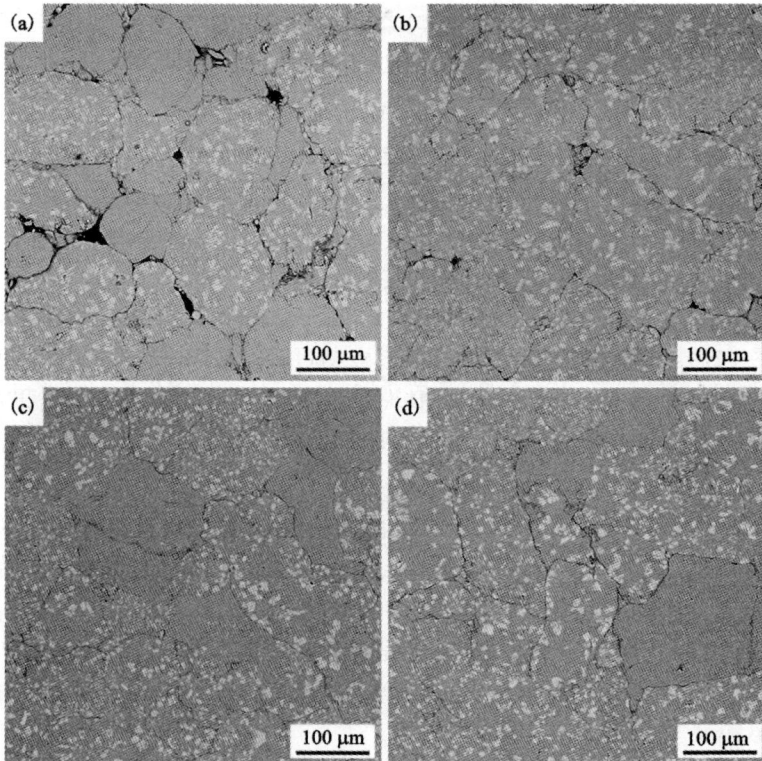

图 4 – 17　Al – 27％Si 合金粉末不同温度退火后压坯的截面显微组织

（a）室温；（b）250℃；（c）400℃；（d）450℃

孔洞数量逐渐减少且尺寸不断下降。由于压制压力较大，粉末颗粒边界的间隙较小，呈现出较好的机械结合(即冷焊)。随着粉末退火温度升高，粉末颗粒的塑性变形程度加大，粉末颗粒被压扁成多边形颗粒且颗粒边界呈线性，粉末颗粒的这种变形程度随着退火温度的升高而更加明显。从图 4 - 17(c)可以发现，由于粉末压坯相对密度较高(94.1%)，压坯显微组织较为致密，没有发现明显的大尺寸孔洞。

图 4 - 18 所示为 Al - 27% Si 合金粉末不同温度退火后压坯的断口形貌，同时还给出部分单颗粉末颗粒断裂后的断口形貌。从图 4 - 18(a)可以看出，雾化态合金粉末压坯的断口呈现较少的塑性变形特征，也没有发现单颗粉末颗粒被拉裂的现象。粉末颗粒的变形痕迹(即相互接触的颗粒被压扁)随着退火温度升高而趋于明显;同时，压坯中孔洞的密度和尺寸逐渐下降。粉末压坯中孔洞特征与退火温度的关系与截面显微组织一致。从图 4 - 18(b) ~ (d)中可以发现部分单颗粉末颗粒在应力作用下被拉裂，其断口有明显的韧窝呈现出塑性断裂特征。虽然粉末压坯中颗粒之间为机械结合，但是其结合强度随着粉末预退火温度升高而提高，并超过部分粉末颗粒的强度，从而造成这些颗粒被拉裂。

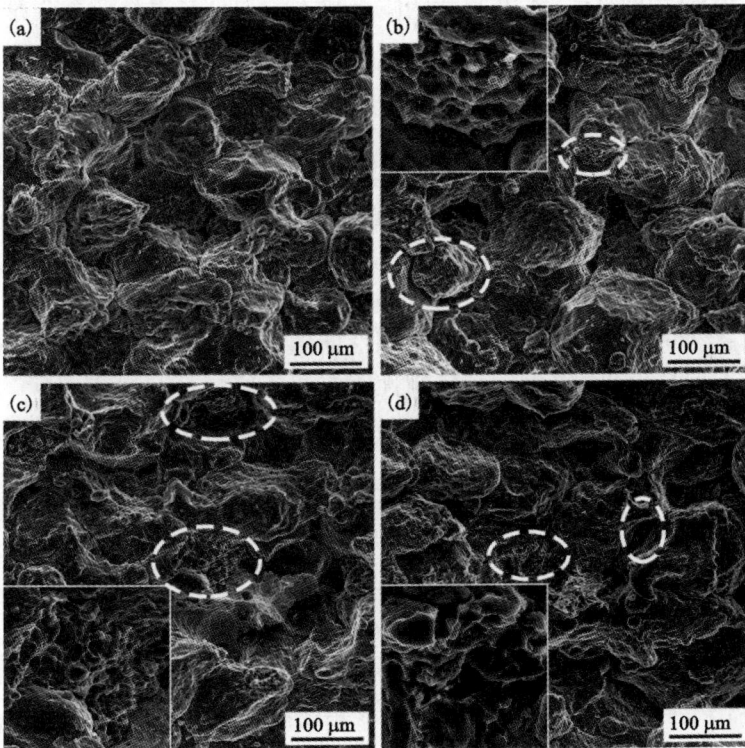

图 4 - 18　Al - 27% Si 合金粉末不同温度退火后压坯的断口形貌

(a)室温; (b)250℃; (c)400℃; (d)450℃

4.5 本章小结

本章研究气雾化 Al – 27% Si 合金粉末的室温压制性能。采用氮气雾化法制备 Al – 27% Si 合金粉末，采用扫描电子显微镜观察不同粒度和不同温度退火后的 Si 相形貌，采用室温钢模压制分析合金粉末的压制性能，采用线性压制方程分析凝固速率和退火温度对 Al – Si 合金粉末致密化行为的影响，采用抗弯实验和扫描电子显微镜表征粉末压坯的力学性能和断口形貌。结果表明：

（1）气雾化 Al – 27% Si 合金粉末的室温压制性能随着粒度减小（即凝固速率升高）而逐渐下降。大粒度合金粉末获得最高的致密化速率，其相对密度随着压力增大而迅速升高并超过其他粒度粉末；但是，不同粒度合金粉末致密化速率的差异随着压力升高而逐渐减小。在压力较低的压制初始阶段，粉末颗粒间接触处的塑性变形为主要的致密化机制。随着压力升高，由于 Al 基体硬度较高且 Si 相密集分布，小粒度合金粉末的塑性变形能力下降，从而导致其致密化过程大大受阻。再者，随着粒度减小，Si 相尺寸的减小和不均匀分布也降低合金粉末的致密化能力。

（2）Al – Si 合金粉末压坯中孔洞尺寸和塑性变形痕迹（粉末颗粒被压扁）随着粒度减小而不断下降；同时，孔洞密度逐渐升高。另外，压制中发现初晶 Si 相在压制过程中发生破碎，这通过释放变形能而有利于粉末的致密化。抗弯强度测试结果发现，63 ~ 105 μm 粉末压坯获得最高强度。由于 Al 基体硬度和显微组织差异，合金粉末的致密化系数随着粒度减小而逐渐下降，这表明具有较高凝固速率的小粒度合金粉末在一定压力下，其 Al 基体的变形抗力较大。

（3）Al – 27% Si 合金粉末的室温压制性能随着退火温度从室温升高至 400℃ 而逐渐提高，但是 450℃ 退火后其压制性能有所下降。合金粉末 400℃ 退火后具有较高压制性能，其相对密度在 400 MPa 压制后达到 94.1%，而雾化态粉末仅为 84.5%。另外，从压制曲线可以看出，在 175 MPa 下，不同退火温度对压制性能的影响最明显。

（4）当退火温度较低（低于 200℃）时，过饱和固溶 Si 原子的脱溶析出和细小针状共晶 Si 相的熔解导致压制性能提高；随着退火温度升高（200 ~ 400℃），初晶 Si 相的球化和析出相的粗化将提高基体的塑性变形能力，从而进一步提高粉末的压制性能；但较高温度（450℃）退火后，由于 Si 相之间相互缠结而形成的复杂形状 Si 相和 Si 相体积分数升高导致压制性能稍微下降。较低压制压力下的致密化行为主要取决于退火导致的 Al 基体软化程度；而较高压力下显微组织随着退火温度的演变是影响压制性能的主要因素。

第 5 章　Al – Si 合金的显微组织和性能

5.1　前言

随着电子信息产业的快速发展，电子器件和电子装置中器件的复杂性和集成度日益上升且尺寸不断减小，导致其发热量急剧增加。Cho 和 Goodson[5] 指出，热管理已成为电子器件进一步小型化的瓶颈，因为减小器件尺寸或提高功率密度往往会产生过热的问题。报道指出，电子器件的失效速率随着温度升高而急剧上升，如温度每升高 10℃，半导体 Si 和 GaAs 的寿命将下降 1/3[19]。因此，开发性能优异、可满足各种要求的电子封装材料已成为当务之急。

良好的导热性能、合适的热膨胀系数和较低的密度是理想电子封装材料应具备的三个主要性能。此外，高性能电子封装材料还应具有：一定的强度以对机械作用敏感的部件和基板起到机械支撑和密封保护作用；一定的化学性质稳定性以保证在腐蚀等不利环境下正常工作，易于进行精密机械加工成型和后续处理，如表面镀覆、焊接、涂装处理等[166, 167]。Al – Si 合金具有热导率高、热膨胀系数适中和密度小等优点，并且可以通过材料成分设计(基体化学成分和增强体含量)得到不同性能，可获得一种轻质、高热导率、热膨胀系数与基板匹配的新型电子封装材料。另外，Al – Si 合金还易于回收重熔处理，具有良好的环境友好性。对于电子封装 Al – Si 合金，快速凝固是获得细小、均匀 Si 相的主要手段之一。因此，本章分别采用快速凝固(本文特指气雾化法)/粉末冶金法和喷射沉积工艺制备Al – Si 系列合金。

本章在前面工作的基础上，分别采用气雾化 Al – Si 合金粉末压坯和喷射沉积锭坯进行热压致密化，制得不同 Si 含量的 Al – Si 合金，分析 Si 含量对合金显微组织、热物理性能、力学性能和断裂行为的影响；同时，对比不同制备工艺对Al – Si 合金的显微组织和性能的影响。

5.2 实验过程

5.2.1 材料制备

采用喷射沉积制备 Al – (22% ~70%)Si 六种成分(同合金粉末, 2.2.1)合金锭坯。原材料为纯 Al 锭(纯度大于 99.5%)和纯 Si 块(纯度大于 99.0%)。

采用中频感应电炉进行母合金熔炼,熔炼温度比合金熔点高 150 ~200℃。实验在中南大学金属材料研究所自行设计制造的喷射沉积设备上进行,喷射沉积示意图如图 5 – 1 所示。以氮气作为雾化气体,雾化压力约为 0.8 MPa。实验开始前,将沉积盘预热至 500℃,沉积盘直径为 400 mm。根据以往经验,熔体浇注温度比合金熔点高 100℃,沉积盘旋转速度为 500 r/min,沉积高度约为 350 mm,升降速度为 12.8 mm/min,喷嘴直径与制备合金粉末相同。喷射沉积过程较为复杂,而且各个工艺参数之间可能相互影响,主要包括合金熔体的过热温度、雾化压力、沉积高度、喷嘴直径等。通过反复实验,主要经由改变气体 – 合金熔体流量比(Gas flow rate/Metal flow rate, G/M ratio),来获得孔隙率较低(<10%)的合金锭坯。喷射沉积锭坯采用机加工获得 ϕ50 mm ×12 mm 试样用于热压致密化。

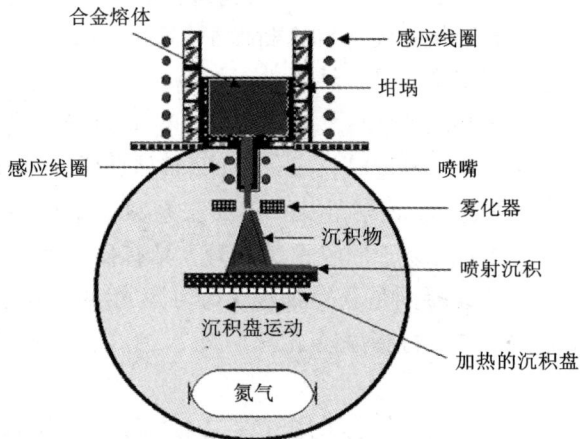

图 5 –1 喷射沉积装置示意图

用于热压烧结的不同 Si 含量(22% ~70%)Al – Si 合金粉末分别采用气雾化法制备,具体过程同 2.2.1。根据第 3 章的结果和分析,粒度较大的 Al – Si 合金粉末组织中存在粗大且不规则的初晶 Si 相,这种显微组织特征可能保留到成型后的合金中从而降低材料的力学性能,因此本章选择粒度小于 74 μm(200 目)的合金粉末进行热压成型。不同 Si 含量 Al – Si 合金粉末分别在 φ50 mm 钢模内采用 200 t 液压机冷压成型，压制压力为 200 MPa，保压时间为 30 s，获得的粉末压坯相对密度为 68% ~ 84%（随着 Si 含量增加而降低）。

采用热压烧结制备不同 Si 含量 Al – Si 合金，热压烧结示意图和热压工艺参数如图 5 – 2 所示。在石墨模具（φ50 mm）内表面和上下压块表面均匀涂上一层 BN 浆料以利于脱模，模具经烘干后分别将粉末压坯和喷射沉积锭坯置于石墨模具中进行热压烧结。根据第 3 章对合金粉末热稳定性的研究，选择的热压温度为 565℃，保温时间为 120 min，最大烧结压力为 40 MPa，烧结后试样尺寸为 φ50 mm ×10 mm。烧结后，待试样冷却至 300℃ 以下才开始卸压，试样随炉冷却至室温。另外，采用中频感应炉熔炼和普通铁模铸造获得 Al – 50% Si 合金试样以进行显微组织对比。

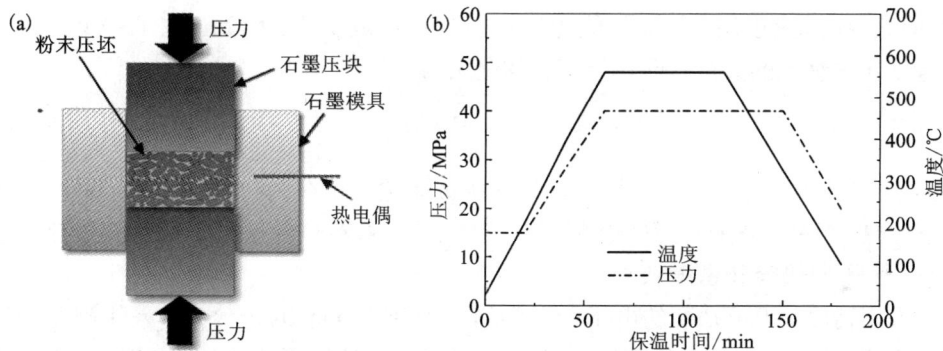

图 5 – 2　热压烧结示意图（a）和工艺参数（温度和压力与保温时间的关系）（b）

5.2.2　组织结构和性能表征

热压烧结 Al – Si 合金采用电火花线切割和机加工获得显微组织观察和性能检测试样，每组材料至少取 3 个平行试样用于性能检测。采用 Quanta – 200 环境扫描电子显微镜（SEM）观察不同 Si 含量 Al – Si 合金的显微组织、Si 相形貌和断口形貌。显微组织观察试样的制备同合金粉末（2.2.2），采用电化学腐蚀方法将材料表面的 Al 基体去除以更好地观察 Si 含量对合金中 Si 相形貌特征的影响。采用 D/Max 2500X 射线衍射仪（XRD）分析不同 Si 含量 Al – Si 合金的相结构，扫描的 2θ 角度范围为 20° ~ 80°，测试条件同 2.2.2。采用 Tecnai G2 20 透射电子显微镜（TEM）观察合金中 Al 与 Si 的界面结合结构，在透射电子显微镜制样过程中，先将试样在砂纸上打磨至厚度小于 0.08 mm，然后用离子束轰击试样得到观察所需的薄区。采用 Image Pro Plus 6.0（IPP）图像分析软件分别测量不同 Si 含量 Al –

Si 合金显微组织中的 Si 相尺寸，相同材料采用多次测量后取平均值。

Al – Si 合金的热膨胀系数测试采用德国耐驰 NETZSCH DIL 402C 热膨胀仪，测试温度范围为 50 ~ 400℃，升温速度为 10℃/min。为保证测试时温度均匀和防止样品氧化，测试选用氩气保护。测试试样尺寸为 $\phi5$ mm × 20 mm，两端面用金相砂纸磨光且互相平行，并要求与轴线垂直。采用德国耐驰 NETZSCH LFA 427 激光热导仪测量 Al – Si 合金的热扩散系数，然后通过计算获得合金的热导率。热扩散系数的测试温度为室温，测试试样尺寸为 $\phi10$ mm × 3 mm。热扩散率根据 GJB 1201.1 – 1991 测试，要求试样上下表面平行，表面进行喷碳处理，以保证不同试样的表面状态对热信号的吸收和发射一致。采用 JR – 2 热物理测试仪测定试样在室温下的比热容，比热容根据 GJB 330A—2000 测试，每个成分取 3 个样品做测试后取平均值。

由于不稳定导热过程与体系的热函有关，而热函的变化速率与材料的导热能力（即热导率）成正比，与储热能力（定压比热容）成反比；因此，在工程上经常采用与热导率有关的参数，即热导率，其定义为：

$$\alpha = \frac{\lambda}{\rho C_p} \tag{5-1}$$

式中，λ 为热导率，W/(m·K)，α 为热扩散系数，m^2/s，ρ 为密度，g/cm^3，C_p 为定压比热容 J/(kg·K)。从式(5-1)可以看出，材料热导率可以通过测量热扩散系数、定压比热容和密度获得。

采用精度为 0.001 g 的电子天平和精度为 0.01 mm 的千分尺，采用阿基米德排水法测量 Al – Si 合金的密度。设试样在空气中的质量为 m_1，在蒸馏水中的质量为 m_2，蒸馏水的密度为 0.998 g/cm^3，则可以根据以下几个方程计算得出材料的实测密度、理论密度和相对密度。

实测密度计算：

$$\rho = 0.998 \times \left(\frac{m_1}{m_1 - m_2} \right) \tag{5-2}$$

理论密度计算：

$$\rho_t = \rho_m V_m + \rho_p V_p \tag{5-3}$$

相对密度计算：

$$\tau = \frac{\rho}{\rho_t} \times 100\% \tag{5-4}$$

式中，ρ 为实测密度，ρ_t 为理论密度，τ 为相对密度，ρ_m 为基体密度，ρ_p 为增强体密度，V_m 为基体体积分数，V_p 为增强体体积分数。

采用 Instron MTS 850 型电子万能材料试验机测试 Al – Si 合金的拉伸强度、弹性模量和抗弯强度。其中拉伸试样尺寸如图 5 – 3 所示，抗弯试样尺寸为 3 mm ×

10 mm ×50 mm，加载速率均为 0.2 mm/min。测试 Al - Si 合金布氏硬度的载荷为 7.35 kN，加载时间为 30 s，每个样品测量 3 ~5 次后取平均值。

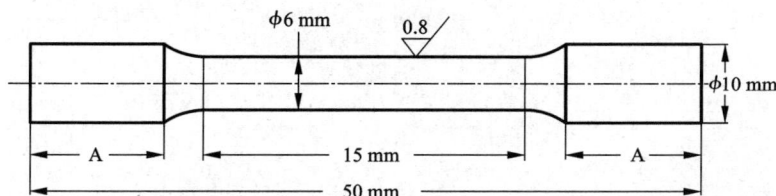

图 5 -3　Al - Si 合金拉伸试样形状及尺寸

5.3　显微组织特征

图 5 -4 所示为快速凝固 - 热压烧结不同 Si 含量 Al - Si 合金的截面显微组织。从图 5 -4 可以看出，Si 相颗粒均匀分布于 Al 基体中，这应与采用 Al - Si 合金粉末而非单质混合粉末作为原料有关；而且，相对于雾化态 Al - Si 合金粉末中的 Si 相，热压烧结后 Si 相颗粒的尖角发生明显钝化。通常认为，Al 基体的存在为 Si 原子扩散提供了通道；而且相对于尖锐的棱角，圆滑的外形具有较低表面能。在热压烧结过程中，Si 原子活动激烈、扩散速率较快，Si 相颗粒表面趋于圆滑以降低能量。另外，显微组织中均没有发现孔洞和裂纹等缺陷，说明采用热压烧结可以获得致密的 Al - Si 系列合金。同时，显微组织中也没有发现共晶 Si 相，这应与烧结温度和冷却速率有关。由于共晶 Si 相一般比较细小且形状很不规则（表面积大），这可能导致界面对自由电子的散射作用增强。因此，Al - Si 合金显微组织中共晶 Si 相的缺失应有利于提高其导热性能。对于 Al - 22% Si 和 Al - 27% Si 合金，如图 5 -4(a)和(b)所示，大部分 Si 相呈孤立状态分布、尺寸十分细小且呈近球形。随着 Si 含量升高，Si 相颗粒之间趋于相互连接而形成三维网络状结构，如图 5 -4(c) ~ (f)所示。但是，Si 含量较高的合金中仍然能够观察到部分独立分布的 Si 相颗粒，这可能是由于粉末颗粒表面的氧化膜阻碍了颗粒之间的相互扩散。

尽管在高 Si 含量 Al - Si 合金中出现 Si 相之间相互连接的现象，而且随着 Si 含量升高而更加明显，但是没有形成封闭的 Al 相，即 Al 基体仍然相互连通。一般情况下，由于 Al 基体的电、热性能均优于 Si 相，为获得较高热导率和电导率的材料，需要 Al 基体相互连通。Al - Si 合金这种显微组织特征，即增强体尺寸和形貌随着增强体含量和成型工艺参数而演变，明显不同于传统的陶瓷颗粒增强金属基复合材料，如 Al - SiCp 复合材料等[168, 169]。而这种现象也是 Al - Si 合金难以被称为 Al - Sip 复合材料的主要原因之一，虽然其在性能方面的表现与普通金属基复合材料相似。

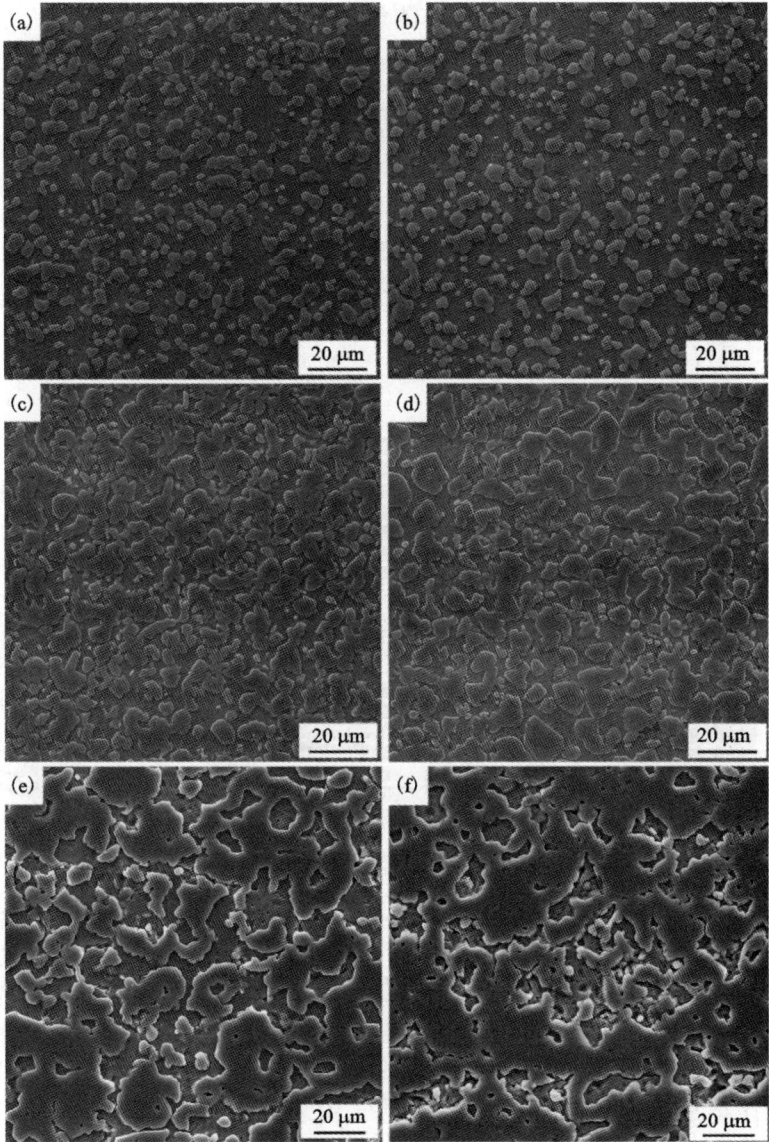

图 5 - 4   快速凝固 - 热压烧结 Al - Si 合金的显微组织
(a) Al - 22% Si；(b) Al - 27% Si；(c) Al - 42% Si；(d) Al - 50% Si；(e) Al - 60% Si；(f) Al - 70% Si

图 5 - 5 所示为喷射沉积 - 热压烧结不同 Si 含量 Al - Si 合金的显微组织。对比图 5 - 4 和图 5 - 5 可以看出，当 Si 含量较低时，两种制备工艺得到的 Al - Si 合金在 Si 相尺寸和形貌上没有明显区别，均没有发现共晶 Si 相。随着 Si 含量升高，

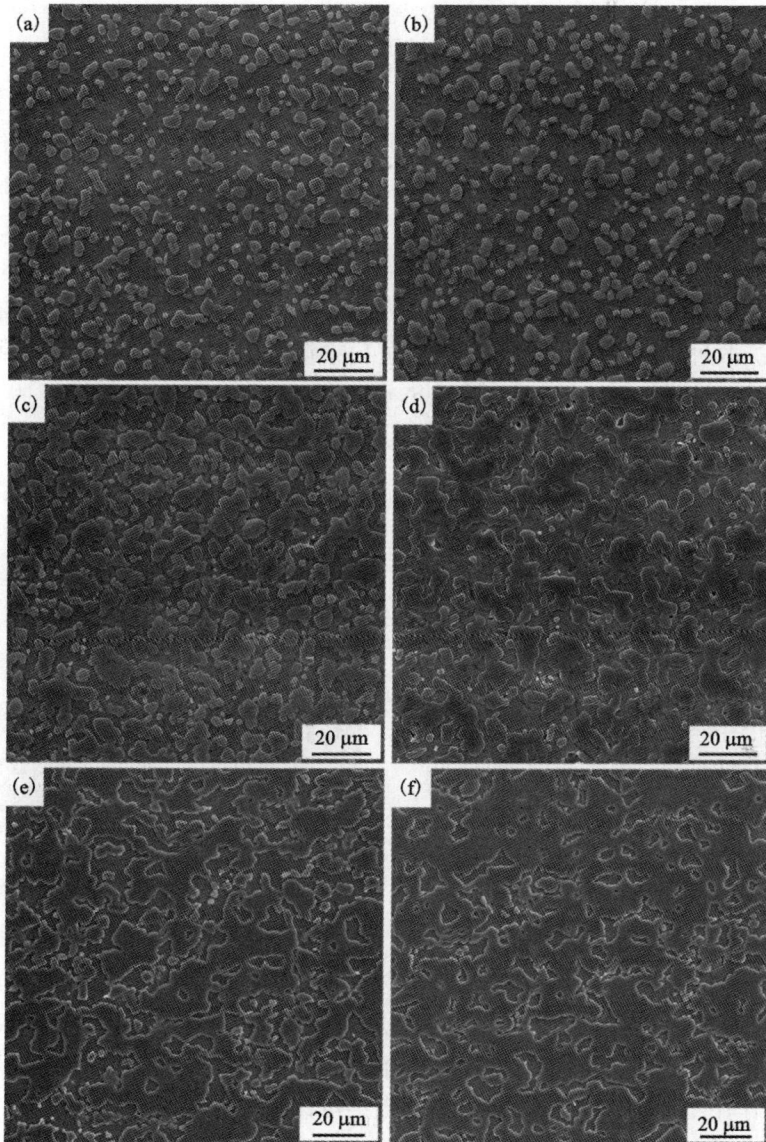

图 5 – 5   喷射沉积 – 热压烧结 Al – Si 合金的显微组织

（a）Al – 22% Si；（b）Al – 27% Si；（c）Al – 42% Si；（d）Al – 50% Si；（e）Al – 60% Si；（f）Al – 70% Si

两种制备工艺得到的合金在显微组织上的差异逐渐明显。首先，喷射沉积 – 热压烧结试样的 Si 相尺寸较快速凝固 – 热压烧结试样小一些，特别是 Si 含量达到 60% 和 70% 时。根据第 3 章对 Al – Si 合金粉末热稳定性的分析可知，这应与气雾化合金中较高的内部储能有关；另外，合金粉末通过机械筛分获得一定粒度用于热压烧结，在这过程中不可避免的有部分尺寸较大的粉末颗粒掺入其中，这些颗粒中粗大的 Si 相将保留到热压烧结后的试样中，从而导致 Si 相尺寸较大；而喷射沉积锭坯中显微组织较为均匀，且 Si 相在余热和结晶潜热的作用下相互扩散并发生缠结，故在热压烧结过程中的粗化程度较低，因此致密化后的组织仍然较为细小。其次，当 Si 含量达到 50% 时，喷射沉积 – 热压烧结试样中，Si 相之间相互缠结的现象较快速凝固 – 热压烧结试样明显。由于喷射沉积特殊的工艺过程，即合金熔体经高压气体冲击形成雾化液滴后，在半固态条件下不断堆积到沉积盘上，因此液滴之间可以在堆积后在热作用下相互扩散，且由于残留有部分液相，这种扩散过程比较容易进行，而这也正是喷射沉积产品一般具有较高塑性变形能力的原因之一。对于气雾化 Al – Si 合金粉末，粉末颗粒之间通过固态扩散而相互黏结，因此粉末颗粒的结合强度受到一定限制。

图 5 – 6 所示为采用普通熔炼铸造工艺制得的 Al – 50% Si 合金的显微组织。从图 5 – 6 可以看出，显微组织中初晶 Si 相尺寸非常粗大，且 Al 基体和初晶 Si 相中存在孔隙或裂纹等缺陷。与传统铸造法制备的同成分的合金相比，热压烧结法在较低温度下进行烧结致密化，能避免大量液相（共晶成分）出现，有效控制 Si 相的粗化。两种制备工艺的 Al – 50% Si 合金中 Si 相尺寸为 5 ~ 18 μm，这与 Jia 等[170] 采用喷射沉积和热等静压工艺制备的

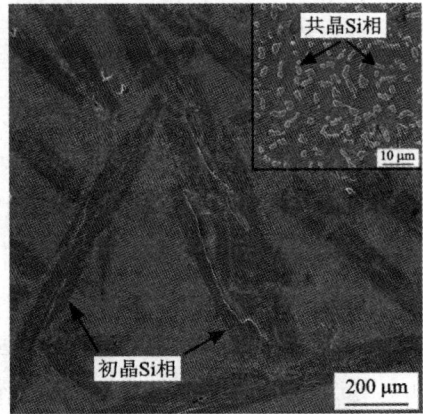

图 5 – 6 普通铸造 Al – 50%Si 合金的显微组织

Al – 50% Si 合金相当。热压烧结法通过冷压成型破除合金粉末表面的氧化膜可促进粉末颗粒的扩散黏结，在压力作用下进行烧结致密化使合金达到几乎完全致密，从而提高材料的综合性能；而喷射沉积锭坯中残留的孔隙也可以在压力和温度的共同作用下得以消除。另外，热压烧结可以通过设计基体合金成分来进一步提高 Al – Si 合金的力学性能，因此热压烧结是有效提高致密化的手段之一。

采用 IPP 图像分析软件分别对热压烧结不同 Si 含量 Al – Si 合金中 Si 相尺寸进行测量，每个成分至少选择 10 张照片，Si 相平均尺寸通过 Si 相面积获得，结果如图 5 – 7 所示。从图 5 – 7 可以看出，无论采用快速凝固 – 热压烧结还是喷射沉积 – 热压烧结，Si 相平均尺寸都随着 Si 含量增加而逐渐增大，特别是当 Si 含量为 60% 和 70% 时，其平均值分别达到 28.9 μm、25.4 μm 和 41.6 μm、36.5 μm。另外，由于显微组织中 Si 相呈相互连接的三维网络结构［图 5 – 4 和图 5 – 5

（e）和（f）]，该平均值的偏差比较大，特别是喷射沉积试样。这是由于 Al – 60%
Si 和 Al – 70% Si 合金中 Si 体积分数很高，Si 相相互接触的几率大。对于喷射沉积
试样，在沉积后 Si 相之间通过扩散而相互黏结；原始粉末中细小的初晶 Si 相和
共晶 Si 相在热压烧结过程中，通过界面扩散而相互连接长大。同时，过饱和固溶
在 Al 基体中的 Si 原子在大颗粒初晶 Si 相表面析出并长大，从而促进大颗粒网络
状结构的形成。从以上显微组织演变和 3.5 节中 Si 相的生长过程可知，提高加热温
度或增加 Si 含量均有利于 Si 相之间的相互缠结而形成大尺寸且相互连接的 Si 相。

　　从图 5 – 7 中还可以看出，当 Si 含量达到或超过 42% 时，喷射沉积 – 热压烧
结试样中 Si 颗粒尺寸小于快速凝固 – 热压烧结试样，而且这种现象随着 Si 含量
升高而更加明显。一般情况下，对于相同成分合金而言，快速凝固气雾化法具有
比喷射沉积高的凝固速率；然而，根据以上结果可知，采用喷射沉积 – 热压烧结
能够在更大程度上抑制 Si 相的生长，从而获得更加细小的显微组织。根据第 2 章
Al – Si 合金粉末粒度与显微组织的关系和 Rajabi 等[82] 的研究结果，通过减小粉
末粒度可以有效细化显微组织，从而获得具有细小组织的试样，但是这样可能会
提高合金粉末的氧含量，并在很大程度上增加快速凝固 – 热压烧结的制备成本，从
而丧失粉末冶金工艺的优势。通过改善气雾化工艺参数获得细小的粉末颗粒或采用
其他雾化法提高凝固速率来获得更加细小的显微组织是提高合金性能的有效途径
之一。

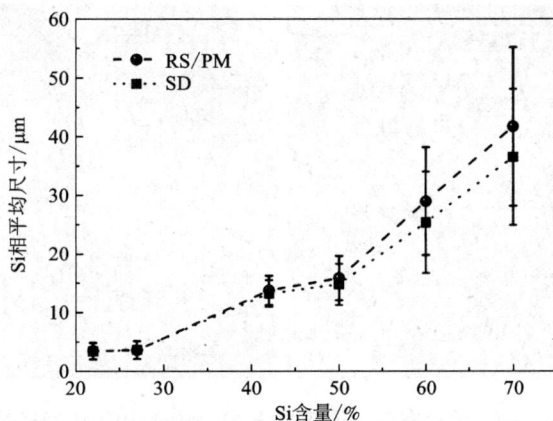

图 5 – 7　热压烧结 Al – Si 合金中 Si 相平均尺寸与 Si 含量的关系

　　为更清楚地观察 Al – Si 合金中 Si 含量对 Si 相形貌特征的影响，将快速凝固
– 热压烧结不同 Si 含量 Al – Si 合金置于 50%（体积分数）HCl 溶液中以去除 Al
基体，结果如图 5 – 8 所示。从图 5 – 8 可以看出，Si 相形貌很不规则但表面较为
圆滑，即使在 Si 含量较低的 Al – 22% Si 和 Al – 27% Si 合金中也有少量 Si 相发生

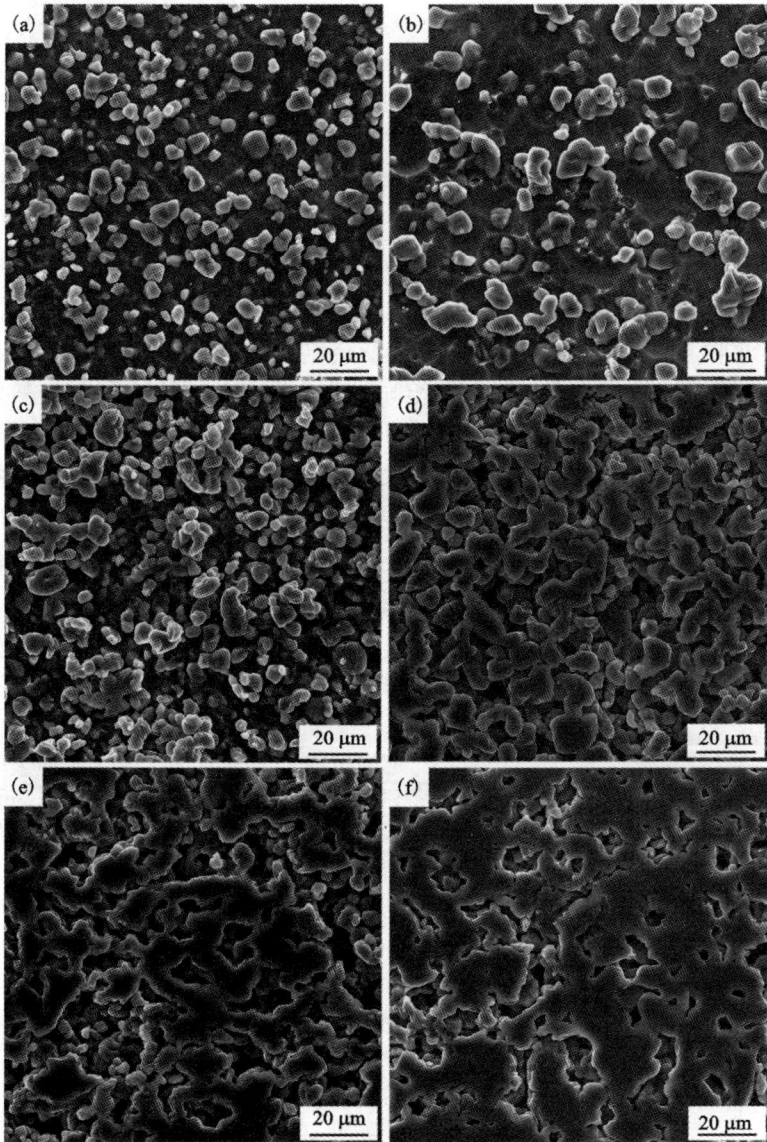

图 5 - 8 快速凝固 - 热压烧结 Al - Si 合金中 Si 相形貌

（a）Al - 22% Si；（b）Al - 27% Si；（c）Al - 42% Si；（d）Al - 50% Si；（e）Al - 60% Si；（f）Al - 70% Si

聚集，这有别于从截面观察到的 Si 相形貌，如图 5 - 8（a）和（b）所示；这种现象
在 Al - 42% Si 合金中较为明显，但此时 Si 相未完全形成网络结构，部分 Si 颗粒
仍然独立存在，且容易脱落，如图 5 - 8（c）所示。当 Si 含量达到 50% 时，Si 相形
成较为完整的三维网络状结构，基本没有发现独立存在的 Si 相，并且 Si 相结构

具有一定强度(经超声波清洗后未断裂),如图 5 - 8(d)所示。这种三维网络状 Si 相形貌随着 Si 含量升高而更加明显,同时 Si 相之间的间隙逐渐减小;但仍然可见相互连通的孔洞,即前面提到的相互连通的 Al 基体,如图 5 - 8(e)和(f)所示。由于快速凝固过程产生的组织结构特征,使 Si 原子在 Al 基体中的扩散速率较快,虽然热压烧结温度仅为 565℃,使 Si 原子通过 Al 基体扩散并通过颗粒界面而在基体中不断生长。Al - Si 合金中 Si 相这种形貌特征说明,合金粉末颗粒在热压烧结过程形成良好的扩散黏结,从而有利于提高合金的综合性能。

采用喷射沉积 - 热压烧结制备的不同 Si 含量 Al - Si 合金中,具有相似的 Si 相形貌特征,但是,与从截面中观察到的一样,Si 相之间的缠结程度比快速凝固 - 热压烧结试样明显。在喷射沉积 - 热压烧结试样中,当 Si 含量达到 42% 时就形成比较完整的三维网络状结构且具有一定强度。

图 5 - 9 为快速凝固 - 热压烧结不同 Si 含量 Al - Si 合金的 X 射线衍射图谱。从图 5 - 9 可以看出,所有的衍射峰均对应为 α - Al 相或 β - Si 相,没有发现其他金属间化合物、杂质或界面反应产物。从图 5 - 9 还可以看出,Si 相对应的衍射峰随着 Si 含量增加而逐渐增强。Al - Si 合金这种组织结构特征说明,在粉末制备和热压烧结过程中没有发生任何有害反应,或者反应产物的量很小而无法检测到,这就有利于提高 Al - Si 合金的综合性能,特别是力学性能,因为金属间化合物和其他反应产物一般为脆性相,它们的存在容易在受力状态下成为裂纹源从而降低材料的强度[171, 172]。Al - Si 二元合金中没有其他化合物存在,喷射沉积 - 热压烧结试样也具有同样的结构特征。

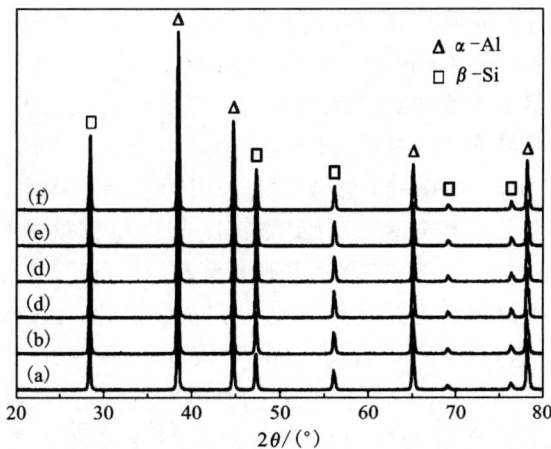

图 5 - 9 快速凝固 - 热压烧结 Al - Si 合金的 X 射线衍射图谱

(a)Al - 22% Si;(b)Al - 27% Si;(c)Al - 42% Si;(d)Al - 50% Si;(e)Al - 60% Si;(f)Al - 70% Si

由于 Al – 22% Si 和 Al – 27% Si 合金的 Si 含量太低，而 Al – 60% Si 和 Al – 70% Si 合金太脆，因此选择 Al – 50% Si 合金观察其界面结构，如图 5 – 10 所示。从图 5 – 10 可以看出，Al – Si 界面没有任何界面反应产物，这与 X 射线衍射结果一致；同时可以发现，Al 基体与 Si 相界面结合良好。而 Al 基体中存在一定量的位错，这是由于 Al 基体和 Si 相的热膨胀系数相差较大，在热压烧结的冷却过程中产生较大的错配应

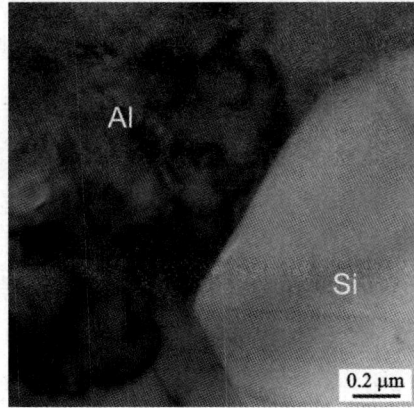

图 5 – 10   快速凝固 – 热压烧结 Al – 50%
Si 合金的 Al – Si 界面结构

力，从而在 Al 基体中形成大量位错。组织中存在的这些位错对基体起到强化作用，从而提高了合金的强度。

5.4   物理性能

对于电子封装材料，物理性能是主要指标之一。一是材料的热导率，电子器件工作过程产生的热量需要及时地传导出去，否则会影响电子封装材料的正常工作，因此电子封装材料需要具有较高的热导率；二是材料的热膨胀系数，电子封装材料应具有与芯片（Si、GaAs 等）或基板（Al_2O_3、AlN 等）相匹配的热膨胀系数，否则会产生较大的热应力而导致接触处开裂；三是材料的密度，对于现代移动通讯设备和航空航天系统来说，材料的轻量化也是一个重要指标。

热压烧结不同 Si 含量 Al – Si 合金分别采用阿基米德排水法测量密度，理论密度采用混合法则计算，相对密度为实测密度与理论密度的比值，结果列于表 5 – 1。从表 5 – 1 可以看出，粉末冶金和喷射沉积 Al – Si 合金的密度均接近或超过理论密度，这说明该材料通过热压烧结已完全致密化，这与图 5 – 4 和图 5 – 5 所示显微组织相符合。Al – Si 合金的密度较小（2.4 ~ 2.6 g/cm^3），这仅为 Al – 55% SiC_p 复合材料、Kovar 合金和 W – 15% Cu 复合材料的 80%、30% 和 15% 左右；因此，Al – Si 合金特别适合应用于对材料密度要求比较高的航空航天领域。

表 5 – 1　热压烧结不同 Si 含量 Al – Si 合金的密度

成分	理论密度 /(g·cm^{-3})	实测密度/(g·cm^{-3})		相对密度/%	
		RS – PM	SD	RS – PM	SD
Al – 22% Si	2.609	2.606	2.610	99.9%	100.0%
Al – 27% Si	2.589	2.592	2.595	100.1%	100.2%
Al – 42% Si	2.531	2.533	2.529	100.0%	99.9%
Al – 50% Si	2.501	2.511	2.498	100.4%	99.9%
Al – 60% Si	2.465	2.461	2.464	99.8%	100.0%
Al – 70% Si	2.430	2.422	2.432	99.7%	100.0%

5.4.1　热膨胀系数

　　热膨胀系数是表征材料受热时长度或体积变化程度的参量，分为线膨胀系数和体膨胀系数，本实验研究的是线膨胀系数。固体材料热膨胀行为本质上是因为点阵结构中质点间平均距离(r)随着温度升高而增大。晶格振动中相邻质点间的相互作用力是非线性的，即作用力不是简单地与位移成正比，而是存在一个平衡位置 r_0。当 $r < r_0$ 时，斥力随位移的增大而快速增大；而当 $r > r_0$ 时，引力随位移的增大而增大的速率相对较慢。在受力情况下，质点振动的平均位置向右偏移而不在 r_0 处，因此相邻质点间平均距离增加。随着温度升高，振幅增大，质点在 r_0 两侧受力不对称情况更加明显，平衡位置向右偏移量增大，相邻质点的平均距离也就增加越多，从而导致微观上晶胞参数增大，在宏观上表现为材料的热膨胀现象。

　　图 5 – 11 所示为快速凝固 – 热压烧结不同 Si 含量 Al – Si 合金热膨胀系数随温度的变化规律。从图 5 – 11 可以看出，Al – Si 合金热膨胀系数随着 Si 含量增加而逐渐下降。由于 Si 相的热膨胀系数(2.5×10^{-6}/K)较 Al 基体(22.6×10^{-6}/K)低很多，合金的热膨胀系数随着 Si 含量增加而逐渐下降，这符合复合材料的混合法则。随着温度升高，所有曲线具有相似的变化趋势：在较低温度下，热膨胀系数随温度升高呈线性增大，而随温度继续升高这种增大幅度有所下降。在较低温度下，Al 基体不会发生塑性变形，合金的热膨胀为 Al 基体和 Si 相热膨胀的共同作用，因此热膨胀系数随温度升高呈线性增大。但是，随着温度继续升高，合金中界面热应力逐渐升高而 Al 基体屈服强度则不断下降。在高温条件下，当热应力超过 Al 基体屈服强度时，基体将可能发生塑性变形。Al – Si 合金的热膨胀主要来自 Al 基体，而 Si 相和基体塑性变形可能抵消掉部分 Al 基体的膨胀。已有的研究结果表明[173]，随着温度升高，Al 本征晶格膨胀、热膨胀系数升高。但是，由

于 Si 在 Al 中的固溶度随温度升高而逐渐增加,导致 Al 的晶格常数下降,而材料宏观长度的变化率与晶格常数的变化率相等,从而对合金的热膨胀系数产生负面作用;当这种负面作用超过 Al 本征晶格膨胀的增量时,合金的热膨胀系数开始下降。同时,合金热膨胀系数随温度变化也受其内应力的影响。在升温的初始阶段,基体中的拉应力不断减小并最终转变为压应力,从而抑制合金的宏观热膨胀。因此,虽然热膨胀系数在高温下还是具有上升趋势,但其上升幅度较低温时小。

由于具有相似的显微组织特征,采用喷射沉积 - 热压烧结法制备的 Al - Si 合金具有与快速凝固 - 热压烧结试样相似的热膨胀特征(图 5 - 11);但是在高温条件下,喷射沉积试样的热膨胀系数均略小于快速凝固 - 热压烧结试样,这是由于喷射沉积试样中相互缠结的 Si 相与 Al 基体的热膨胀行为起更大的束缚作用。

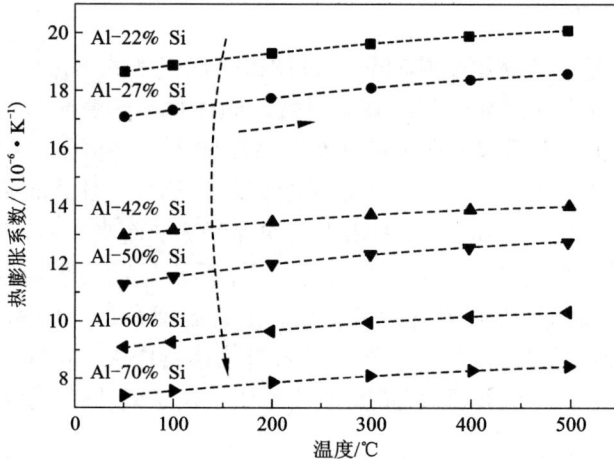

图 5 - 11 快速凝固 - 热压烧结 Al - Si 合金的热膨胀系数与温度的关系

除材料中各组元的热膨胀系数和含量外,Al - Si 合金的热膨胀系数还受很多因素的影响,如基体塑性、过饱和程度、Si 相形貌和尺寸、界面结合状态等,因此很难确切预测。目前,复合材料热膨胀行为的研究表明,对复合材料进行一定简化后可以采用理论模型进行分析,其中使用最多和最简单的预测模型是复合材料性能的混合法则[174],该模型认为材料性能仅取决于各组元的性能和体积分数而忽略了各组元间的相互作用,因此 Al - Si 合金的热膨胀系数可以表达为

$$\alpha_c = \alpha_m V_m + \alpha_p V_p \qquad (5-5)$$

式中,α 为线性热膨胀系数,V 为增强体的体积分数,下标 c、p 和 m 分别表示复合材料、增强体颗粒和基体。

另外，本文还采用 Turner 和 Kerner 两个理论模型以期更好地预测 Al - Si 合金热膨胀系数与 Si 含量和温度的关系。Turner 模型[67]假设增强体与基体的界面结合良好，各组元受热膨胀的程度相同，材料内部没有内应力存在；并且忽略剪切变形的影响，材料内部产生的所有附加应力均为压应力和拉应力；另外，材料内部的裂纹和空隙的数量和大小不随温度变化而变化，不考虑增强体形貌和尺寸分布的影响[170, 175]；因此；材料的热膨胀系数由基体和增强体的热膨胀系数共同决定。根据 Turner 模型，Al - Si 合金的热膨胀系数可以表达为

$$\alpha_c = \frac{\alpha_m V_m K_m + \alpha_p V_p K_p}{V_m K_m + V_p K_p} \tag{5-6}$$

式中，K 为体积模量（$K = E/[3(1-2v)]$）。

Turner 模型仅考虑材料中均匀区域内相邻组元间的均匀应力，认为材料中仅存在均匀的静应力，Kerner 模型[66]运用热弹性能量极值原理推导出材料的热膨胀系数，既考虑均匀区域中相邻组元的均匀应力，也考虑材料内部晶界或相界的切变效应，而将增强体颗粒假设为球形粒子，并且基体成分均匀。根据 Kerner 模型，Al - Si 合金的热膨胀系数可以表达为[176, 177]

$$\alpha_c = \alpha_m V_m + \alpha_p V_p + \left(\frac{4G_m}{K_c}\right)\left[\frac{(K_c - K_p)(\alpha_m - \alpha_p)V_p}{4G_m + 3K_p}\right] \tag{5-7}$$

其中，

$$K_c = \left(\frac{V_m K_m}{3K_m + 4G_m} + \frac{V_p K_p}{3K_p + 4G_m}\right) \Big/ \left(\frac{V_m}{3K_m + 4G_m} + \frac{V_p}{3K_p + 4G_m}\right) \tag{5-8}$$

式中，G 为剪切模量（$G = E/[2(1+v)]$）。计算中采用的 Al 和 Si 的部分物理性能列于表 5 - 2[178]。

表 5 - 2　Al 和 Si 的物理性能与温度的关系

温度 /℃	Al				Si			
	E /GPa	G /GPa	K /GPa	CTE /($10^{-6} \cdot K^{-1}$)	E /GPa	G /GPa	K /GPa	CTE /($10^{-6} \cdot K^{-1}$)
50	69.2	26.0	67.8	22.6	163	66.8	97.0	2.5
100	67.6	25.4	66.3	24.2	162	66.4	96.4	3.0
200	64.0	24.1	62.7	25.7	161	66.0	95.8	3.4
300	59.8	22.3	62.3	27.7	160	65.6	95.2	3.6
400	54.9	20.2	65.4	30.4	156	63.9	92.9	3.8
500	49.9	18.1	69.3	31.7	157	64.3	93.4	4.0

注：Al 的泊松比（v）为 0.33，Si 的泊松比为 0.22。

　　快速凝固-热压烧结和喷射沉积-热压烧结 Al-Si 合金热膨胀系数测量值与理论值的对比如图 5-12 所示。所得的热膨胀系数是 25~250℃ 的平均值。从图 5-12 可以看出，Al-Si 合金的热膨胀系数主要取决于增强体的含量。随着 Si 含量增加，增强体对 Al 基体的约束作用增强，使得合金热膨胀系数随着 Si 含量增加而逐渐降低。两种制备工艺获得的合金在热膨胀系数上没有太大区别，仅在 Si 含量较高的情况下喷射沉积试样的热膨胀系数稍低。Al-Si 合金中 Al 与 Si 良好的界面结合强度较高，从而能够有效约束 Al 基体的膨胀。其中，混合定律的预测值最高，其次是 Kerner 模型和 Turner 模型的计算值。大部分实验数据处于 Turner 模型和 Kerner 模型的预测值之间，Si 含量较低的 Al-22%Si 和 Al-27%Si 两种合金的热膨胀系数甚至超过混合定律的预测值。这可能是由于这两种材料中 Si 含量较低且尺寸细小，而热膨胀系数模型针对增强体含量较高的复合材料性能预测结果较好，如当 Si 含量高于 42% 时，实验数据与 Kerner 模型的预测值一致性较好。

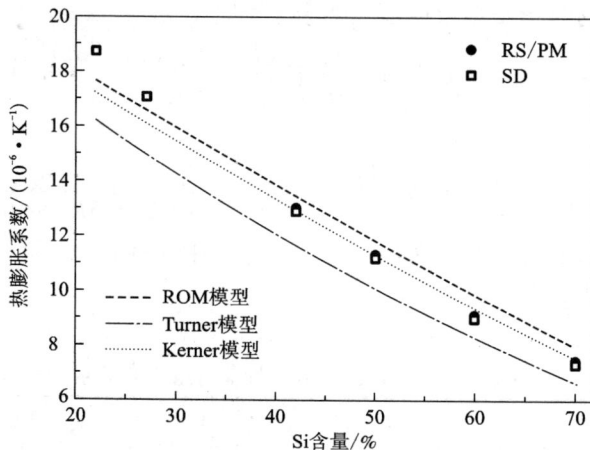

图 5-12　热压烧结不同 Si 含量 Al-Si
合金热膨胀系数的实验值和预测值

　　Turner 模型没有考虑合金内部晶界或相界的剪切应变效应，高体积分数颗粒增强复合材料的剪切效应较小，所以低 Si 含量 Al-Si 合金的实验数据与理论结果偏差很大，而随着 Si 含量升高，其热膨胀系数的理论计算结果与实验值逐渐接近。Kerner 模型则认为材料内部晶界或相界的剪切应变效应与复合材料中增强体含量有关。颗粒增强复合材料，较低体积分数复合材料的剪切应变要大一些，从而对热膨胀系数的影响也大一些。因此，Kerner 模型的预测结果与实验数据比较接近，但是在较低 Si 含量 Al-Si 合金中存在一定偏差。由于热膨胀模型均没有考虑增强体的尺寸大小,因此测量值与理论值存在一定偏差。正如前言中提到的 (1.3.1 节),Al - Si 合金的热膨胀系数随着 Si 颗粒尺寸增大而升高,如图 1 - 8 所示[41]。这种现象与 Yan 和 Geng[65]对 Al - SiC$_p$ 复合材料的研究结果相符合,复合材料的热膨胀系数随着 SiC 颗粒尺寸减小而逐渐减低。

以快速凝固 - 热压烧结 Al - 50% Si 合金为例,对比实验测量和理论计算所得热膨胀系数与温度的关系,结果如图 5 - 13 所示。从图 5 - 13 可以看出,在 50℃ 至 500℃ 之间,Al - 50% Si 合金的热膨胀系数为 $11.3 \times 10^{-6} \sim 14.4 \times 10^{-6}/K$。混合定律的预测值最高,其次是 Kerner 模型和 Turner 模型的计算值。大部分实验数据处于 Turner 模型和 Kerner 模型的预测值之间,除温度较高的 400℃ 和 500℃ 外。这是由于热膨胀模式忽略了合金中 Al 与 Si 在高温下的相互作用,特别是 Si 在 Al 中的固溶度;另外,由于 Al - Si 合金中 Si 相呈三维网络状结构,而 Si 相热膨胀系数随温度变化不如 Al 基体明显,在高温条件下仍能对基体的热膨胀行为起到较好的约束作用。但是,热膨胀模型将增强体假设为球形粒子且没有考虑增强体尺寸的影响,从而导致实验数据与理论预测值在高温下产生一定程度偏差。

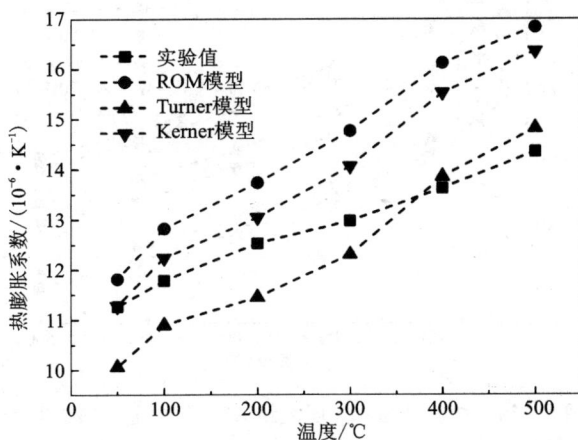

图 5 - 13　快速凝固 - 热压烧结 Al - 50% Si
合金热膨胀系数的实验值与预测值

5.4.2　热导率

固体材料中质点只能在其平衡位置附近做微小振动,不能如气体分子那样做自由运动,因此不能通过直接碰撞的方式进行热传导。固体中的导热主要依靠晶格振动的格波(声子)和自由电子的运动来实现。对于金属基复合材料,由于增强体一般为非金属,自由电子和声子共同起作用。当固体材料中存在温度梯度时,热量会自动从温度高的一端传向温度低的一端，这种现象称为热传导。热导率的主要影响因素包括：各组元的热导率，增强体的体积分数、尺寸和形貌，孔隙率，杂质以及界面热阻等。电子封装材料的热导率越高，对降低电子器件工作温度的作用越有效，从而可以避免因过热或热循环引起器件热疲劳失效。下面以快速凝固－热压烧结 Al－Si 合金为例进行讨论，并与喷射沉积－热压烧结试样的热导率进行对比。

图 5－14 所示为快速凝固－热压烧结不同 Si 含量 Al－Si 合金比热扩散率随温度的变化规律。从图 5－14 可以看出，Al－Si 合金比热扩散率随着 Si 含量增加或温度升高而逐渐下降。热扩散率也称为导温系数，其物理意义与不稳定导热过程有关，不稳定导热过程是物体既有热量传导变化也有温度变化，热扩散率正是把两者联系起来的物理量，它表示温度变化的速度。在相同条件下，材料的热扩散率越大，各处的温差就越小。

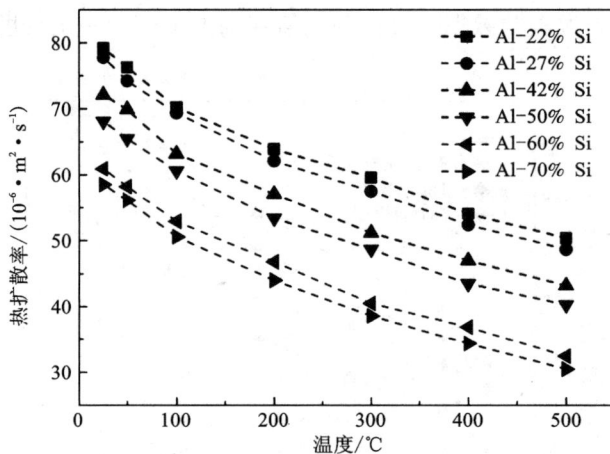

图 5－14　快速凝固－热压烧结 Al－Si 合金的热扩散率

图 5－15 所示为快速凝固－热压烧结不同 Si 含量 Al－Si 合金热容随温度升高的变化规律。从图 5－15 可以看出，Al－Si 合金的热容随着 Si 含量增大或温度下降而逐渐降低。根据固体热容理论，材料比热容与其晶格振动有关。晶格振动是在弹性范围内随原子的不断交替而聚拢或分离。原子这种运动方式具有波的形式，称为晶格波（或点阵波）。晶格振动的能量是量子化的，与电磁波的光子类似，点阵波的能量量子称为声子，晶格热振动就是热激发声子。对于金属及合金材料，由于其内部存在大量自由电子，自由电子对材料热容的贡献很大，因此 Al－Si 合金的热容随着温度升高而逐渐增大。

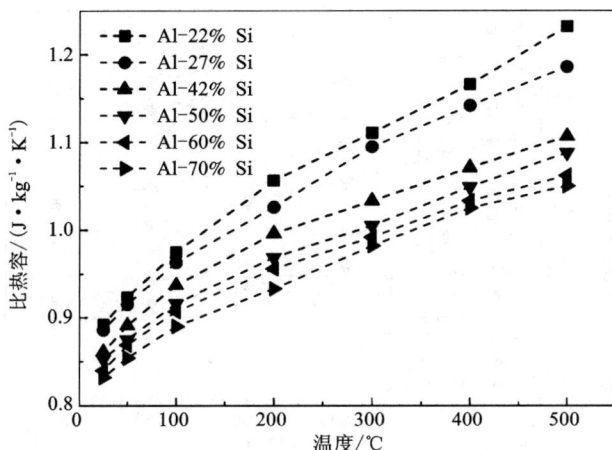

图 5 – 15　快速凝固 – 热压烧结不同 Si 含量 Al – Si 合金的比热容

已知不同 Si 含量 Al – Si 合金的热扩散率和热容，根据式(5 – 1)可以得到合金热导率与 Si 含量和温度的关系，结果如图 5 – 16 所示。从图 5 – 16 可以看出，在相同温度下，快速凝固 – 热压烧结 Al – Si 合金热导率随着 Si 含量增加而逐渐下降。这是由于 Al 基体相对 Si 相具有较高的热导性能，随着 Si 含量增加，Al 基体的体积分数逐渐减少从而导致合金热导率下降。同时，Al – Si 合金的热导率随着温度升高而逐渐下降。

在金属基复合材料中，基体金属或合金主要通过自由电子传递热量；增强体一般为非金属，主要通过声子传递热量。因此，复合材料中自由电子和声子对热传导共同起作用；同时，增强体的加入使材料中引入大量界面，基体与增强体之间的界面对自由电子和声子运动具有一定的散射作用，阻碍热传导的进行，从而降低热导率[179, 180]；另外，由于基体与增强体的热膨胀系数不匹配，界面附近的应力场也可能对材料的热导率起阻碍作用。

Hasselman 和 Johnson[181]考虑界面热阻对复合材料热导性能的影响，提出预测金属基复合材料热导率的 EMA(Effective medium approximations)方法，其表达式为：

$$\lambda_c = \lambda_m \frac{2V_p \left(\dfrac{\lambda_p}{\lambda_m} - \dfrac{\lambda_p R_c}{r} - 1 \right) + \dfrac{\lambda_p}{\lambda_m} + 2\dfrac{\lambda_p R_c}{r} + 2}{V_p \left(1 - \dfrac{\lambda_p}{\lambda_m} + \dfrac{\lambda_p R_c}{r} \right) + \dfrac{\lambda_p}{\lambda_m} + 2\dfrac{\lambda_p R_c}{r} + 2} \qquad (5 - 9)$$

式中，λ 为复合材料界面热导[W/(m · K)]，h 为复合材料界面热导[W/(m² · K)]，r 为增强体颗粒半径(m)。界面热阻是由于两相之间的物理性能差异、机械

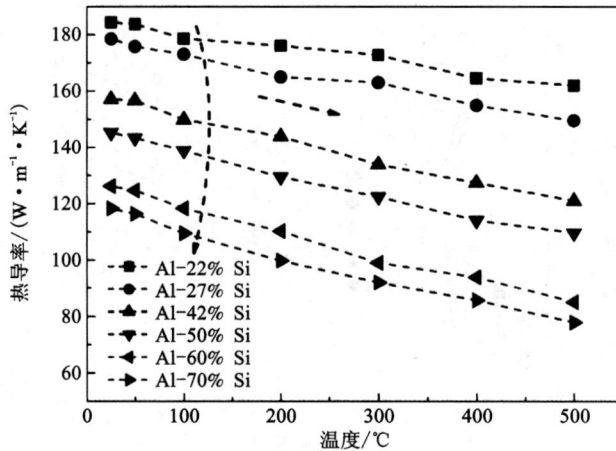

图 5 – 16   快速凝固 – 热压烧结不同 Si 含量 Al – Si 合金的热导率

或化学结合上的缺陷以及热膨胀系数不匹配引起的，界面热阻的倒数即为界面热导。

根据式(5 – 9)可以获得两个理论上的热导率极限值：当增强体颗粒尺寸 $d →$ 0 时，相当于 Al 基体中存在很多细小的孔洞，由于空气的导热性能很差，孔洞的存在将大大降低复合材料的热导率，因此这种情况下复合材料的热导率最低。由式(5 – 9)可以得出：

$$\lambda_c = \lambda_m \frac{1 - V_p}{1 + 0.5 V_p} \qquad (5 – 10)$$

当增强体颗粒尺寸 $d → \infty$ 时，这与 Maxwell 模型的表达式一样，相当于不考虑界面热阻对复合材料热导率的影响，此时复合材料具有最高热导性能。因此，式(5 – 9)可以简化为

$$\lambda_c = \lambda_m \frac{2 V_p \left(\frac{\lambda_p}{\lambda_m} - 1 \right) + \frac{\lambda_p}{\lambda_m} + 2}{V_p \left(1 - \frac{\lambda_p}{\lambda_m} \right) + \frac{\lambda_p}{\lambda_m} + 2} \qquad (5 – 11)$$

以上这两种情况属于理论上的最小和最大极限值，因此，材料的实际热导率介于这两个极限值之间，且随着增强体颗粒尺寸增大而升高。

复合材料界面热阻可以根据声学失配模型(Acoustic mismatch model, AMM)获得，其表达式为：

$$R_c = \frac{2 \left(\rho_m D_m + \rho_p D_p \right)^2}{C_m \rho_m^2 D_m^2 \rho_p D_p} \left(\frac{D_p}{D_m} \right)^2 \qquad (5 – 12)$$

式中，ρ 为密度（kg/m³），C 为比热容[J/(kg·K)]，D 为德拜速率（m/s）。德拜速率可根据下式计算：

$$D = \sqrt{G/\rho} \qquad\qquad (5 - 13)$$

图 5 – 17 所示为采用 Hasselman-Johnson（H – J）模型和 ROM 模型计算得到的 Al – Si 合金热导率与实验数据（快速凝固 – 热压烧结试样）的对比。从图 5 – 17 可以看出，喷射沉积 Al – Si 合金的热导率明显高于快速凝固 – 粉末冶金试样，且这种趋势随着 Si 含量增加而更加显著。根据图 5 – 4 和图 5 – 5 可知，网络状结构的 Si 相有利于提高合金的热导率；另外，粉末冶金产品的氧含量高于喷射沉积试样，这也将导致合金的热导率下降。由于 Al 与 Si 之间的界面热阻[3.4 × 10⁻⁹ (m²·K)/W]，合金热导率低于理论预测值，特别是根据复合材料混合定律得到的计算值。由于 Hasselman-Johnson 模型是基于 Maxwell 模型建立起来的，只有当增强体之间的距离足够大而可以忽略增强体之间温度场的相互作用时才能较好地预测复合材料的热导率，因此此模型只适用于较低体积分数的金属基复合材料。这就可以解释在本文中，低体积分数的 Al – 22% Si 和 Al – 27% Si 合金的实验数据与模型计算结果比较一致，而随着 Si 含量增加，理论值与实验值的偏差越来越大的现象。产生偏差的另一个主要原因应该是 Si 相形貌随着 Si 含量增加而趋于形成网络状结构，这与假设的球形存在的偏差较大且表面积增大，从而导致散射作用增强，故 Al – Si 合金的实际热导率较低。因此，不考虑 Si 相尺寸的 H – J(2) 模型可以较好地预测合金的热导，而考虑 Si 相尺寸的 H – J(1) 模型只能预测低 Si 含量的合金。

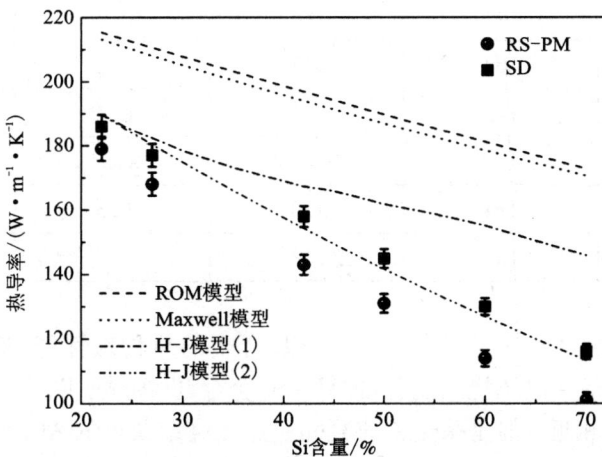

图 5 –17　不同 Si 含量 Al –50%Si 合金热导率的实验值与预测值

表 5 - 3 所示为分别采用快速凝固 - 热压烧结和喷射沉积 - 热压烧结制备的不同 Si 含量 Al - Si 合金的热导率和热膨胀系数。从表 5 - 3 可以看出，Al - Si 合金具有良好的热物理性能，且可以通过控制 Si 含量获得不同热物理性能的电子封装材料。两者进行比较可知，采用喷射沉积 - 热压烧结制备的 Al - Si 合金具有相对较高的热导率，而且当 Si 含量高于 50% 时，合金具有相对较低的热膨胀系数。根据两种制备工艺获得的显微组织特征和各自的工艺特点，产生合金热导率差异的原因主要包括：①快速凝固 - 热压烧结试样具有相对较高的氧含量，含氧化合物对自由电子和声子起到散射作用从而导致热导率下降；②快速凝固 - 热压烧结试样显微组织中 Si 相之间的缠结程度较低，Si 颗粒具有较高的比表面面积，这就增加了 Al - Si 合金的界面热阻，从而降低了合金的热导率；③快速凝固 - 热压烧结试样中，粉末颗粒之间通过固态扩散而相互黏结，其结合强度受到一定限制，这也将在很大程度上降低合金的热导率；④喷射沉积过程 Al 基体通过残留的液相在热作用下生长，且喷射沉积过程的凝固速率相对较低，因此较大的 Al 基体晶粒度可能有利于提高热导率。而 Al - Si 合金的两种制备工艺在热膨胀行为上的差异应该主要来自 Si 相形貌和尺寸的差别，而这也正是热膨胀系数差异在 Si 含量较高的合金中更加明显的主要原因。

表 5 - 3 快速凝固 - 热压烧结和喷射沉积 - 热压烧结 Al - Si 合金的热物理性能

成分	热导率 /($W \cdot m^{-1} \cdot K^{-1}$)		热膨胀系数 /($10^{-6} \cdot K^{-1}$)($25 \sim 250℃$)	
	RS - PM	SD	RS - PM	SD
Al - 22% Si	179	186	18.9	18.9
Al - 27% Si	168	177	17.3	17.2
Al - 42% Si	143	162	13.2	13.1
Al - 50% Si	131	147	11.5	11.2
Al - 60% Si	114	130	9.3	8.9
Al - 70% Si	101	118	7.6	7.2

另外，将本文 Al - Si 合金与 Osprey CE 合金的热物理性能（表 5 - 4）对比可知，采用喷射沉积 - 热压烧结制得的 Al - Si 合金与 Osprey 同成分合金在热导率和热膨胀系数上相近，但是采用快速凝固 - 热压烧结获得的 Al - Si 合金在热导率上稍低于 Osprey 的同类合金。

表 5 – 4　Osprey 金属公司 CE 合金的热导率和热膨胀系数

成分	热导率 /(W·m^{-1}·K^{-1})	热膨胀系数/(10^{-6}·K^{-1}) (25～100℃)
Al – 22% Si	—	—
Al – 27% Si	177	16.0
Al – 42% Si	160	12.8
Al – 50% Si	149	11.0
Al – 60% Si	129	9.0
Al – 70% Si	120	7.4

5.5　力学性能

虽然电子封装材料的主要性能参数是热导率和热膨胀系数，但是对其力学性能也有一定要求，以保证能够对电子器件起到足够的机械支撑和保护作用。因此，如何在保证材料优异的热物理性能的同时提高其力学性能也是发展新型电子封装材料的重点之一[182]。材料的力学性能主要包括拉伸强度、屈服强度、弹性模量、延伸率、抗弯强度、断裂韧性和硬度。由于 Al – Si 合金属于脆性材料，本节主要考察室温拉伸强度、弹性模量、延伸率、三点抗弯强度和布氏硬度。

5.5.1　拉伸性能

图 5 – 18 所示为快速凝固 – 热压烧结不同 Si 含量 Al – Si 合金的室温拉伸流变应力曲线。从图 5 – 18 可以看出，Al – Si 合金 Si 含量对其流变应力特征的影响十分明显。随着 Si 含量增加，抗拉强度呈现先增加后减小的趋势；但其延伸率一直下降。根据图 5 – 18，Al – Si 合金的流变应力特征大致可以分为以下三种：一是 Si 含量较低的 Al – 22% Si 和 Al – 27% Si 合金，其拉伸强度相对较低，但是延伸率相对较高，即表现出一定的塑性变形特征；二是 Si 含量居中的 Al – 42% Si 和 Al – 50% Si合金，其拉伸强度较高，但是延伸率很低，没有明显的塑性变形特征；三是 Si 含量很高的 Al – 60% Si 和 Al – 70% Si 合金，其拉伸强度相对第二种情况有所降低且基本没有塑性变形特征，即几乎没有延伸率。喷射沉积 – 热压烧结 Al – Si合金具有相似的流变应力特征，但是其延伸率相对较高，而强度则相对较低。

图 5 – 19 所示为快速凝固 – 热压烧结和喷射沉积 – 热压烧结不同 Si 含量 Al – Si 合金的平均拉伸强度。对于快速凝固 – 热压烧结试样，从图 5 – 19 可以看

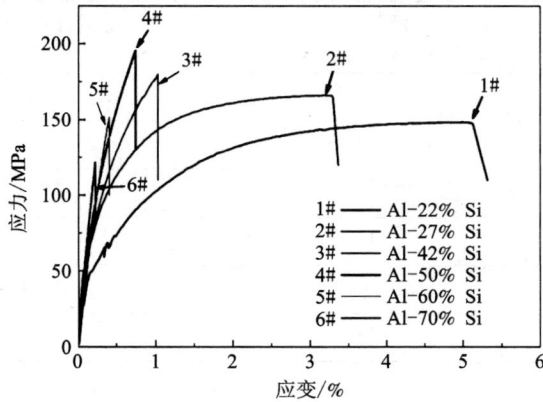

图 5 – 18　快速凝固 – 热压烧结不同 Si 含量 Al – Si 合金的拉伸流变应力曲线

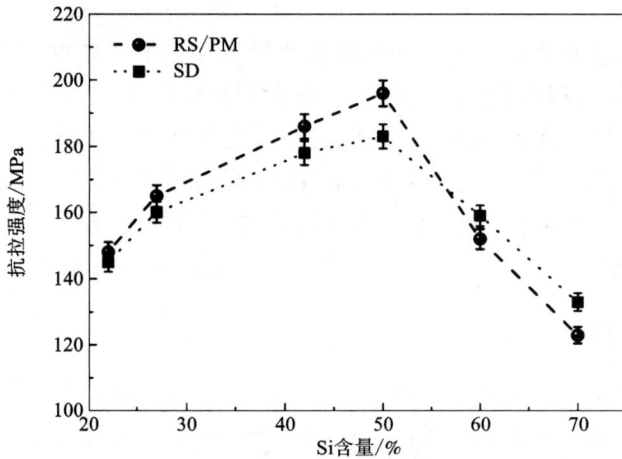

图 5 – 19　快速凝固 – 热压烧结和喷射沉积 – 热压烧结 Al – Si 合金的拉伸强度

出，随着 Si 含量从 22% 增加至 50%，拉伸强度逐渐上升，从 148 MPa 上升至 196 MPa，增幅达 32.4%；当 Si 含量继续增加，拉伸强度反而急剧下降，Al – 60% Si 和 Al – 70% Si 合金的拉伸强度分别仅为 172 MPa 和 153 MPa，较 Al – 50% Si 合金分别下降 12.2% 和 21.9%。由于 Si 相为脆性相，从合金显微组织（图 5 – 4 和图 5 – 5）可知，当 Si 含量较低时，显微组织中 Si 相呈独立分布且尺寸较为细小，Si 含量增加对合金起到强化作用。但是，随着 Si 含量继续增大，Si 相开始发生聚集长大并形成三维网络状结构，特别是当 Si 含量达到 60% 和 70% 时，显微组织中 Al 基体体积分数很少，对合金强度起主要决定作用的是 Si 相强度；Si 相粒尺寸随着 Si 含量增加而增大，大尺寸颗粒的应力集中较为严重，Si 相容易优先开裂而导致拉伸强度下降。另外，Si 相尺寸较大时，其表面和内部存在的缺陷也就更多，这些缺陷将在应力作用下成为断裂的裂纹源，造成大尺寸颗粒的优先断裂，这也将导致拉伸强度下降。

对于喷射沉积 – 热压烧结 Al – Si 合金，从图 5 – 19 可以看出，Si 含量对其拉伸强度的影响与快速凝固 – 热压烧结试样相似，在 Si 含量为 50% 时，拉伸强度达到最大值。当 Si 含量较低时，相对于快速凝固 – 热压烧结试样，喷射沉积 – 热压烧结试样的拉伸强度相对较低；但是当 Si 含量达到 60% 和 70% 时，喷射沉积 – 热压烧结试样的拉伸强度比快速凝固 – 热压烧结试样高。喷射沉积 – 热压烧结试样具有较低的拉伸强度可能归因于其较为粗大的基体显微组织和较低的氧含量；另外，比较严重的 Si 相相互缠结可能也是其强度较低的原因之一。喷射沉积 – 热压烧结 Al – 60% Si 和 Al – 70% Si 合金相对较高的拉伸强度应该归因于其较好的结合强度，而快速凝固 – 热压烧结工艺在固态时很难在如此高的 Si 含量条件下，获得结合良好的结合强度。但是，由于 Si 相之间更加严重的相互缠结，拉伸强度相对 Al – 50% Si 合金还是有所下降。

Voigt-Reuss 模型可以用于计算两相复合材料的弹性模量上限和下限的理论值[183]。该模型认为材料的弹性模量为各组元弹性模量的加权平均值，即符合混合定律：

$$E_c = E_m V_m + E_p V_p \qquad (5-14)$$

式中，E 为弹性模量，下标 c、m 和 p 分别表示复合材料、基体和增强体颗粒。

Reuss 模型假设复合材料中的各组元受均匀应力的作用，弹性模量可表达为：

$$E_c = (V_m/E_m + V_p/E_p)^{-1} \qquad (5-15)$$

Hashin-Shtrikman 模型[184]将复合材料假设为增强体颗粒随机分布于连续分布的基体中，其预测值介于上限和下限之间：

$$E_c = E_m \cdot \frac{E_m V_m + E_p (V_p + 1)}{E_p V_m + E_m (V_p + 1)} \qquad (5-16)$$

图 5 – 20 所示为快速凝固 – 热压烧结和喷射沉积 – 热压烧结不同 Si 含量 Al – Si 合金的弹性模量实验值和理论计算结果对比。从图 5 – 20 可以看出，Al – Si 合金的弹性模量均随着 Si 含量增加而不断上升，分别从 81.6 GPa 增大至 119.1 GPa 和从 80.3 GPa 增大至 120.5 GPa，增幅达 49.0% 和 50.1%。实验值介于 Hashin-Shtrikman 模型和 Reuss 模型的预测值之间。由于 Voigt-Reuss 模型将材料假设为一种交替排列的层状结构，而 Al – Si 合金的显微组织（图 5 – 4 和图 5 – 5）与这种假设存在较大差异，故该模型只能给出弹性模量的大致范围。Hashin-Shtrikman 模型则将材料假设为连续、均匀的基体中分布着孤立的增强相，这与 Al – Si 合金的实际显微组织比较接近，因此该模型的计算结果与实验值比较接近。

由于材料的弹性模量对显微组织不敏感，随着 Si 含量增加，Al – Si 合金强度降低而弹性模量则不断上升。从图 5 – 20 还可以看出，快速凝固 – 热压烧结和喷射沉积 – 热压烧结 Al – Si 的弹性模量比较接近。

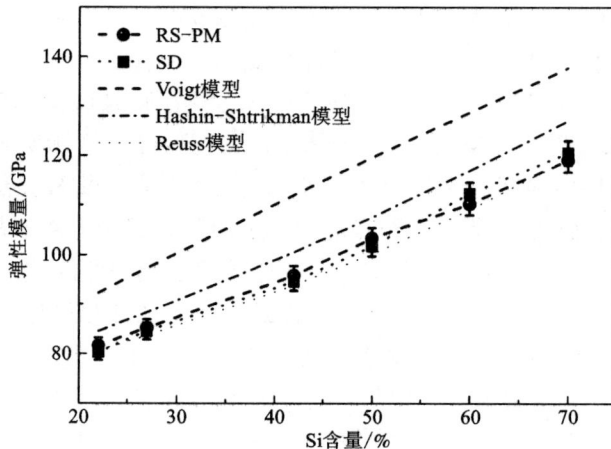

图 5 – 20　不同 Si 含量 Al – Si 合金弹性模量的实验值和预测值

图 5 – 21 所示为快速凝固 – 热压烧结和喷射沉积 – 热压烧结不同 Si 含量 Al – Si 合金的延伸率。从图 5 – 21 可以看出，Al – Si 合金延伸率均随着 Si 含量增加而急剧下降，Al – 22% Si 和 Al – 27% Si 合金的延伸率均大于 2.0%。由于合金中 Si 颗粒为脆性相，因此 Al – Si 合金的延伸率随着 Si 含量增加逐渐下降。Al – 42% Si 和 Al – 50% Si 合金的延伸率均小于 1.0%，而 Al – 60% Si 和 Al – 70% Si 合金的延伸率几乎为零而难以测得。另外，从图 5 – 21 还可以看出，喷射沉积 – 热压烧结试样具有相对较高的延伸率，但是延伸率的差别不超过 5.0%。

5.5.2　抗弯强度和布氏硬度

图 5 – 22 所示为快速凝固 – 热压烧结和喷射沉积 – 热压烧结不同 Si 含量 Al – Si 合金的三点抗弯强度。从图 5 – 22 可以看出，随着 Si 含量增加，Al – Si 合金抗弯强度均呈先上升后下降的趋势，这与拉伸强度的变化趋势相似。快速凝固 – 热压烧结和喷射沉积 – 热压烧结试样的抗弯强度分别从 Al – 22% Si 合金的 188 MPa 和 186 MPa 上升至 Al – 50% Si 合金的 312 MPa 和 304 MPa，增幅达 66.0% 和 63.4%；当继续增加 Si 含量时，抗弯强度反而急剧下降，Al – 60% Si 的抗弯强度分别 270 MPa 和 286 MPa，相较 Al – 50% Si 合金分别下降了 13.5% 和 5.9%，而 Al – 70% Si 合金的抗弯强度分别仅为 217 MPa 和 233 MPa，相较 Al – 50% Si 合金分别下降了 30.4% 和 23.3%。

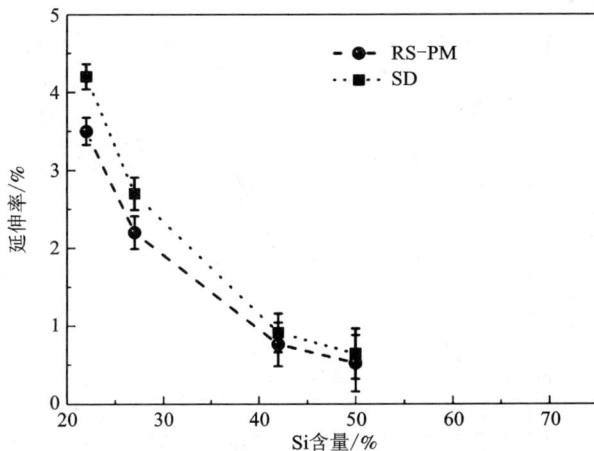

图 5-21　快速凝固-热压烧结和喷射沉积-热压烧结 Al-Si 合金的延伸率

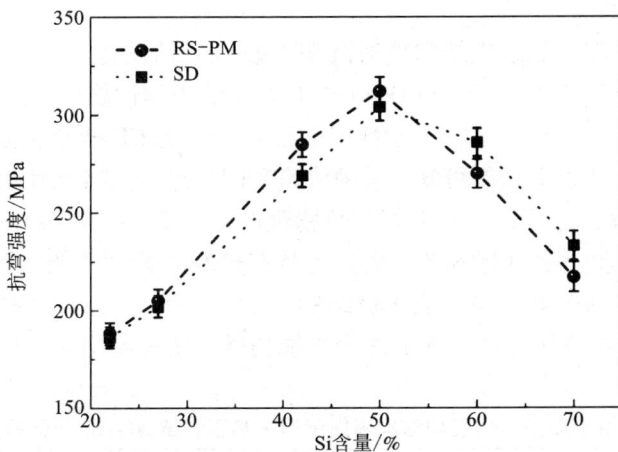

图 5-22　快速凝固-热压烧结和喷射沉积-热压烧结 Al-Si 合金的抗弯强度

　　图 5-23 所示为快速凝固-热压烧结和喷射沉积-热压烧结不同 Si 含量 Al-Si 合金的布氏硬度。从图 5-23 可以看出，随着 Si 含量增加，Al-Si 合金的布氏硬度均逐渐上升。这是由于随着 Si 含量增加，显微组织中硬质相颗粒（Si 相）不断增多且 Si 颗粒之间的间距逐渐减小，从而导致合金的硬度不断升高；另外，由于热膨胀不匹配而在基体中产生的位错等缺陷可能也随着 Si 含量增加而提高，从而提高材料的硬度。由于喷射沉积-热压烧结试样中 Si 相之间相互缠结比较厉害，Si 颗粒之间的距离相对较大，因此其硬度相对较低，特别是在 Si 含量较高的情况下硬度更低。

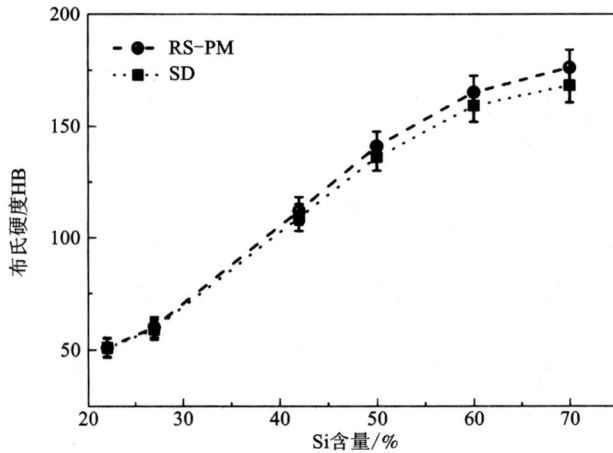

图 5 – 23 不同 Si 含量 Al – Si 合金的布氏硬度

采用快速凝固 – 热压烧结和喷射沉积 – 热压烧结制得的不同 Si 含量 Al – Si 合金的力学性能列于表 5 – 5，与 Osprey CE 合金的力学性能（表 5 – 6）对比可以看出，本文制得的 Al – Si 合金在力学性能上与 Osprey 的 CE 合金相当，特别是 Si 含量较高的合金。从以上结果可知，采用快速凝固 – 热压烧结和喷射沉积 – 热压烧结制备的 Al – Si 合金不仅具有良好的热物理性能，其数值与 Osprey 金属公司[185] 采用喷射沉积 – 热等静压的相当，而且还具有较好的力学性能。因此，采用快速凝固 – 热压烧结和喷射沉积 – 热压烧结制备的 Al – Si 合金可以符合电子封装的要求，喷射沉积 – 热压烧结试样的综合性能稍优于快速凝固 – 热压烧结试样。

表 5 – 5 快速凝固 – 热压烧结和喷射沉积 – 热压烧结 Al – Si 合金的力学性能

成分	抗拉强度 /MPa		弹性模数 /GPa		抗弯强度 /MPa		布氏硬度 HB	
	RS – PM	SF	RS – PM	SF	RS – PM	SF	RS – PM	SF
Al – 22% Si	148	145	81.6	80.3	188	186	51	51
Al – 27% Si	165	160	85.2	84.5	205	202	60	59
Al – 42% Si	186	178	95.8	94.6	285	269	112	109
Al – 50% Si	196	183	103.3	101.7	312	304	141	136
Al – 60% Si	152	159	110.2	112.3	270	286	165	159
Al – 70% Si	123	133	119.1	120.5	217	233	176	168

表 5 – 6　Osprey 金属公司 CE 合金的主要力学性能

成分	抗拉强度/MPa	弹性模数/GPa	抗弯强度/MPa
Al – 22% Si	—	—	—
Al – 27% Si	236	92	210
Al – 42% Si	176	107	213
Al – 50% Si	138	121	172
Al – 60% Si	134	124	140
Al – 70% Si	100	129	143

5.5.3　断口形貌

图 5 – 24 所示为快速凝固 – 热压烧结不同 Si 含量 Al – Si 合金的拉伸断口形貌。从图 5 – 24 可以看出，虽然 6 种成分 Al – Si 合金的 Si 含量相差较大，但是各成分合金的断裂方式均主要为脆性断裂，在 Al 基体中存在明显的韧性断裂特征（韧窝），但随着 Si 含量增加韧窝不断减少。这种现象也可以从图 5 – 18 拉伸流变应力曲线和图 5 – 21 中不同 Si 含量的合金的塑性变形量看出。图 5 – 24 中颜色较深的为 Si 相，呈明显的穿晶脆性断裂特征，断裂面比较光滑、平整；而颜色较浅的为 Al 基体，呈显著的韧性断裂特征，断面有尺寸不一的韧窝。Al – Si 合金断裂面比较平坦且基本垂直于拉伸方向。另外，未观察到 Al 基体与 Si 相界面的剥离或 Si 颗粒脱落现象，这说明合金中 Al 与 Si 的界面结合强度较高。因此，Al – Si 合金是以脆性断裂为主、塑性断裂为辅的综合断裂方式，即典型的金属基复合材料的断裂方式；随着 Si 含量增加，脆性断裂特征更加明显。喷射沉积 – 热压烧结 Al – Si 合金具有相似的拉伸断口形貌，由于合金中颗粒的结合强度相对较高，因此相同成分合金相对快速凝固 – 热压烧结试样具有相对比较明显的韧性断裂特征。

通过对 Al – Si 合金断口的分析可知，合金在拉伸应力作用下裂纹萌生的方式主要有两种：一种是裂纹产生于 Si 相内部，在拉伸应力作用下迅速传播。当裂纹扩展至 Si 相与 Al 基体界面时，在 Al 基体上产生剪切应力，当该应力超过 Al 基体强度就会撕裂基体，从而在基体上产生裂纹，然后裂纹在基体中扩展并贯穿基体进入 Si 相内继续传播。另一种是裂纹产生于 Si 相和 Al 基体界面处，在热压冷却过程中由于 Al 基体与 Si 相的热膨胀差异，将在界面处产生一定的应力集中；在拉伸应力作用下裂纹产生于界面处并沿晶界扩展，当遇到 Si 相时裂纹进入 Si 相内部传播，之后裂纹的扩展方式与上述裂纹扩展方式相同。裂纹没有在 Al 基体

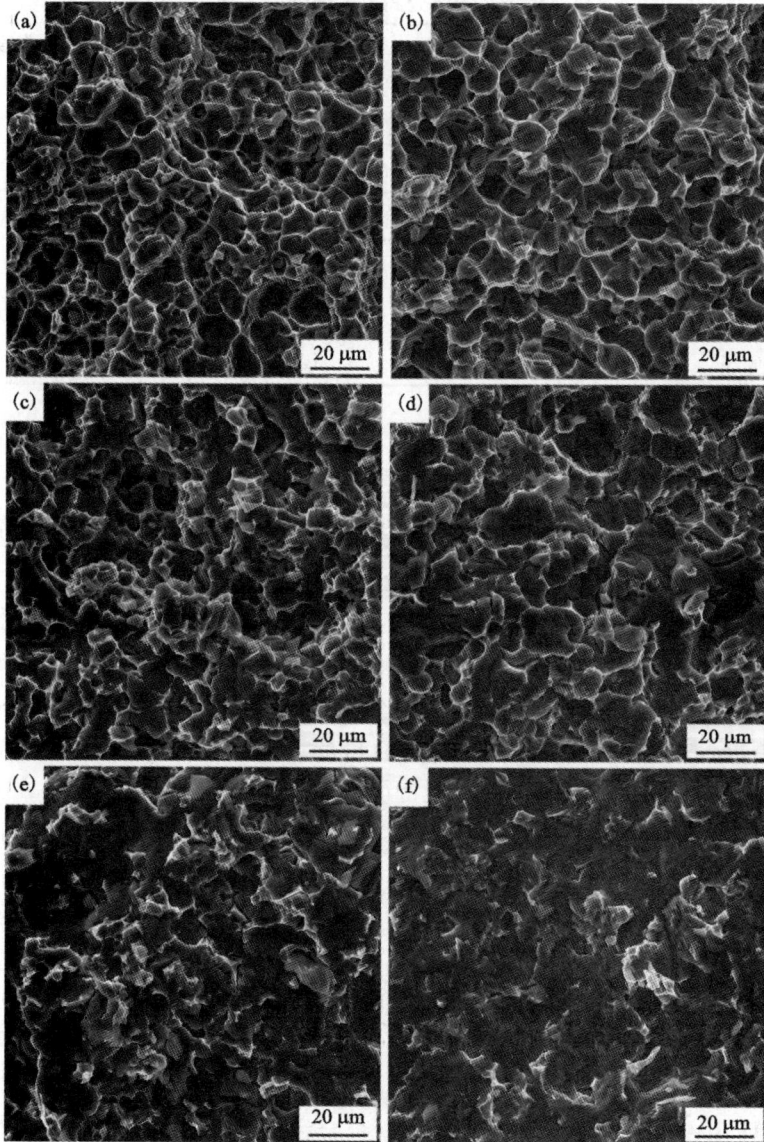

图 5 – 24　快速凝固 – 热压烧结 Al – Si 合金的拉伸断口形貌

（a）Al – 22% Si；（b）Al – 27% Si；（c）Al – 42% Si；（d）Al – 50% Si；（e）Al – 60% Si；（f）Al – 70% Si

中萌生的主要原因是 Al – Si 合金以脆性断裂为主，Al 基体在拉伸应力作用下还没有发生充分的塑性变形，裂纹就已在上述两个部位产生并快速扩展而导致材料产生宏观裂纹而断裂，因此 Al 基体中产生的韧窝不是很明显，拉伸断面基本垂直于拉伸方向。

5.6　本章小结

　　本章研究快速凝固 – 热压烧结和喷射沉积 – 热压烧结 Al – Si 系列合金的显微组织和性能。采用扫描电子显微镜、X 射线衍射仪和透射电子显微镜观察不同 Si 含量 Al – Si 合金的显微组织、物相结构和界面结构，结合图像分析软件探讨 Si 相尺寸的变化，研究 Al – Si 合金的热导率、热膨胀系数、拉伸强度、抗弯强度等性能，并分析制备工艺对合金显微组织、性能和断裂方式的影响。结果表明：

　　(1) 采用快速凝固 – 热压烧结和喷射沉积 – 热压烧结工艺，可以获得显微组织细小、均匀且致密的 Al – Si 合金。显微组织中，Si 相尺寸随着 Si 含量增加而逐渐增大，当 Si 含量低于 42% 时，Si 相呈近球形并独立分布；但 Si 含量达到 50% 时，Si 相形成三维网络状结构且表面光滑，而喷射沉积合金中更为明显。X 射线衍射和透射电子显微镜检测结果表明，材料中 Al 与 Si 界面结合良好，没有其他界面反应产物。

　　(2) 两种制备工艺获得的 Al – Si 合金的密度均接近或达到理论密度。合金热膨胀系数随 Si 含量增加而逐渐下降，而随温度升高而逐渐上升，但上升幅度不断下降。合金热导率随 Si 含量增加而逐渐下降，同时随温度升高而不断下降。喷射沉积 – 热压烧结试样的热导率高于快速凝固 – 热压烧结试样。通过对比模型计算结果与实验数据发现，Kerner 模型可以较好地预测合金的热膨胀系数，而 Hasselman-Johnson 模型可以对低 Si 含量合金的热导率进行较好的预测。

　　(3) 两种制备工艺获得的 Al – Si 合金的拉伸强度和抗弯强度均随 Si 含量增加而先增大后减小，在 Si 含量为 50% 时达到最大值，但超过 50% 后快速凝固 – 热压烧结试样的下降幅度较大；而弹性模量和硬度则随 Si 含量增加而逐渐增大，合金弹性模量实验值介于 Hashin-Shtrikman 模型和 Reuss 模型的预测值之间。当 Si 含量低于 50% 时，快速凝固 – 热压烧结试样的力学性能稍高于喷射沉积 – 热压烧结试样；而当 Si 含量超过 50% 时则相反。

　　(4) 从断口形貌可以发现 Al – Si 合金为脆性断裂；在 Al 基体中存在韧性断裂特征，但随 Si 含量增加韧窝数量不断减少。Si 相呈明显的穿晶脆性断裂，断裂面比较光滑，合金断裂面比较平坦且基本垂直于拉伸方向。因此，Al – Si 合金是以脆性断裂为主、塑性断裂为辅的综合断裂方式，即典型复合材料的断裂方式。

第6章 Al – Si 合金的热循环行为

6.1 前言

由于电子器件的发热，特别是大功率电子器件，电子封装材料在实际应用场合将不可避免地面临热循环的问题。对热循环疲劳特性的研究指出，反复加热和冷却会导致基体硬质相破裂，同时也会促进增强体与基体的界面剥离而生成裂纹，这两种情形的发生将会导致材料强度降低以及加速材料破坏等现象[186, 187]。电子封装体系的可靠性是以评价系统抵抗功能退化的能力来体现的；其中，电子封装材料的可靠性是整个封装体系可靠性的基础[73]。在高集成度、高频率和大功率电子器件中，电子元件工作时产生的热量会导致周围温度瞬间达到200℃以上。电子封装材料的主要功能之一便是在如此高的温度下，将封装体系的热量迅速释放出去，以保证封装体系的正常工作；而要保证可靠地发挥这一功能，封装材料本身除必须具有较高的热导率之外，还需要在工作过程中始终保持热性能符合设计要求。对电子封装可靠性的研究发现，经过一定热循环后，材料的性能不能回到初始值，即有一个明显的退化。Parry 等[188]的研究指出，大多数封装体系损坏的主要原因并不是静态高温，而是由于温度梯度、温度循环振幅或温度变化速率，即热疲劳（Thermal fatigue）。热循环（Thermal cycling）的基本特征是循环加热和冷却。由于材料内部组织和性能的差异，材料自由膨胀或收缩受到约束，内部将因变形受阻而产生热应力；热应力随着温度的循环变化而不断累积，从而引起材料性能逐渐退化，最终导致热疲劳失效。传统的可靠性是以内应力产生的裂纹或断裂作为失效判据；但是在出现裂纹之前，力学和热物理性能的退化可能导致封装材料不能够满足系统正常工作的要求，因此有必要研究电子封装材料在热循环过程的性能稳定性。

由于 Al – 50% Si 合金的热导率较高、热膨胀系数与传统半导体材料相匹配，且具有一定的强度，非常符合现代电子器件的使用要求。本章以快速凝固 – 热压烧结 Al – 50% Si 合金为研究对象，首先分析环境温度对合金力学性能的影响，然后研究不同热循环条件下合金的显微组织、热物理性能和力学性能的演变，同时分析 Al – Si 合金在热循环过程的破坏机制。

6.2　实验过程

　　采用快速凝固 – 热压烧结工艺制备 Al – 50% Si 合金，Al – Si 合金粉末的制备同2.2.1，热压烧结过程同 5.2.1。

　　采用加工好的拉伸、抗弯、热膨胀和热导率试样进行热循环实验，热循环过程如图 6 – 1 所示。电阻炉温度达到预设温度时，将拉伸试样置于炉中持续加热 3 min，之后将试样迅速浸入室温的水中进行淬火，反复进行这一过程达一定次数。热循环保温温度分别为 200℃、

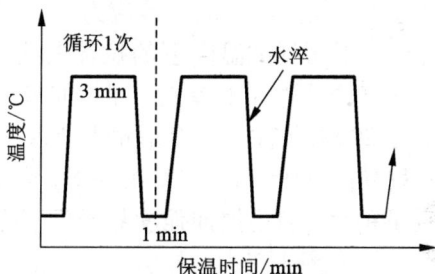

图 6 – 1　Al – 50% Si 合金试样的热循环示意图

250℃ 和 300℃，循环次数分别为 100 次、200 次、400 次和 800 次。热循环后试样采用 600# 金相砂纸去除表面氧化层。

　　快速凝固 – 热压烧结 Al – 50% Si 合金采用电火花线切割和机加工获得显微组织观察和性能检测试样，每组材料至少取 3 个平行试样。采用 Quanta – 200 环境扫描电子显微镜（SEM）观察不同条件热循环后合金的显微组织和断口形貌，显微组织观察试样的制备同合金粉末（2.2.2）。采用 Tecnai G^2 20 透射电子显微镜（TEM）观察热循环后合金中的组织缺陷，试样的制备和观察同 5.2.2。

　　采用德国耐驰 NETZSCH DIL 402C 热膨胀仪测试 Al – 50% Si 合金的热膨胀系数，测试条件同 5.2.2。采用德国耐驰 NETZSCH LFA 427 激光热导仪测量 Al – 50% Si 合金的热扩散系数，然后根据式（5 – 1）计算合金的热导率，测试条件同 5.2.2。高温拉伸试样的尺寸与图 5 – 1 所示一样，但是两端带 M10 螺纹以防止试样在高温下发生打滑和夹持端发生变形。高温拉伸测试过程，试样置于拉伸万能材料试验机的加热炉中，经加热达到预设温度后保温 10 min 再进行测试。高温拉伸的温度分别为 100℃、200℃、300℃ 和 350℃ 四种温度，应力加载速率为 0.2 mm/min。采用 Instron MTS850 型电子万能材料试验机测试热循环后 Al – 50% Si 合金的拉伸强度、弹性模量和抗弯强度，试样尺寸和实验条件同 5.2.2。Al – 50% Si 合金布氏硬度测试的载荷为 7.35 kN，加载时间为 30 s，每个样品测量 3 ~ 5 次后取平均值。

6.3 高温力学性能

首先分析环境温度对快速凝固－热压烧结 Al－50％Si 合金力学性能的影响，以确定该材料稳定工作的上限温度，并为下一步对合金热循环稳定性考察的温度选择提供参考，分别在室温（RT）至350℃之间对合金的拉伸性能进行检测。Al－50％Si合金在不同温度下的拉伸应力－应变曲线如图6－2所示。从图6－2可以看出，合金在不同测试温度下的拉伸曲线发生显著改变，主要表现为拉伸强度、延伸率和应变强化作用的差别，即拉伸流变应力曲线的形状发生变化；另外，合金在室温至200℃条件下的变形量非常小，即脆性很大，但拉伸强度的变化程度比较小；只有在300℃和350℃条件下，合金才表现出一定量的塑性变形，即断裂前的应变量稍大，但是拉伸强度却严重下降。

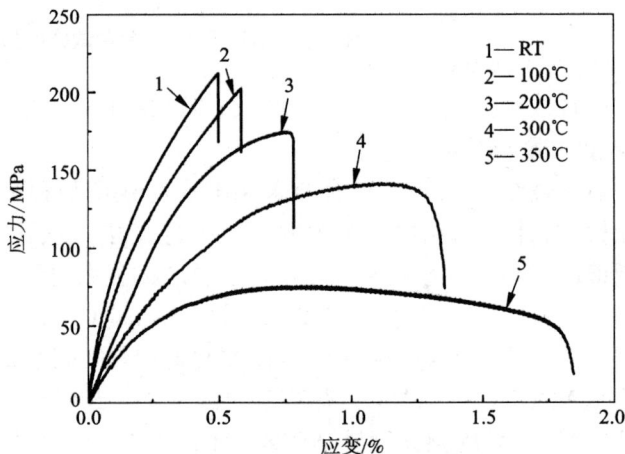

图6－2 不同温度下 Al－50％Si 合金的流变应力曲线

图6－3所示为 Al－50％Si 合金抗拉强度与温度的关系。从图6－3可以看出，Al－50％Si 合金的抗拉强度随着测试温度升高而不断下降。在较低温度条件下（100℃），抗拉强度没有明显下降，仍达到室温强度的92.9％；当温度升高到200℃和300℃时，抗拉强度分别下降至室温强度的80.2％和62.2％；而在350℃下，抗拉强度急剧下降至室温强度的34.5％。这种现象说明，Al－Si 合金的力学性能对环境温度比较敏感，特别是高温条件下。由于 Al－Si 合金中，Al 基体没有共晶 Si 相和其他化合物存在，Al 基体随温度升高而急剧软化，强度随温度升高而下降比较明显，因此 Al－Si 合金对环境温度具有较高的敏感性。

图6－4所示为 Al－50％Si 合金延伸率与温度的关系。从图6－4可以看出，

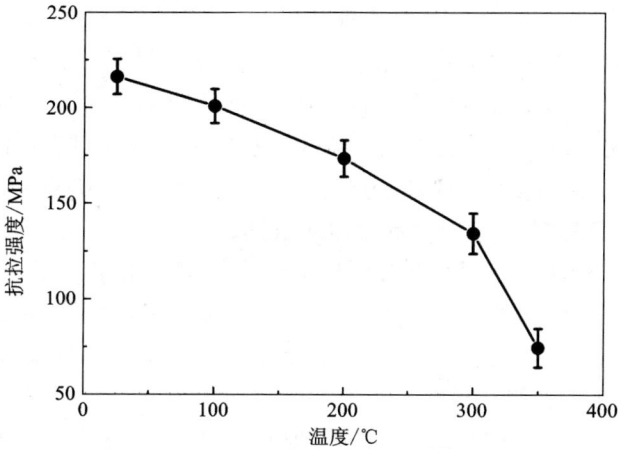

图 6 – 3　热压烧结 Al – 50%Si 合金拉伸强度与环境温度的关系

在室温和100℃条件下基本上没有延伸率可言，这也可以从图 6 – 2 中看出；当测试温度升高至200℃和300℃时，延伸率也仅为0.9%和1.6%，甚至在350℃条件下也只有2.8%。这是由于合金中的 Si 含量较高，而 Si 本身为脆性颗粒，因此延伸率很低。而高温条件下具有一定的延伸率主要是由于 Al 基体的软化，因为 Al – 50%Si 合金中 Al 基体保持相互连通。同时，从图 5 – 16 也可以看出，Si 含量对 Al – Si 合金延伸率的影响十分明显，这也证明 Al 基体对合金延伸率的影响较为显著。

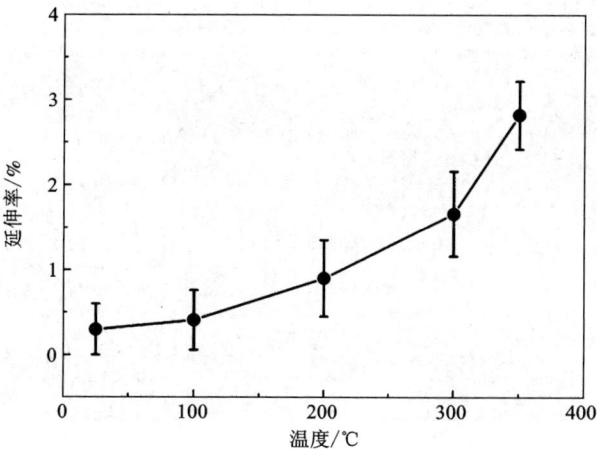

图 6 – 4　热压烧结 Al – 50%Si 合金延伸率与环境温度的关系

图 6-5 所示为 Al-50% Si 合金在不同温度下的拉伸断口形貌。从图 6-5 可以看出，Al-50% Si 合金在各温度条件下的拉伸断口均呈现脆性断裂，其断裂表面比较平坦且与拉伸方向垂直。由图 6-5(a)和(b)可知，室温条件下，合金断口主要由大量 Si 颗粒脆性断裂组成，且 Si 颗粒断面基本与拉伸方向垂直，没有发现 Si 颗粒脱落现象，说明热压烧结 Al-50% Si 合金中 Al 基体与 Si 相的界面结合强度较高，故合金具有较高的力学性能。另外，由于 Al 基体相互连通，在拉伸应力作用下，Al 基体发生塑性变形而形成韧窝。因此，Al-Si 合金在室温下的拉伸断裂主要是 Si 颗粒的脆性断裂和 Al 基体的韧性断裂。随着环境温度升高（200℃），如图 6-5(c)所示，Al 基体的断裂方式没有发生明显变化，但是 Si 颗粒的解理断裂明显减少，说明环境温度升高导致 Al 基体对 Si 颗粒的包覆作用下降，从而降低合金的拉伸强度。由图 6-5(d)可以发现，在高温条件下（350℃），Al 基体发生明显软化，其强度急剧下降，从而降低了 Al 基体与 Si 相的界面结合强度；在拉伸应力作用下，Si 颗粒与基体发生剥离甚至脱落，而 Al 基体的塑性变形特

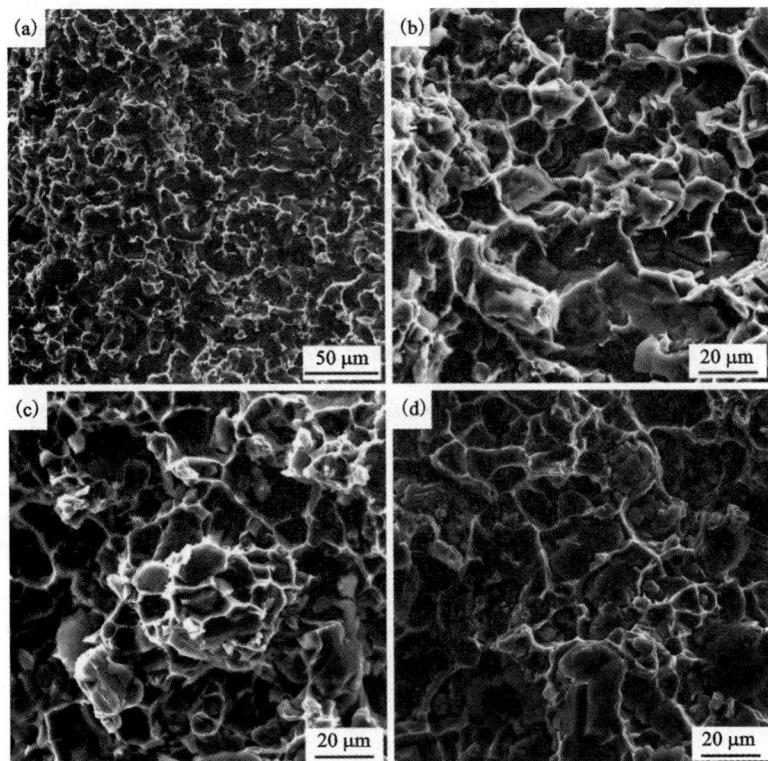

图 6-5　热压烧结 Al-50% Si 合金不同温度下拉伸断口形貌

(a, b)室温；(c)200℃；(d)350℃

征更加明显, 这正是 Al – 50% Si 合金在高温环境下强度下降和延伸率提高的原因。

6.4　热循环对热物理性能的影响

6.4.1　热膨胀系数

图 6 – 6 所示为快速凝固 – 热压烧结 Al – 50% Si 合金在不同热循环温度下, 热膨胀系数(25 ~ 250℃)随热循环周次增加的变化曲线。从图 6 – 6 可以看出, 在 200℃和 250℃热循环条件下, Al – 50% Si 合金热膨胀系数的变化不是很明显, 最大值和最小值的变化幅度仅为 0.6% ; 而在 300℃热循环条件下, 其热膨胀系数在 100 周次之后, 从原始状态的 $11.7 \times 10^{-6}/K$ 增大到 $11.8 \times 10^{-6}/K$, 增幅为 1.2% ; 之后, 随着热循环周次增加, 其热膨胀系数不断减小并趋于稳定, 减小幅度小于 0.8% 。已有的研究表明, 金属基复合材料的热循环过程会由于产生热应力而得到强化, 从而降低其热膨胀系数, 特别是在增强体含量较低的情况下; 而增强体含量较高时, 该热应力产生的强化作用不是很明显, 故对热膨胀系数的影响很小。在较低热循环温度(200℃和 250℃)下, Al – 50% Si 合金中产生的热应力有限, 其对热膨胀系数的影响很小; 另外, 合金中 Si 相含量较高, 由于实验条件等的影响, 热膨胀系数随热循环周次的增加而在一定范围内波动, 表现出较好的热循环稳定性。在较高热循环温度(300℃)下, 热应力的影响逐渐显现出来, 从而导致热膨胀系数随热循环周次增加(小于 100 周次)而表现出增加的趋势; 当热循环超过 100 周次时, 热应力通过 Si 颗粒的破碎而释放, 从而导致热膨胀系数下降。

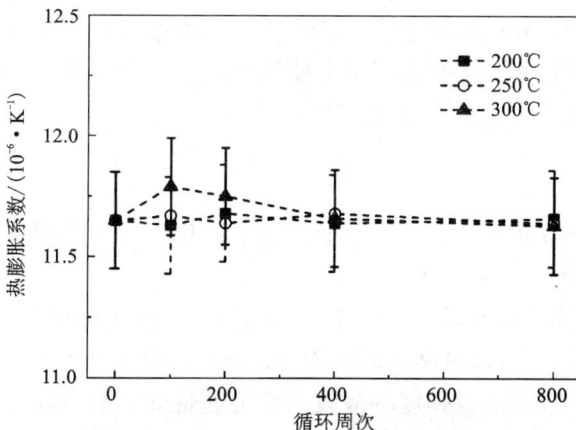

图 6 – 6　热循环过程 Al – 50% Si 合金热膨胀系数的变化

材料热膨胀系数变化是对其内部应力状态的反馈。对于金属基复合材料，由于基体与增强体的热膨胀系数相差较大，热循环过程会在材料内部产生较大热应力。热循环周次增加将导致热应力的累积，宏观上表现为热膨胀系数的变化。表6-1所示为 Al-50%Si 合金在不同热循环温度下，热膨胀系数的变化幅度。从表6-1可以看出，热循环过程对材料热膨胀系数影响不是很明显，即使是在300℃热循环条件下；而且，随着热循环周次增加，合金热膨胀系数的变化幅度还有下降的趋势。

表6-1 Al-50%Si 合金热膨胀系数在热循环过程的变化情况

温度 /℃	CTE 的变化幅度			
	100 周次	200 周次	400 周次	800 周次
200	±0.91%	±0.86%	±0.81%	±0.64%
250	±0.85%	±0.77%	±0.55%	±0.39%
300	±1.23%	±1.03%	±0.92%	±0.53%

对于电子封装材料，其所处的环境温度经常发生变化，不仅需要研究热循环过程对材料热膨胀系数的影响，而且热循环过程的尺寸稳定性也是评价材料综合性能的重要参数之一。如果材料尺寸稳定性较差，那材料将会发生变形，甚至导致封装材料的破裂失效。由于 Al-50%Si 合金的热膨胀系数较低，有利于提高其尺寸稳定性。但是，在热循环过程中，材料的塑性变形可能导致其尺寸发生变化。因此，有必要对 Al-50%Si 合金在热循环过程的塑性应变作一定了解。

热循环过程中，Al-Si 合金的 Al 基体发生塑性变形，并且塑性变形随着热循环周次增加而不断累积，从而在宏观上使尺寸发生变化。因此，可设定一个塑性应变的累积量以表征合金的尺寸稳定性：

$$\varepsilon_n = \frac{l_n - l_0}{l_0} \qquad (6-1)$$

式中，ε_n 为热循环 n 周次后的累积塑性应变；l_0 和 l_n 分别为热循环前和热循环 n 周次后的试样长度。

图6-7所示为 Al-50%Si 合金经历0至10周次热循环的累积塑性应变量。从图6-7可以看出，随着热循环周次增加，合金的累积塑性应变逐渐上升。对于金属基复合材料，增强体的强度一般较高且为脆性相，不易发生塑性变形或脆性断裂，而是保持弹性状态；但是基体强度则较低，当热循环过程的温度差导致的热应力超过其屈服强度时，基体将发生屈服和塑性变形，这种塑性一般无法复原，随着热循环周次增加而不断累积。

热循环过程中，Al – 50% Si 合金的累积塑性应变可以采用 Olsson 模型来考察[189]，根据张鸿翔[49]对 SiC 颗粒增强 Al 基复合材料的研究表明，可以根据下式表征塑性变形的累积效果：

$$\varepsilon_n = a(1 - b^n) \tag{6-2}$$

式中，ε_n 为热循环 n 周次后的累积塑性应变；a 和 b 为与材料有关的常数。根据实验数据，采用式(6-2)对实验数据进行拟合，拟合曲线如图 6-7 所示，由此可得到常数 a 和 b，结果列于表 6-2 中。

表 6-2　采用 Olsson 模型拟合塑性应变的材料常数

热循环温度/℃	材料常数	
	a	b
200	1.22×10^{-3}	0.9556
250	8.1×10^{-4}	0.9429
300	5.9×10^{-4}	0.9301

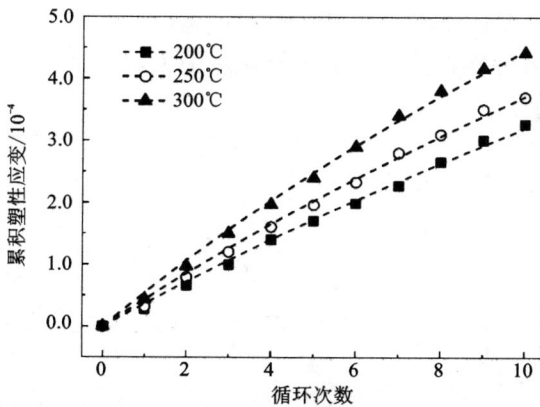

图 6-7　低周次热循环过程 Al – 50% Si 合金的累积塑性应变

图 6-8 所示为不同热循环条件下，Al – 50% Si 合金累积塑性应变的实验数值和计算结果。从图 6-8 可以看出，计算结果能够较好地体现实验数据的变化趋势。随着热循环周次增加，合金的累积塑性应变在热循环的初始阶段急剧上升；而当热循环大于 100 周次后，累积塑性应变趋于稳定。由于 Al 基体内部塑性应变的累积引起内应力升高，导致基体强度也升高，从而降低了塑性应变的累积速率。对于应力强化指数较低的 Al 基体而言，这种强化效果在初始阶段不是很明显。因此，累积塑性应变在初始阶段几乎呈直线增大；但是，当热循环周次达

到一定程度时，Al 基体的强度将会因为大量缺陷的产生而得到提高，从而抑制其塑性变形，故合金的尺寸趋于稳定。在高周次热循环条件下，该模型计算结果与实验数据存在一定偏差，这可能是在较高热循环周次下，合金内部的变化对热循环周次较为敏感造成的。

材料塑性应变是由热应力产生的，Al – 50% Si 合金从热压温度冷却至室温过程时，由于 Al 基体与 Si 相的热膨胀系数不匹配，界面的约束作用使基体不能自由收缩，导致界面附近基体承受残余拉应力的作用。在热循环加热过程中，随着温度升高基体逐渐膨胀，从而逐渐释放拉应力；但当温度升高到一定程度时，拉应力得以完全释放；继续升高温度，由于基体与增强体的热膨胀系数差异，将在界面附近基体产生新的压应力；当温度升高至一定程度，基体所受压应力超过其屈服强度时，基体就会通过塑性变形来释放压应力。在随后的冷却过程，压应力会随温度的下降而逐渐释放，直至下降到一定程度后又建立新的拉应力。尽管拉应力随温度的下降而逐渐增大，但是由于冷却速率较大（淬火）且加热过程基体产生应变强化和基体的低温强度较高，降温过程产生的拉应力不足以使基体产生二次变形。在加热过程产生的塑性变形被保留下来，即残余应变。随着热循环周次增加，由于受上一次循环过程基体应变强化的影响，基体的塑性变形程度逐渐降低，表现为残余应变量的下降。因此，随着热循环周次增加，Al – 50% Si 合金中残余应变将不断下降并在达到一定循环周次后消失。

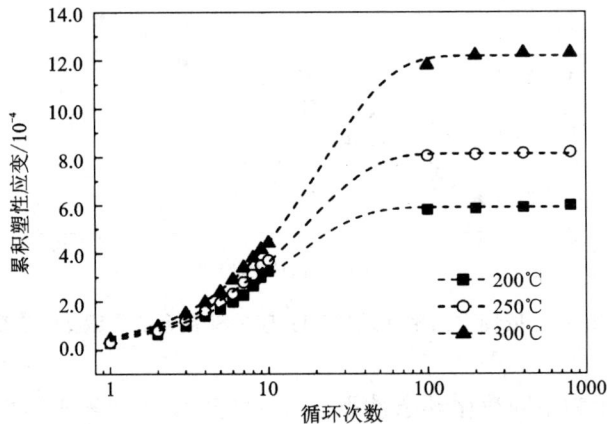

图 6 – 8　热循环过程 Al – 50% Si 合金的累积塑性应变与热循环周次的关系

6.4.2　热导率

对于电子封装材料，热导率是其最重要的参数之一；因此在服役条件下热导率的稳定性是评价电子封装材料性能的另一个重要性能指标。但是，一直以来关于热循环行为的研究多集中在力学性能方面，很少涉及热循环条件对合金热导率的影响的研究。表 6 - 3 所示为热压烧结 Al - 50% Si 合金在不同热循环温度下，不同热循环周次的热导率数值。从表 6 - 3 可以看出，热循环过程对合金热导率的影响较为明显，特别是热循环温度较高条件下。

表 6 - 3　Al - 50% Si 合金热导率在热循环过程的变化情况

温度/℃	热导率/(W · m⁻¹ · K⁻¹)			
	100 周次	200 周次	400 周次	800 周次
200	144.6	141.8	134.7	129.8
250	143.7	136.1	127.5	120.4
300	142.2	128.2	118.1	108.9

图 6 - 9 所示为 Al - 50% Si 合金在不同热循环温度下，热导率随热循环周次增加的变化曲线。从图 6 - 9 可以看出，随着热循环周次增加，合金的热导率逐渐下降，其变化趋势呈"之"字形，即：

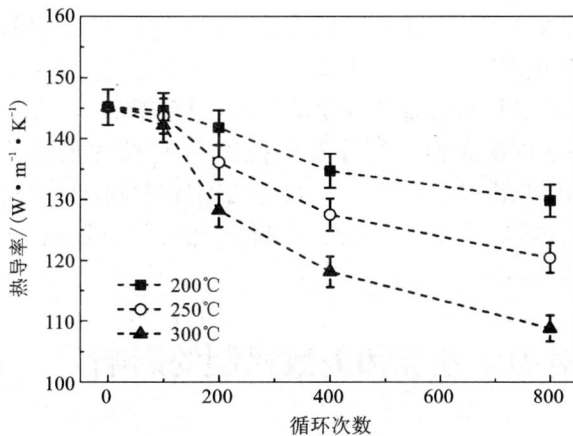

图 6 - 9　Al - 50% Si 合金热导率在热循环过程的变化

①第一阶段（小于 100 周次），Al - Si 合金的热导率基本保持稳定。这应该是由于低周次热循环对合金显微组织的影响较小，即便是在较高温度下也是如此。对金属基复合材料热导率的研究表明，其主要影响因素为基体和增强体的热导率、增强体含量和尺寸以及界面热阻。低周次热循环没有对基体和增强体热导率

造成很大影响，而且基体与增强体的界面状态也基本没有变化。因此，热导率没有发生明显退化。

②第二阶段(100～400周次)，Al－Si合金的热导率随着热循环周次增加而急剧下降。经200周次热循环后，在Al基体与Si相界面附近基体内的位错密度明显提高，这将导致基体热导率下降。从100周次到200周次，热导率发生明显退化，3个热循环温度下，热导率分别下降至141.8 W/(m·K)、136.1 W/(m·K)和128.2 W/(m·K)，下降幅度分别为1.9%、5.3%和9.8%。当热循环周次继续增加，基体内部开始出现大量位错等缺陷，界面处的应力集中和缺陷不断累积并趋于饱和，从而导致部分脆性、粗大Si相发生破碎，热导率逐渐下降，从200周次到400周次，3个热循环温度下，热导率分别下降至134.7 W/(m·K)、127.5 W/(m·K)和118.1 W/(m·K)，下降幅度分别达到5.0%、6.3%和7.9%。

③第三阶段(大于400周次)，Al－Si合金热导率随着热循环周次增加而下降的幅度逐渐减小，但是热导率的下降幅度随着热循环温度的升高而明显提高。在此条件下，合金通过粗大Si颗粒的破碎而释放内部应力，材料内部组织趋于稳定。因此，高周次热循环条件下，热导率的下降幅度减小。从400周次到800周次，3个热循环温度下，Al－Si合金热导率分别下降至129.8 W/(m·K)、120.4 W/(m·K)和108.9 W/(m·K)，下降幅度分别为3.6%、5.6%和7.8%。

整个热循环过程中，Al－50%Si合金在200℃、250℃和300℃条件下，热导率下降幅度分别达10.6%、17.1%和25.0%。由此说明，合金对热循环温度和周次十分敏感，热循环过程对合金热导率的影响不能忽略。由于Si颗粒为脆性相，热循环过程中，在多周次条件下往往发生粗大Si颗粒的破碎，从而导致性能下降。Song等[48]对比Si相尺寸对Al－Si合金热循环性能的影响发现，减小Si颗粒尺寸可以提高其抗热循环性能。因此，控制Si相尺寸是提高Al－Si合金耐热循环性能的主要途径之一。

6.5 热循环对力学性能和失效机制的影响

6.5.1 力学性能

一般来说，材料需要有一定强度使其具有结构与功能的一体化综合性能，而这就需要适当的增强体/基体强度匹配、一定塑性的基体、良好的增强体/基体界面结合性能和均匀分布的增强体等。图6－10所示为Al－50%Si合金的拉伸流变应力曲线与热循环加热温度和循环周次的关系。从图6－10可以看出，拉伸强度随着加热温度升高或循环周次增加而不断下降。而且应力－应变曲线在300℃

热循环 400 周次和 250℃热循环 800 周次后变化比较明显,这表明材料的力学性能稳定性已经达到一定极限。拉伸曲线并没有出现明显的锯齿形,这与 Song 等[48]对铸造和喷射沉积 Al - 23% Si 合金的研究结果有所不同,作者指出拉伸流变应力稳定性随热循环稳定性或周次的增加而下降。然而,不管加热温度高低,在热循环 400 周次后,合金延伸率均没有明显变化。报道指出[75],降低热循环温度对提高延伸率的作用有限,这与本实验结果相似。

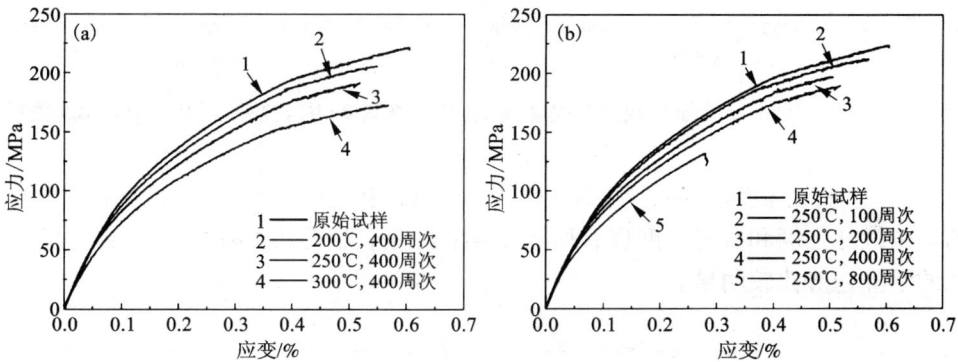

图 6 - 10　Al - 50% Si 合金不同温度热循环 400 周次(a)
和 300℃热循环不同周次的流变应力曲线

图 6 - 11 所示为 Al - 50% Si 合金的极限拉伸强度(Ultimate tensile strength, UTS)与热循环加热温度和循环周次的关系。图 6 - 11(a)为不同热循环温度下,极限拉伸强度与热循环周次的关系,可以看出,在 200℃热循环条件下,极限拉伸强度基本保持稳定,热循环周次的影响不明显;在 250℃热循环条件下,极限拉伸强度随着循环周次增加而有所下降,特别是在热循环 800 周次后下降更为明显;而在 300℃热循环条件下,该极限拉伸强度随着热循环周次的增加基本呈直线下降。图 6 - 11(b)为不同热循环温度下,极限拉伸强度下降幅度与循环周次的关系,可以看出,在 200℃热循环条件下,极限拉伸强度稳定性较好,在热循环 800 周次后的下降幅度仅为 5.0%;但是,在 250℃和 300℃条件下分别热循环 800 周次后,极限拉伸强度下降至仅为原始态的 60% ~ 70%。以上结果表明,Al - 50% Si 合金的热疲劳行为受热循环最高加热温度和循环周次的影响均比较显著。

图 6 - 12 所示为 Al - 50% Si 合金的抗弯强度与热循环温度和循环周次的关系。从图 6 - 12 可以看出,热循环温度和循环周次对抗弯强度的影响与极限拉伸强度类似。在 200℃热循环条件下,热循环过程对抗弯强度的影响很小;然而,在 250℃和 300℃热循环条件下,随着循环周次增加抗弯强度逐渐下降。对金属基复合材料低周次热循环的研究指出,复合材料的力学性能在热循环后有所增

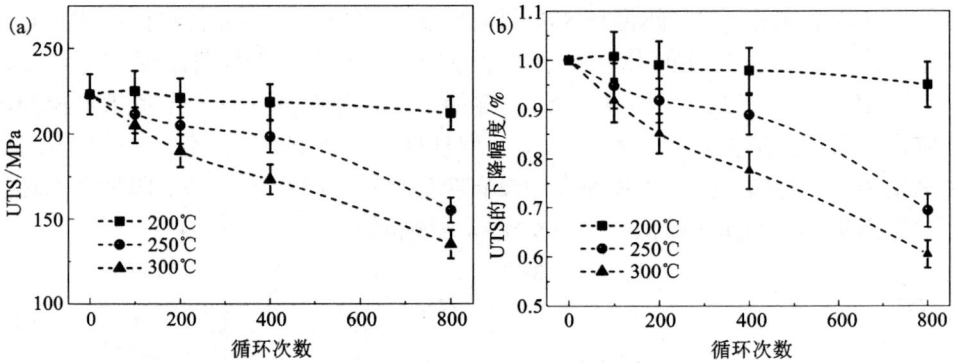

图 6 - 11　Al - 50%Si 合金极限拉伸强度(a)及其下降幅度(b)与热循环温度和周次的关系

加[74, 190]。而在本实验条件下,200℃热循环 100 和 200 周次后,Al - 50% Si 合金的极限拉伸强度和抗弯强度也有稍微提高;但是,随着热循环周次增加,力学性能的下降趋势比较明显。

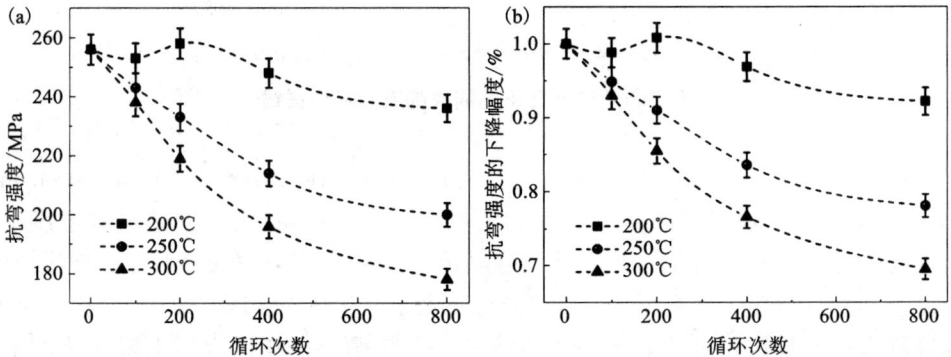

图 6 - 12　Al - 50%Si 合金抗弯强度(a)及其下降幅度(b)与热循环温度和周次的关系

图 6 - 13 所示为 Al - 50% Si 合金的显微硬度与热循环加热温度和循环周次的关系。从图 6 - 13 可以看出,在200℃热循环 100 和 200 周次以及250℃热循环 100 周次后,合金的显微硬度有所上升。其主要原因是:在热循环过程中,基体和增强体界面处产生的高密度位错对基体起强化作用。由于增强体和基体的性能差异较大,显微硬度主要取决于热循环过程增强体与基体的相互作用。热循环过程中,硬度随 Al 基体中热应力和位错密度的增加而升高。在此过程中,热应力通常可以通过微裂纹的形成和基体与增强体界面破坏的形式释放。因此,在本实验过程中,除200℃和250℃的低周次条件外,Al - 50% Si 合金显微硬度均随着循环周次的增加而逐渐下降。

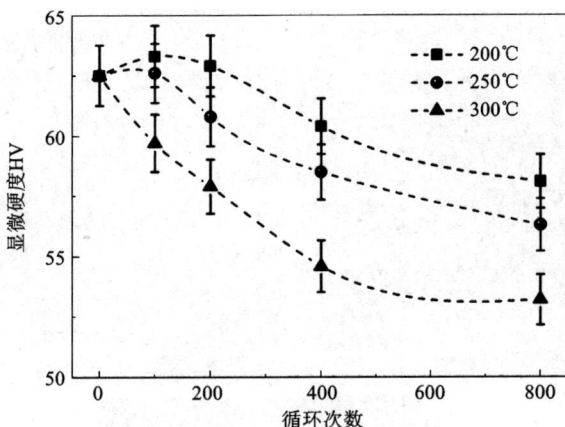

图 6 – 13　不同热循环温度下 Al 基体显微硬度与热循环周次的关系

6.5.2　失效机制

图 6 – 14 为 Al – 50% Si 合金在 250℃热循环不同周次后的 TEM 显微组织。从图 6 – 14(a)可以看出,Al 基体与 Si 相的界面结合良好,基体中存在部分位错,但整体密度不高。图 6 – 14(b)为 Al – 50% Si 合金经历 100 周次热循环后的显微组织,可以看出,Al 基体与 Si 相界面依然保持良好结合,且基体中位错密度没有明显上升;但在界面附近基体内的位错密度有所上升。在低周次热循环阶段,热循环所累积的热应力已经超过临界程度,因此界面附近的缺陷开始产生,不过缺陷仅在界面附近出现并累积而没有向基体深处扩展,这说明 100 周次热循环对显微组织的影响较小。图 6 – 14(c)为 Al – 50% Si 合金经历 400 周次热循环后的显微组织,与图 6 – 14(a)和(b)对比可以看出,位错密度大大升高且在基体内部也出现大量位错。随着热循环周次增加,热应力进一步累积而导致基体缺陷的产生,界面处的应力和缺陷趋于饱和并逐渐向基体深处扩展,同时基体内部存在大量位错缠结。

图 6 – 15 所示为不同热循环温度下,经过一定循环周次后 Al – 50% Si 合金的截面显微组织。200℃热循环 800 周次后,Al – 50% Si 合金的显微组织没有发生明显变化,大部分 Si 颗粒仍然较为完整,如图 6 – 15(a)所示。对于快速凝固 – 粉末冶金工艺,合金中尺寸细小且表面光滑的 Si 颗粒可能是其具有较高热循环稳定性的原因。但是,在 250℃热循环 400 周次后,合金表面附近的 Si 相发生破碎而形成许多细小的颗粒,这种破碎首先发生在原始 Si 相的边缘,几乎没有发现

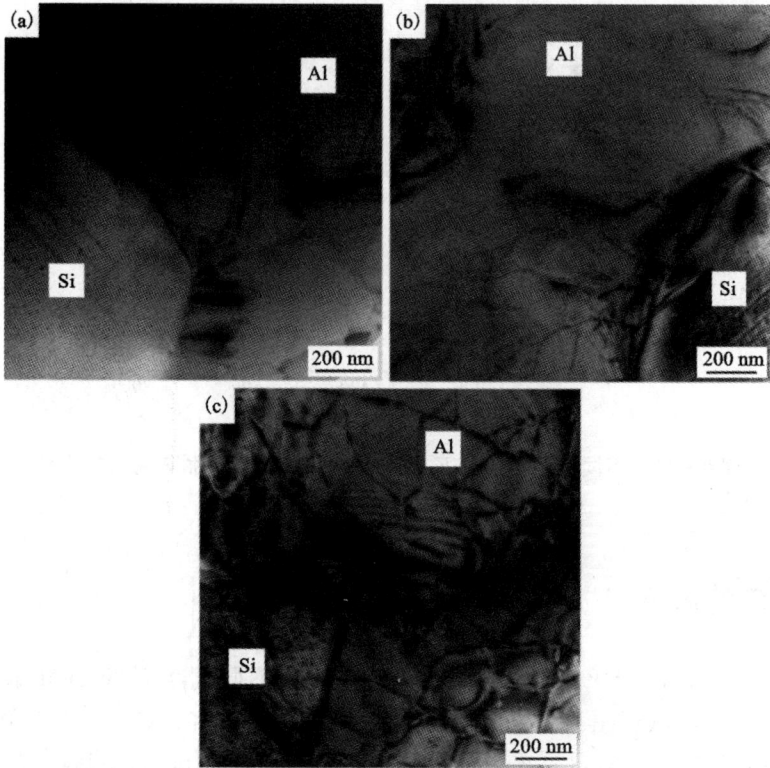

图 6 – 14   Al – 50％Si 合金 250℃热循环前后的 TEM 显微组织
(a)0 周次；(b)100 周次；(c)400 周次

沿 Si 相中心的大裂纹，如图 6 – 15(b)所示，这说明在该热循环条件下，合金中产生的热应力不足以导致 Si 相的整体开裂。随着热循环温度提高或循环周次增加，合金中 Si 相的破碎更加严重，如图 6 – 15(c)所示，可以看出，Si 相中的裂纹更为明显且出现部分比较大的裂纹，这说明产生的应力在热循环过程中不断积累并超过 Si 相强度，从而导致 Si 相的整体开裂。由于热循环过程产生热应力，Si 相破碎将导致材料力学性能随热循环周次增加而不断下降。值得注意的是，即使在 300℃热循环 800 周次后，合金中仍然没有发生 Si 相与 Al 基体剥离的现象，这说明 Si 相与 Al 基体的界面结合强度较高，这与第 5 章中显微组织和拉伸断口观察的结果一致。另一方面，从图 6 – 15 还可以发现，Si 相破碎主要发生在大尺寸颗粒中，这是因为大尺寸颗粒较容易因应力集中而破裂。这就说明进一步细化 Si 颗粒是提高 Al – Si 合金热循环稳定性的有效途径之一，这种结果与 Song 等[48]的研究结果相符合。

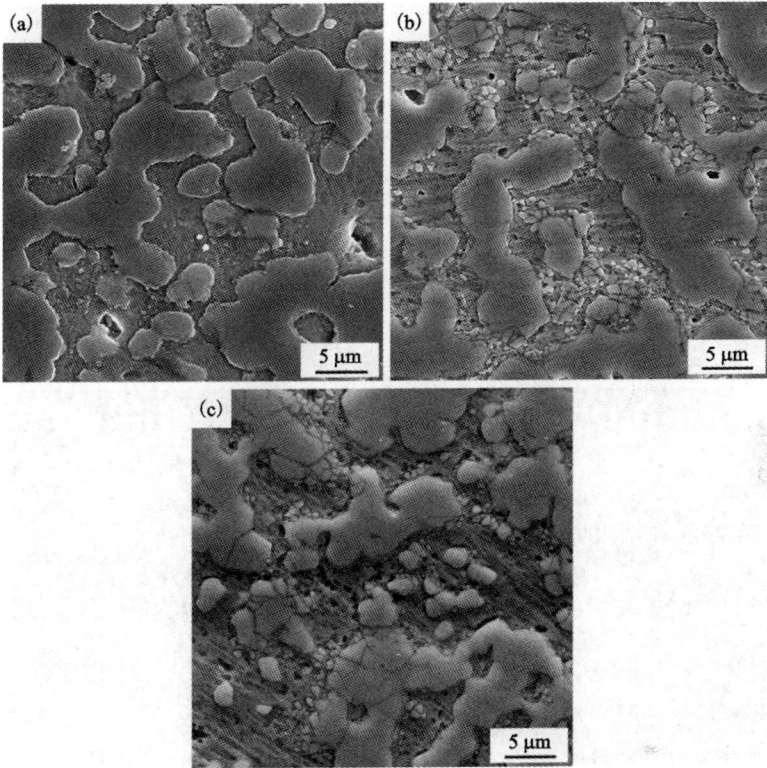

图 6 - 15　Al - 50％Si 合金不同热循环条件下的显微组织

(a)200℃800 周次；(b)250℃400 周次；(c)250℃800 周次

　　图 6 - 16 所示为不同热循环温度下，经过一定循环周次后 Al - 50％Si 合金的拉伸断口形貌。从图 6 - 16 可以看出，热循环前后断口中 Si 相均呈现解理断裂特征。脆性断裂为 Al - Si 合金的典型断裂特征，如断裂面垂直于拉伸方向、没有明显的宏观韧性断裂特征和 Si 相的解理断裂[26]。但是，在热循环后的试样中可以观察到 Si 相的横向断裂，如图 6 - 16(d)所示。报道指出[187]，热循环导致纤维增强金属基复合材料的失效的原因是循环加热 - 冷却过程中部分纤维发生断裂。对于颗粒增强金属基复合材料，在热循环过程中也发现陶瓷颗粒发生破碎的现象并随循环周次增加而更加严重，同时可能导致基体中产生裂纹并逐渐扩展，从而导致材料性能的下降甚至失效[191, 192]。

　　影响热循环破坏机制主要有以下几点：①热循环的最高加热温度；②热循环过程的加热速率和冷却速率；③合金中 Al 基体与 Si 相的界面结合强度；④基体和增强体的界面反应；⑤增强体的体积分数、尺寸和分布状况等；⑥Al 基体与 Si

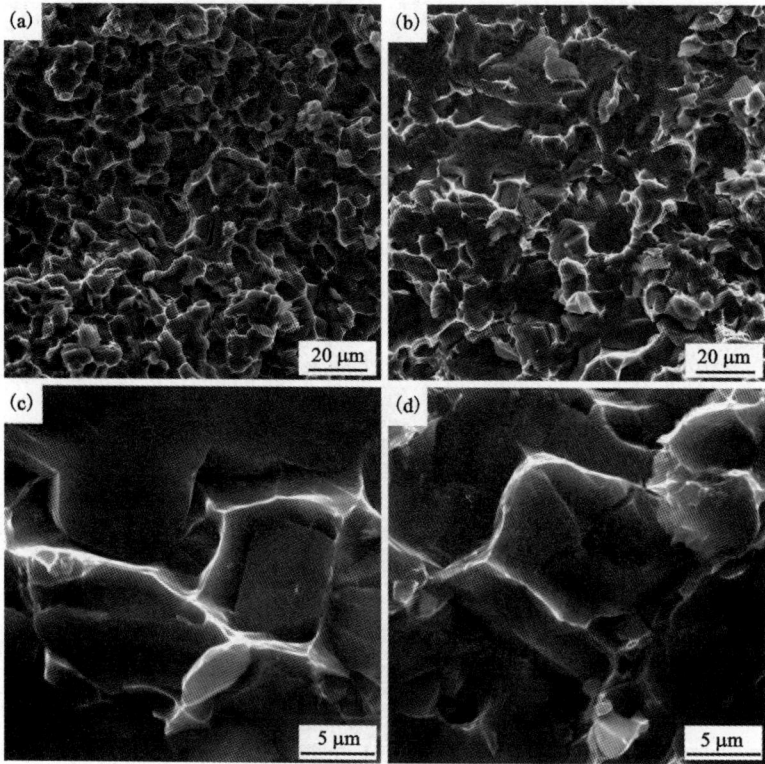

**图 6 – 16 Al – 50% Si 合金热循环前(a)和 250℃热循环
400 周次((b),(c),(d))的拉伸断口形貌**

相因热膨胀系数不匹配而造成的微小界面裂纹等。

复合材料产生热疲劳的主要原因是增强体与基体的热膨胀系数不匹配,热循环温度梯度和内部或外部约束导致的完全或部分热变形也将导致材料的疲劳失效。复合材料在热循环过程中因基体与增强体的热膨胀系数不匹配产生热应力,随热循环周次增加,材料中的热应力不断累积;当累积热应力的大小超过基体与增强体的界面结合强度或增强体的强度时,将导致界面的剥离或基体、增强体的破裂从而形成微裂纹。持续的热应力也会导致增强体的破裂和界面间产生同样的微裂纹或导致已生成微裂纹的成长传播。在循环加热和冷却过程中,材料中的约束因素将与各组元产生应力,因约束变形而形成的应力集中使材料发生热疲劳。材料中的内部约束可能来自温度梯度、组织各向异性和组织中各组元的热膨胀系数不匹配。温度梯度产生的热应力和约束应力可以导致复合材料产生热疲劳裂纹甚至是断裂。温度梯度导致的热应力集中随温度梯度增大而升高,热裂纹和界面剥离将首先产生于材料表面附近的脆性 Si 相，如图 6-15(b) 和 (c) 所示。Song 等的研究指出[48]，减小 Si 颗粒尺寸可以提高 Al-Si 合金的热循环稳定性。Wu 和 Han[191] 对 Al-SiC_p 复合材料的研究也得到相似的结果。

　　Russell-Stevens 等[193] 研究热循环对碳纤维增强 Mg 基复合材料显微组织和性能的影响，结果表明：复合材料性能下降的主要原因是微孔和界面滑动的产生；而碳纤维在热循环应力作用下产生破裂也是性能下降的原因之一[187]。Pal 等[194] 采用 TEM 观察 Al-SiC_p 复合材料在热循环过程的蠕变行为，结果表明：热循环导致复合材料失效的主要原因是空位聚集产生的孔洞，而空位可以在基体与增强体界面消失。报道指出[195]，由于金属基复合材料中各组元的热膨胀系数不匹配，热循环过程将在基体与增强体界面处产生内应力。然而，Wu 和 Han[191] 对 Al-SiC_p 复合材料热循环行为的研究表明，热疲劳裂纹萌生和扩展的主要原因是大尺寸增强体颗粒的破裂；同时他们也指出，高体积分数增强体复合材料的热疲劳性能可以通过优化增强体颗粒尺寸和尺寸分布的方式得到提高。与普通金属基复合材料相比，Si 相强度低于一般的陶瓷相；因此，热疲劳裂纹主要萌生于基体与增强体界面处的 Si 颗粒破裂。为释放热循环导致的颗粒尖端处的热应力集中，裂纹随着热循环周次增加而逐渐扩展，从而降低了 Al-Si 合金的性能并最终导致其结构和功能失效。

　　值得注意的是，Al-Si 合金中 Si 相与 Al 基体之间的结合性能十分优异。根据 Al-Si 二元相图，在 550℃ 下，Si 在 Al 中的固溶度大约为 1.4%，这将有效提高增强体与基体的界面润湿性和结合性能[196]。采用 Si 颗粒作为 Al 基体的增强体的另一个好处是不会在界面处产生不利的反应产物，这种界面反应产生可严重影响普通金属基复合材料的热疲劳性能，如 Al-SiC 复合材料中的 Al_4C_3 相[197]。因此，虽然 Al-50%Si 合金在热循环过程发生 Si 相破裂，但是很难发现 Al 基体与 Si 相界面剥离的现象。从图 6-16(c) 还可以发现，热循环试样在拉伸测试后，Si 颗粒与 Al 基体之间仅发生部分界面剥离，基本没有发现 Si 颗粒脱落的现象。

　　裂纹尖端应力的相互作用决定裂纹是否扩展或被抑制，即裂纹尖端应力场的形式决定裂纹的发展。如果裂纹尖端为压应力则裂纹被抑制；反之，则裂纹继续延伸。Collin 和 Rowcliffe[198, 199] 采用在材料表面预先刻一刻痕后再进行热循环测试的方法，研究材料在实验后本身所形成的应力场模式和在热循环过程中裂纹的延伸成长过程，结果表明：在一定热循环实验后，在材料表面存在最大拉应力，该拉应力值的大小随着裂纹深度增加而减小。裂纹前进的路径取决于裂纹尖端的应力值大小，即裂纹尖端应力密度和其附近组织的关系。当裂纹尖端的应力值不断累积时，如果前端不同相界面的强度小于增强体的强度时，裂纹会优先以强度较弱的界面作为传播途径；反之，则以增强体破碎的方式进行传播。Ohuchi 等指出[200]，由于 Al – Si 合金随着 Si 含量增加，其初晶 Si 相尺寸更为粗大且热膨胀系数相对降低，因此材料的热循环稳定性有所提高。所以，高 Si 含量的合金在受到热循环作用时不易产生宏观变形；但是，同时会有许多微小裂纹在其 Al – Si 界面生成。随着热循环周次增加，这些不断生成的裂纹会变成巨大的裂纹，从而导致材料的整体破裂。而这种性能下降可以通过改变 Si 相形态和尺寸的方法得到改善[48]。因此，如果在 Al 基体中添加部分合金元素进行强化，在裂纹萌生的初期，Si 相将可能更加难以破裂，即有效阻止裂纹的萌生和扩展，从而提高 Al – Si 合金的热循环稳定性，这方面的工作还有待深入研究。

6.6　本章小结

本章研究快速凝固 – 热压烧结 Al – 50% Si 合金的热循环稳定性。采用高温拉伸表征 Al – 50% Si 合金在不同温度下的拉伸流变应力特征和断裂方式，采用热循环实验分析热循环温度和循环周次对合金热物理性能和力学性能的影响，同时探讨合金的失效机制。结果表明：

(1) Al – 50% Si 合金的拉伸强度随着温度升高而逐渐下降，而延伸率仅稍微提高；在 200℃下仍能保持一定强度，其拉伸强度为 173.5 ±9.6 MPa，大约为热压态的 80%；但是在 300℃下，其强度仅为热压态的 62% 左右，而延伸率为 1.6%。在不同拉伸温度下，Al – 50% Si 合金的断裂方式以脆性断裂为主；随着拉伸温度升高，Al 基体发生软化，基体的韧性断裂特征更加明显；同时，由于 Al 基体对 Si 相的包覆作用下降，在拉伸应力作用下 Si 相与基体发生剥离甚至脱落。

(2) 热循环对 Al – 50% Si 合金热膨胀系数的影响不是很大，热膨胀系数在初始阶段有稍微增大，但之后基本保持稳定，最大变化幅度仅为 1.2%。合金热导率受热循环的影响较大，特别是在高温热循环条件下，在 250℃和 300℃下循环 400 周次后，热导率分别仅为原始态的 87.8% 和 81.3%；但是在 200℃条件下，合金表现出较好的热循环稳定性。结合显微组织在热循环过程的变化，Al 基体中出现大量缺陷（以位错为主）从而导致 Si 相破碎是热导率下降的主要原因。

(3) 热循环加热温度和循环周次对 Al – 50% Si 合金显微组织和力学性能的影响较为明显。在本实验条件下，当热循环温度为 250℃和 300℃时，力学性能随循环周次增加而逐渐下降，循环 400 周次后，拉伸强度分别仅为热压态的 88.9% 和 77.6%；但是在 200℃条件下，力学性能基本保持稳定，循环 800 周次后拉伸强度仍为热压态的 95.0%。在高温热循环条件下，力学性能的下降幅度随着循环周次增加而不断下降。

(4) 热疲劳裂纹萌生于增强体与基体界面处粗大 Si 相的破裂，并成为 Al –

50% Si 合金性能下降的主要原因。由于 Al 与 Si 之间存在一定固溶度，其界面结合强度较高，热压态和热循环后的拉伸断口中没有或仅发生部分界面剥离。热循环过程中基体与增强体热膨胀系数不匹配产生的热应力是 Al – Si 合金失效的根本原因。

第7章 铜合金化 Al – Si 合金
的显微组织和性能

7.1 前言

电子封装材料的主要功能之一是对电子器件起机械支撑和保护作用，因此对其力学性能也有一定要求，特别是壳体材料。近年来，电子封装 Al – Si 合金的研究和应用取得一定进展，但在实际应用和推广过程中也暴露出一系列问题，如强度较低、高盐环境下耐腐蚀性较差以及激光焊接过程中容易开裂等，其主要原因是对 Al – Si 合金的研究主要集中在材料制备工艺和性能方面[27, 170, 201]，缺乏对材料成分的系统研究。合金化是提高材料性能的有效途径之一，但是过高的合金元素含量可能导致材料热导率严重下降，因此，有必要对 Al – Si 合金的合金化进行深入研究，以了解合金元素对显微组织和性能的影响。

液相烧结经常用于各种粉末的固结以提高烧结速率，并有利于提高粉末的致密化程度。当烧结过程出现液相时，液相对固相的毛细管力可以有效黏结粉末颗粒；同时，液相为粉末颗粒之间的快速扩散提供通道，从而有效提高烧结密度和粉末颗粒之间的结合力[202]。但是，若该液相仅瞬时存在，即形成的液相在烧结过程很快溶入固态基体，就可能导致坯料的膨胀同时伴随烧结体中粗大且连通孔洞的形成。由于在烧结过程，瞬时液相存在时间短，它对烧结致密化的作用比较有限。相对于瞬时液相，持续液相能够有效提高粉末的烧结性能，这是因为该液相可以渗入粉末之间的边界并将增强体与 Al 基体黏结在一起而不是消失于基体中[203]。Al 粉末可以与许多单质粉末混合且在烧结过程形成液相，例如 Cu、Mg、Ni 等，不同合金元素将形成不同特征的液相并在烧结过程发挥不一样的作用。Cu、Mg 和 Zn 均是 Al 合金中常用的合金化元素。报道指出[56, 57]，Al 中添加部分 Cu 可以形成持续液相，而添加 Mg 和 Zn 将形成瞬时液相。Al 基体中添加部分 Cu 能大大降低 Al – Cu 合金的熔点，从而提高流动性并降低烧结温度；再者，根据 Al – Cu 合金相图，添加 Cu 将扩大固 – 液相共存区域，从而扩大烧结温度范围；另外，添加 Cu 将在固溶和时效处理后于 Al 基体中形成 $Al_2Cu(\theta)$ 析出相或其他金属间化合物，从而提高 Al 基体强度，但是牺牲其延伸率和耐腐蚀性能。热压烧结过程中，产生的部分液相在压力作用下迅速填充粉末颗粒之间的孔隙，因此可以在很大程度上提高烧结速率。然而，添加 Cu 而形成的第二相也将对热物理性能产生不可预期的作用，可能降低其热膨胀系数，但也可能很大程度上降低合金的热导率。

根据第 5 章和第 6 章的实验结果和分析可知，Al – 50% Si 合金具有较好的综合性能，但是其作为电子封装壳体使用时往往存在强度较低的问题（特别是相对于 Al – SiC$_p$ 复合材料）。因此本章通过添加不同含量单质 Cu 粉末，分析 Cu 元素及其含量对 Al – 50% Si 合金热压烧结致密化的作用；同时，考察合金元素及其含量对合金显微组织、热物理性能、力学性能和断裂机制的影响。

7.2　实验

7.2.1　热压烧结

采用气雾化法制备 Al – 50% Si 合金粉末，制备过程同 2.2.1，粒度小于 74 μm（200 目）；纯 Cu 粉末为电解的枝晶状粉末，纯度大于 99.8%，粒度小于 74 μm。纯 Cu 粉末的表面形貌如图 7 – 1 所示。

首先分别将纯 Al 粉末和 Al – 50% Si 合金粉末分别与纯 Cu 粉均匀混合，Cu 在 Al 基体中的含量分别为 0.5%、1%、2%、4% 和 6%，然后在 φ50 mm 钢模内采用 200 t 液压机冷压成型，压制压力为 200 MPa，保压

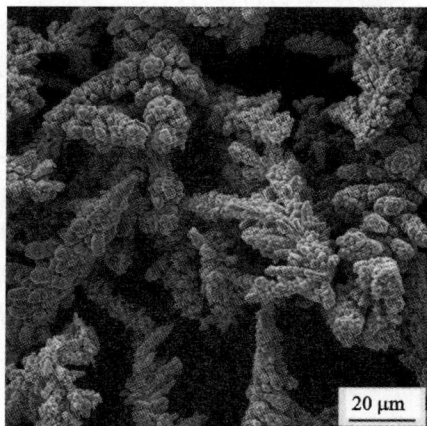

图 7 – 1　本文所用电解 Cu 粉末的表面形貌

时间为 30 s。为分析添加单质 Cu 粉末对混合粉末致密化过程的促进作用，采用淬火实验分析烧结过程液相的生成及其分布。淬火实验采用小试样（φ10 mm），在 60 t 液压机上冷压成型成高度大约为 3 mm 的圆片。获得的合金粉末压坯相对密度均为 78% 左右，而 Al 基体粉末压坯的相对密度则达到 93% 左右。粉末压坯的热压烧结过程与 5.2.1 类似，由于热压过程液相的生成能促进烧结致密化，热压温度和保温时间分别为 560℃ 和 60 min。另外，分别在 560℃、600℃ 和 650℃ 热压烧结纯 Al 粉末压坯和 Al – 4% Cu 粉末压坯，保温时间为 60 min。热压烧结试样进行 T6 热处理，即固溶处理工艺为 510℃ 保温 4 h 后淬火冷却，时效处理工艺为 150℃ 保温 24 h 室温冷却。

淬火实验过程，首先将管式氢气炉加热到预设温度，然后将置于陶瓷坩埚的粉末压坯放入炉中，保温结束后取出并迅速淬火冷却；选择的材料成分为

Al – 50% Si – 4% Cu 和 Al – 4% Cu；淬火温度为 530℃、560℃、580℃、600℃、625℃ 和 650℃；保温时间为 5 min 和 30 min。

7.2.2 显微组织和性能表征

采用德国耐驰 DSC 200 F3 Maia 动态热流式差示扫描量热仪(DSC)对 Al – 50% Si – 2% Cu 混合粉末压坯并分别进行差热分析，加热温度为 100 ~ 650℃，升温速率为 10℃/min，实验在氩气保护下进行。采用 Quanta – 200 环境扫描电子显微镜(SEM)观察淬火试样和热压烧结试样的显微组织和断口形貌，显微组织观察试样的制备同合金粉末(2.2.2)。采用 JXA – 8230 电子探针(EPMA)研究 Al – 2% Cu – 50% Si 合金经 T6 热处理后 Cu 元素的分布，观察面的制备过程与显微组织试样相同，但未经腐蚀。采用 D/Max 2500 X 射线衍射仪(XRD)分析不同 Cu 含量 Al – 50% Si 合金的相结构，扫描的 2θ 角度范围为 20° ~ 80°，测试条件同 2.2.2。采用 Image Pro Plus 6.0(IPP)图像分析软件分别测量不同 Cu 含量 Al – 50% Si 合金显微组织中的 Si 相尺寸，相同材料中采用多次测量后取平均值。

采用德国耐驰 NETZSCH DIL 402C 测量不同 Cu 含量 Al – 50% Si 合金的热膨胀系数；采用德国耐驰 NETZSCH LFA 427 激光热导仪测量 Al – 50% Si 合金的热扩散系数，然后通过式(5 – 1)计算合金的热导率，热膨胀系数和热导率试样尺寸和测试条件同 5.2.2。采用 Instron MTS850 型电子万能材料试验机测试 Al – Si 合金的拉伸强度、弹性模量和抗弯强度，试样尺寸和测试条件同 5.2.2。Al – 50% Si 合金布氏硬度测试的载荷为 7.35 kN，加载时间为 30 s，每个试样测量 3 ~ 5 次后取平均值。

7.3 Cu 合金化对致密化过程的影响

7.3.1 DSC 分析

图 7 – 2 所示为 Al – 50% Si 合金粉末添加 2% 单质 Cu 粉末的混合粉末压坯的 DSC 曲线。从图 7 – 2 可以看出，混合粉末在加热过程中出现两个吸热峰，第一个吸热峰不太明显，大致起始于 515℃，说明混合粉末在该温度下开始发生物相反应，因此合金的固溶处理温度应低于 515℃，且尽量接近该温度。第一个吸热峰的峰值对应为 525℃，由于与第二个吸热峰离得比较近而产生部分重叠。根据 Al – Si – Cu 三元合金相图，525℃ 为 Al – Si – Cu 三元合金的共晶温度。第二个吸热峰大致起始于 559℃ 处，峰值位于 581℃，根据 Al – Si 二元合金相图，577℃ 为 Al – Si 二元合金的共晶温度，这与 DSC 检测结果非常接近。当温度升至 609℃ 时，混合粉末全部熔化为液相。根据 DSC 曲线可知，单质 Cu 粉末的加入能明显

降低合金粉末的熔点，560℃热压时即可产生部分液相，从而可以在相对较低的温度实现 Al – Si 合金的致密化，并有效抑制 Si 相的粗化，从而有效提高合金的力学性能。

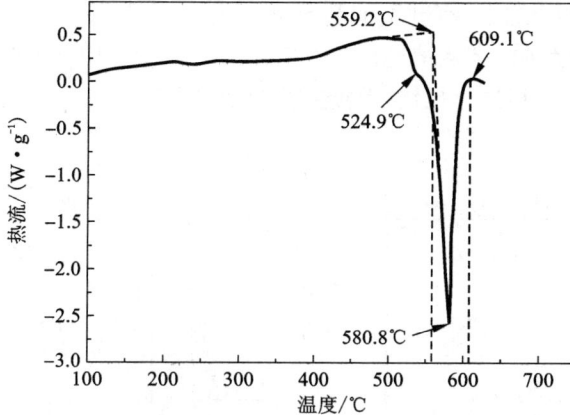

图 7 – 2　Al – 50% Si 合金添加 2% Cu 的混合粉末压坯 DSC 曲线

由于采用 Al – Si 合金粉末，对于 Al – Si – Cu 三元合金，在加热过程中将首先在粉末颗粒之间的接触处发生固态扩散；当加热温度继续升高，粉末颗粒接触处将发生 Al – Si 共晶与 Cu 的三元共晶反应：

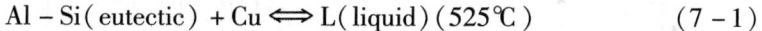

$$\text{Al} - \text{Si(eutectic)} + \text{Cu} \Longleftrightarrow \text{L(liquid)}(525℃) \qquad (7-1)$$

对于 Al – Cu 混合单质粉末，对 Al – 7.3% Cu[203] 和 Al – 4.5% Cu[204] 烧结行为的研究表明：加热过程中，由于 Al 和 Cu 发生固态扩散，首先在原始 Cu 粉末颗粒所在的位置产生 $\text{Al}_2\text{Cu}(\theta)$ 相；加热温度继续升高，Al 与 Al_2Cu 的界面处将发生 Al 与 Al_2Cu 的共晶反应，从而形成液相[56]：

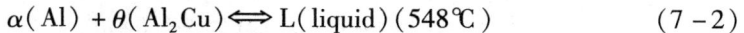

$$\alpha(\text{Al}) + \theta(\text{Al}_2\text{Cu}) \Longleftrightarrow \text{L(liquid)}(548℃) \qquad (7-2)$$

目前对 Al – Si – Cu 混合粉末的研究较少，且本实验采用 Al – Si 合金粉末，其反应温度更低。参考文献对 Al – Cu 混合粉末的研究结果和 Al – Cu 二元合金相图（图 7 – 3）[205]，Al – Cu 混合粉末的烧结过程大致为：在加热过程中（低于 548℃），Al 粉末和 Cu 粉末之间接触处通过固态扩散发生有限的合金化；温度升高至 548℃时，Al 粉末表面将产生液相，此温度下 Cu 在 Al 中的固溶度达到 5.68%。由于 Cu 在液相中的固溶度很大，液相将溶解大部分的 Cu 粉末。一旦液相形成，其将通过毛细管力沿粉末颗粒边界扩散并填充孔洞和空隙。在烧结温度（560℃）下，由于 Cu 在固态 Al 中的固溶度有限（随温度升高而下降），合金化在 Al 基体中的 Cu 小于 2%。当烧结坯料冷却至室温时，液相转变为 α – Al 和 Al_2Cu 相。Al – Cu 合金冷却凝固后，基体中 α – Al 和 Al_2Cu 相的含量取决于液相中 Cu

含量，即 Cu 含量越高形成的 Al_2Cu 相就越多。在烧结初期，可能形成其他富 Cu 的金属间化合物，而这些相也将溶解于液相中。根据以上分析和 DSC 曲线（图 7 -2）可知，单质 Cu 粉末的加入可以有效降低 Al - Si 合金的液相生成温度，从而降低合金的热压成型温度，有利于抑制 Si 相的粗化并提高合金的力学性能；但是，过多的 Cu 粉末含量将提高烧结过程的液相含量，这为 Si 原子的快速扩散提供了通道，从而可能导致 Si 相过分粗化，因此必须控制 Cu 粉末的添加量和烧结温度。

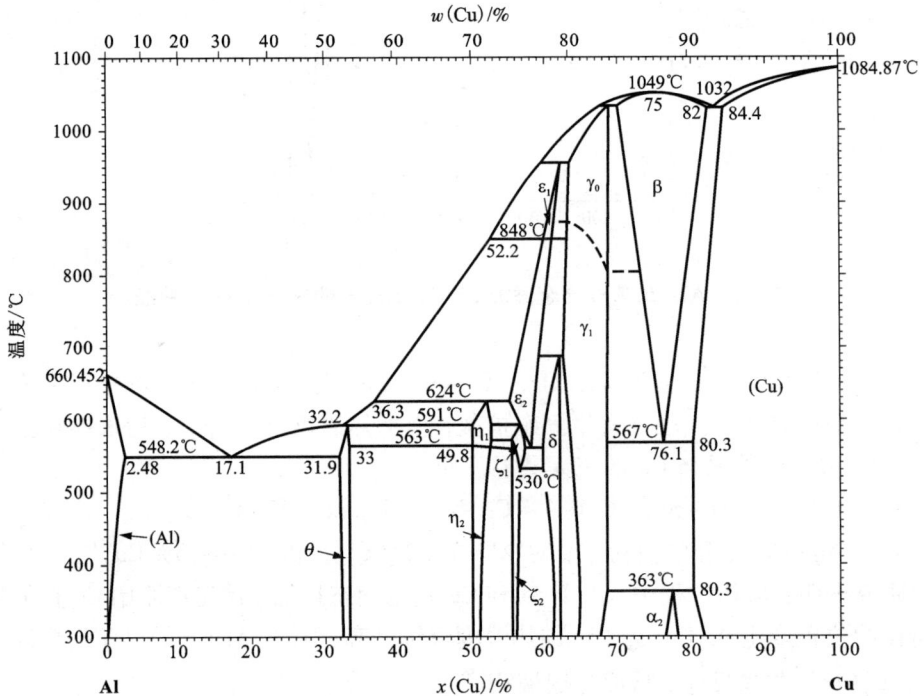

图 7 - 3   Al - Cu 二元合金相图

7.3.2   淬火显微组织

为了解烧结过程液相的生成和扩展对致密化的作用，首先将 Al - Cu 混合粉末压坯在不同温度下加热 30 min 并快速冷却至室温以观察其高温显微组织。根据 Al - Cu 二元合金相图（图 7 - 3），共晶成分对应的温度为 548℃，对应的 Cu 含量为 5% ~52%。图 7 - 4 所示为 Al - 4% Cu 混合粉末压坯 530℃ 保温后急冷至室温的显微组织。从图 7 - 4 可以看出，树枝状 Cu 粉末颗粒没有明显变化，压坯中孔洞仍然比较多；在粉末颗粒之间接触较为紧密的地方，可以观察到部分 Al 与 Cu 发生固态扩散的痕迹，由于保温时间较短产生的合金化有限。对于 Al - Cu 体系，当加热温度低于共晶温度时，由于固态扩散速率很低，粉末颗粒之间的黏结强度很低；此外，Al 粉末颗粒表面的氧化膜也会阻碍粉末颗粒之间的扩散黏结，因此难于形成明显的烧结颈[206]。

当烧结温度达到共晶温度时，压坯中 Al 与 Cu 粉末颗粒边界处将产生液相并破坏氧化膜。图 7 – 5 所示为 Al – 4%Cu 粉末压坯 560℃保温 5 min 后急冷至室温的显微组织。从图 7 – 5 可以看出，淬火后 Al 粉末颗粒之间形成网络状共晶相（白色）。根据 EDS 和 XRD 检测结果，该白色相为 Al_2Cu 相。在 560℃条件下，Al – Cu 边界通过互扩散而形成液相，一旦液相生成便沿 Al 粉末颗粒表面逐渐扩展。由于液相产生于 Cu 粉末颗粒表面，液相中的 Cu 含量较高；同时，560℃下 Cu 在 Al 中的固溶度大约为 4%，由于保温时间较短该液相不会扩散到 Al 粉末中而消失。从图 7 – 5 还可以看出，液相很快扩散到 Al 粉末颗粒之间的边界从而起到黏结作用。但是，Cu 向 Al 中的扩散速率很快从而在原来 Cu 粉末颗粒所在的地方留下孔洞。粉末压坯快冷至室温时，液相转变为 α – Al 和 Al_2Cu 相。冷却凝固后，合金中 α – Al 和富 Cu 相的含量取决于液相中 Cu 含量，即 Cu 含量越高形成的 Al_2Cu 相越多；而在烧结初期，可能形成的其他富 Cu 金属间化合物也将溶解于液相中而形成 Al_2Cu 相。

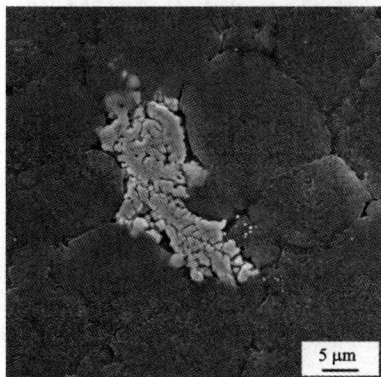

图 7 – 4　Al – 4%Cu 粉末压坯
530℃淬火的显微组织

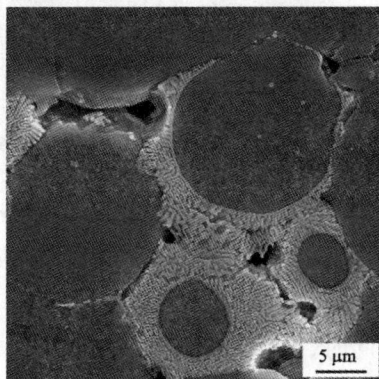

图 7 – 5　Al – 4%Cu 粉末压坯
560℃淬火的显微组织

当烧结温度达到 600℃时，形成的液相沿 Al 粉末颗粒边界扩展的趋势更加明显。图 7 – 6(a)所示为 Al – 4%Cu 粉末压坯 600℃保温后急冷至室温的显微组织。从图 7 – 6(a)可以看出，液相在 Al 粉末颗粒表面形成半连续的网络状结构，该液相应该与图 7 – 5 中的一样，为快速冷却过程形成的 Al_2Cu 相。提高烧结温度至650℃时，液相沿边界扩展的特征更加明显，但是 Al_2Cu 相发生粗化并且其连续性不是很完整，如图7-6(b)所示。这种液相分布特征有利于提高粉末颗粒之间的润湿性，从而提高粉末的烧结性能。但是，当温度较高时，液相含量和液相流动性也随之增加，这将导致晶粒和晶粒边界处 Al_2Cu 相的过分粗化而不利于提高力学性能；另外，在热压过程中也可能导致液相从模具缝隙渗出而影响材料成分。

烧结过程中，产生的液相能够填充大部分粉末颗粒边界和部分孔洞。由于Cu 在 Al 中的固溶度随温度升高而逐渐下降，因此，液相产生后将沿 Al 粉末颗粒边界扩散而不会消失于 Al 基体中。这就意味着烧结过程产生的液相在整个烧结过程都比较稳定。Beffort 等[59]对比 Al 基复合材料中添加不同合金元素粉末的烧结行为，结果表明：Cu 的添加具有比较特殊的作用，即其形成的液相在较大稳定范围均为持续液相并趋于渗透到粉末颗粒边界中；另外，添加 Cu 能够在固溶和时效处理后明显提高复合材料的强度。对于 Al - Mg 混合粉末，形成的液相为瞬时液相，而对于 Al - Zn 混合粉末，液相在粉末完全熔化之前都不会出现。

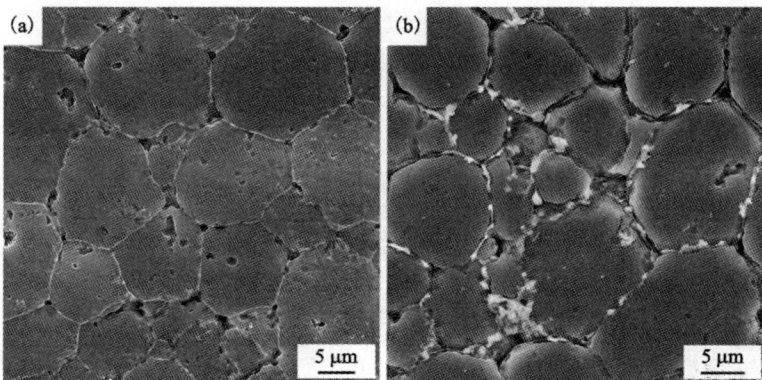

图7-6　Al-4%Cu 粉末压坯600℃(a)和650℃(b)淬火的显微组织

同时，对 Al - Si 合金粉末添加 4% 单质 Cu 粉末的压坯也进行了淬火处理以观察液相的生成和分布情况。图7-7(a)所示为 Al - 4% Cu - 50% Si 粉末压坯560℃淬火后的显微组织。根据 DSC 曲线，混合粉末在 560℃ 下产生部分液相，并在淬火条件下冷却凝固为共晶相。相对于 Al - Cu 体系，Al - Si - Cu 的共晶温度相对较低且液相含量较多，因此液相很快扩散到 Al 基体中而在 Si 相之间留下金属间化合物。结果表明：Cu 在 Al - Si 合金粉末中的扩散速率大于在 Al 粉末中的扩散速率。虽然淬火样品中存在较多孔洞，但是由于液相的产生，粉末颗粒之间形成明显的烧结颈且 Si 相没有发生明显粗化。烧结颈的快速形成应该归因于液相产生而形成的扩散通道，而 Si 相没有发生明显粗化是由于烧结保温时间较短（5 min）。当淬火温度提高到 600℃，如图7-7(b)所示，Si 相发生聚集长大，而金属间化合物已经大量熔解到 Al 基体中。

虽然 Al – Si 合金与 Cu 之间产生的液相可以提高粉末之间的润湿性和烧结性能，但是坯料的致密化程度并没有得到提高，甚至稍微下降。有报道指出，液相烧结 Al 合金粉末可能导致孔洞的产生从而降低烧结材料的相对密度，特别是对于 Al – Si 体系[58]。由于烧结初期 Cu 与 Al 基体发生反应而扩散到 Al 基体中，孔洞主要产生于原来 Cu 粉末所占据的位置以及粉末压坯中残留的空洞。热压烧结过程中，由于外加应力的作用以及 Al 基体屈服强度下降，Al 基体在高温下更容易发生塑性变形且产生的液相在压力作用下沿粉末颗粒边界扩展，因此有利于 Al – Si合金的致密化。

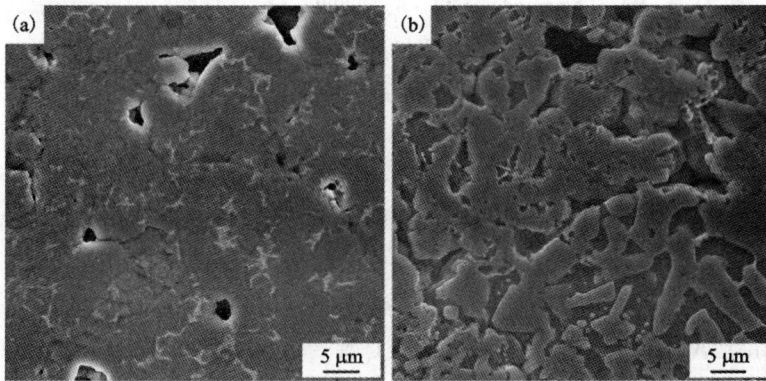

图 7 – 7　Al – 50％Si 合金粉末添加 4％Cu 混合粉末
压坯 560℃(a)和 600℃(b)淬火的显微组织

7.3.3　热压烧结基体显微组织

为对比热压烧结对粉末致密化的作用，首先对纯 Al 粉末压坯进行热压烧结。图 7 – 8 所示为纯 Al 粉末压坯 560℃和 600℃热压烧结后的显微组织。从图 7 – 8 (a)可以看出，560℃热压烧结后的坯料在抛光而未腐蚀条件下，显微组织中没有明显的大尺寸孔洞，但是可以看到明显的粉末颗粒间边界以及部分未完全焊合的颗粒间缝隙，这说明由于固态扩散速率较低和表面的氧化层不利于粉末颗粒的黏结，粉末颗粒之间的结合性能较差，因此热压烧结样品的相对密度仅为 96.2％。在较大倍数下还可以发现，尺寸较小的孔洞依然存在于粉末颗粒之间的三叉边界。提高热压温度到 600℃[图 7 – 8(b)]，坯料显微组织没有发生明显变化，但是残余的孔洞尺寸和数量均有所减少，相对密度提高至 97.8％。该结果表明，固态热压烧结很难获得完全致密的材料。

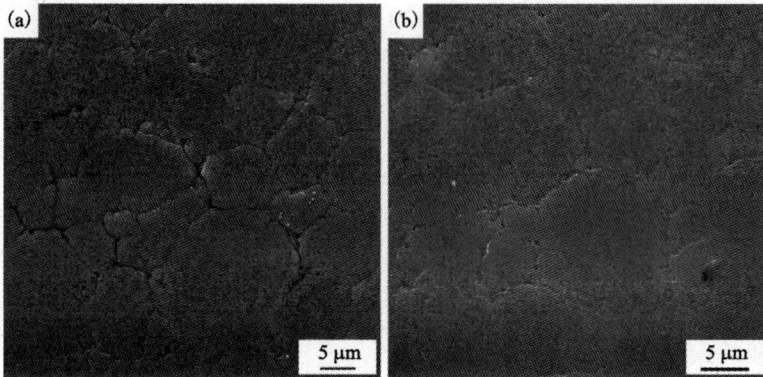

图 7 - 8　纯 Al 粉末压坯 560℃(a)和 600℃(b)热压烧结的显微组织

　　根据 Al - Cu 二元合金相图和淬火实验结果,选择 Al - Cu 混合粉末的热压烧结温度。首先在 560℃下进行热压烧结,该温度对应合金相图中固 - 液两相区,获得的坯料基本致密,如图 7 - 9(a)所示。从图 7 - 9(a)可以看出,相对于灰色 Al 基体,Al_2Cu 相呈白色且均匀分布于 Al 基体中,且趋于分布在原始 Al 粉末颗粒边界处。提高热压温度至 600℃[图 7 - 9(b)]和 650℃[图 7 - 9(c)]时,Al_2Cu 相在基体中分布更加均匀。热压温度不高于 600℃时,Al_2Cu 相呈孤立的块状或棒状,分布于 Al 粉末颗粒的边界;当热压温度达到 650℃时,Al_2Cu 呈连续的网络状,几乎完全填充 Al 粉末颗粒的边界。但是,当热压烧结温度高于 600℃时,由于液相含量及其流动性提高导致部分液相沿模具缝隙渗出。对于淬火试样,液相以薄层的形式存在于 Al 粉末颗粒表面并趋于扩散到 Al 基体中,但是在热压试样中,液相在压力作用下很快被挤压到粉末颗粒之间的孔洞中。因此,热压烧结出现少量液相可以有效促进粉末的致密化并获得几乎完全致密的材料。

　　Kim 等[203]研究添加单质 Cu 粉末和 SiC 颗粒表面镀 Cu 对 Al - SiC$_p$ 复合材料烧结行为和力学性能的影响,结果发现:未添加 Cu 的复合材料中,粉末之间的结合性能很差,复合材料的抗弯强度仅为 60 MPa;添加8% Cu 能有效提高复合材料的相对密度至90%,且抗弯强度超过 200 MPa;而采用在 SiC 表面镀 Cu 的方式加入 Cu 可以更好地提高复合材料的相对密度(95%),且抗弯强度达到 231 MPa。Ogel 和 Gurbuz[57]采用热压烧结制备 Al - 5% Cu - SiC$_p$ 复合材料并分析显微组织特征和拉伸性能,结果表明:单质 Cu 粉末的加入有利于液相的形成,600℃热压烧结 5 min 后得到完全致密的复合材料;另外,采用细 Al 粉末复合材料的弹性模量、拉伸强度和屈服强度随着 SiC 含量增加而提高,塑性不断下降。Zhang 等[56]同样采用热压烧结制备 SiC 颗粒增强 Al - Cu - Mg 三元合金基体的复合材料,原料也采用单质粉末,同时分析显微组织演变以及 Cu 和 Mg 元素的扩散,结果表

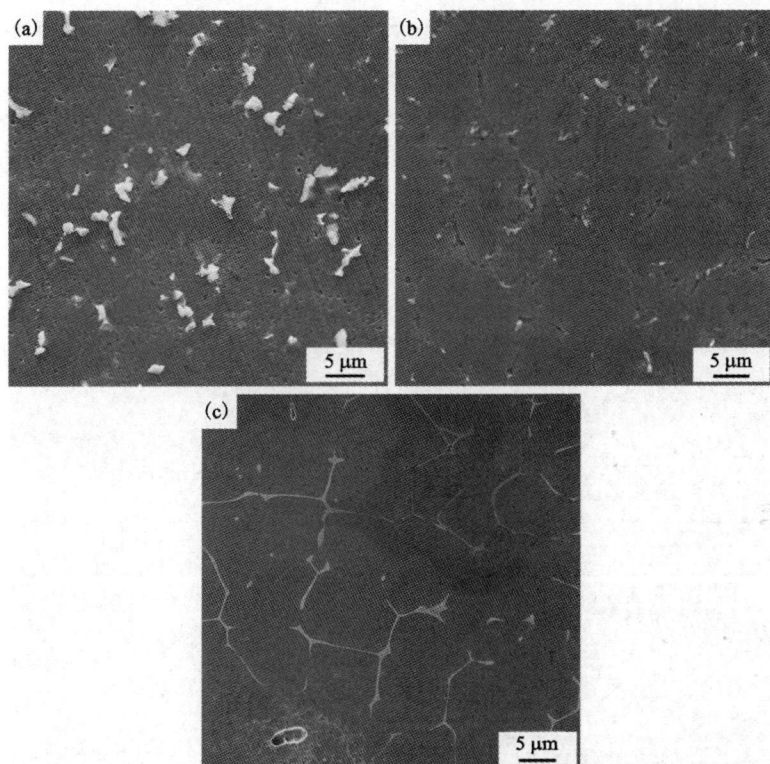

图 7 – 9　Al –4% Cu 混合粉末压坯不同温度热压烧结的显微组织
(a)560℃;(b)600℃;(c)650℃

明：粉末压坯在 580℃ 之前有两个共晶反应；580℃ 保温 60 min 后，液相扩展到 Al 基体中并在原始 Al 颗粒边界留下部分平衡相；同时，Cu 均匀分布在 Al 颗粒之间，而 Mg 趋于分布在 Al 颗粒与 Si 颗粒的边界处；固溶处理后，Al_2Cu 相完全溶解于 Al 基体中，而部分富 Mg 相化合物则无法完全溶解。

7.4　显微组织特征

7.4.1　热压态显微组织

图 7 – 10 所示为 Al – 50% Si 合金粉末中添加不同含量单质 Cu 粉末，经热压烧结后的显微组织。从图 7 – 10(a)可以看出，Al – Si 合金主要由 Al 基体和 Si 相组成，且两相界面结合良好；Si 相表面较圆滑，没有尖锐的棱角，但是 Si 相存在不同程度的互连现象。从 Si 相的尺寸、形貌和分布特征来看，当 Cu 含量不高于

1%时，如图7-10(b)和(c)所示，Al-Si合金的显微组织特征与未添加Cu的相似。值得注意的是，添加少量单质Cu粉末后，显微组织中孤立分布的细小Si相消失于Al基体中。这种现象说明热压过程中少量液相的形成有利于小尺寸Si相通过扩散而依附到大尺寸Si相表面，这导致Si相尺寸发生少许长大。当Cu含量

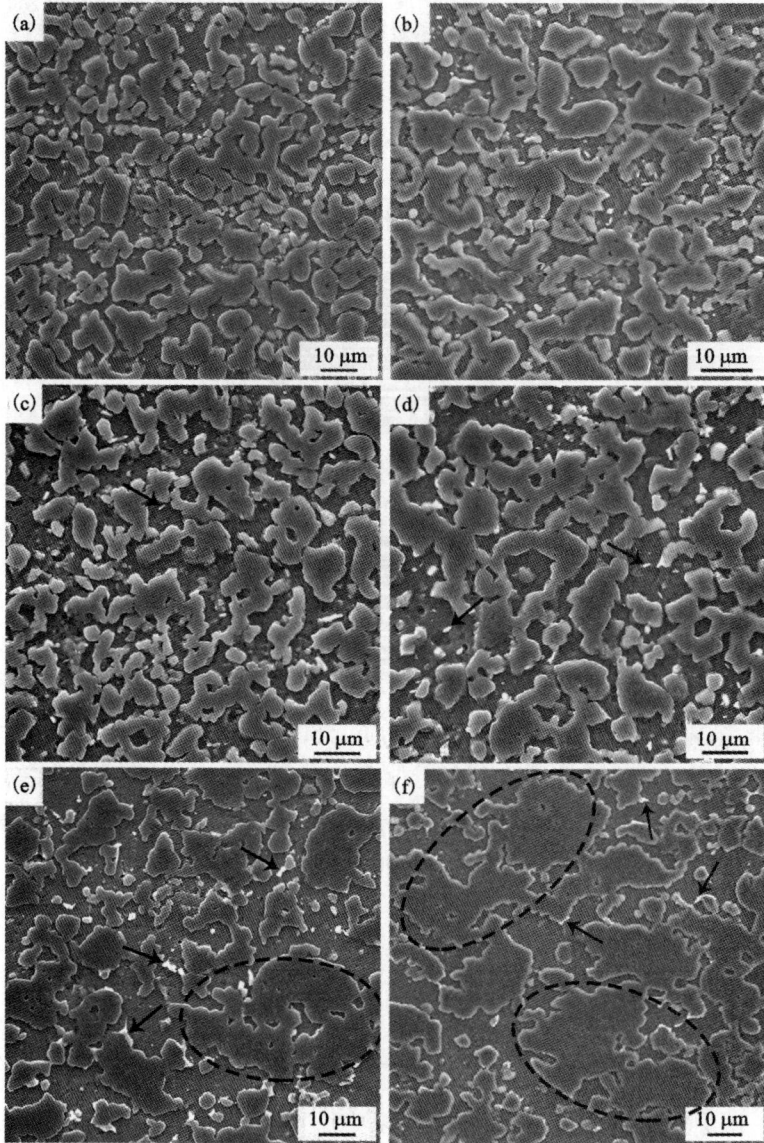

图7-10 Al-50%Si合金添加不同含量Cu的显微组织

(a)0%；(b)0.5%；(c)1.0%；(d)2.0%；(e)4.0%；(f)6.0%

增加至 2% 时, Si 相的粗化程度明显增加, 且 Si 相之间的互连现象更加明显, 但合金显微组织仍然比较均匀, 如图 7 – 10(d) 所示。当 Cu 含量达到 4% 时, Si 相通过相互缠结而发生明显粗化, 同时也导致组织均匀性下降, 如图 7 – 10(e) 所示; 特别是当 Cu 含量达到 6% 时, 部分 Si 相异常长大的现象十分明显, 其尺寸甚至达到 50 μm 以上, 组织十分不均匀, 如图 7 – 10(f) 所示。根据以上观察可知, 当 Cu 含量达到 4% 时, Cu 元素与 Al – Si 合金反应而形成过多的液相, 从而产生粗大、不规则的 Si 相, 严重破坏 Al – 50%Si 合金的组织均匀性, 这将在很大程度上降低合金的力学性能。

Al – 50%Si 合金在热压过程中, Si 相长大可以用 Ostwald 粗化理论解释。由混合粉末压坯的 DSC 曲线(图 7 – 2)可知, 粉末压坯在 560℃ 热压烧结时出现部分液相。液相烧结过程中, 颗粒尺寸越小其长大驱动力越大, 而颗粒长大速度与颗粒尺寸的差值有关, 即差值越大, 长大速度越快[13, 15, 16]。根据第 3 章的结果可知, 在热压烧结过程中, 细小 Si 相会优先溶解并聚集在较大 Si 相表面。在一定范围内, Cu 含量越高, 出现的液相越多, 细小 Si 相的溶解速率以及 Si 原子在基体中的扩散速率也会增大。当 Cu 含量低于 2% 时, 基体中生成的液相较少, 细小 Si 相溶解和扩散的速率较低, 能均匀地在较大 Si 颗粒表面析出, 表现为大部分 Si 相均匀长大, 没有出现部分 Si 相异常长大的现象; 而当 Cu 含量高于 4% 时, 生成的液相较多, 此时细小 Si 相的溶解和扩散过程大大加快, 从而导致如图 7 – 10(e) 和(f) 所示的部分 Si 相异常长大。

采用阿基米德排水法测得热压烧结不同 Cu 含量 Al – 50%Si 合金的密度如表 7 – 1 所示。由于 Cu 的密度(8.96 g/cm³)大大高于 Al 的密度(2.70 g/cm³), Al – Si 合金的理论密度随着 Cu 含量增加而逐渐升高, 该理论密度根据复合材料混合法则(ROM)计算获得, 没有考虑 Cu 固溶到 Al 基体对密度的影响。从表 7 – 1 可以看出, Al – Si 合金的实测平均密度接近甚至部分超过理论密度, 这说明通过向 Al – Si 合金粉末中添加部分单质 Cu 粉末, 在热压烧结过程中形成部分液相可以提高粉末的烧结性能; 另外, 液相的存在为 Si 相的转动和扩散提供重要通道, 从而获得基本致密的 Al – 50%Si 合金。

表 7 – 1　Al – 50%Si 合金添加不同含量 Cu 的实测密度和理论密度

成分	实测密度 /(g·cm⁻³)	理论密度 /(g·cm⁻³)	相对密度 /%
Al – Si	2.498 ± 0.038	2.503	99.8
Al – 0.5%Cu – Si	2.512 ± 0.051	2.510	100.1
Al – 1%Cu – Si	2.525 ± 0.045	2.518	100.3
Al – 2%Cu – Si	2.540 ± 0.032	2.537	100.1
Al – 4%Cu – Si	2.563 ± 0.071	2.574	99.6
Al – 6%Cu – Si	2.595 ± 0.056	2.613	99.3

图 7-11 所示为添加不同含量单质 Cu 粉末对热压烧结 Al-50% Si 合金 Si 相平均尺寸的影响,这其实归因于热压过程中产生的液相含量(即添加的单质 Cu 粉末含量)。从图 7-11 可以看出,当 Cu 含量不高于 2% 时,Si 相平均尺寸的变化幅度很小,说明在此条件下液相含量相对较低而对 Si 相扩散的影响较小;同时,测得的 Si 相最大尺寸和最小尺寸的偏差较小,这从另一方面说明这些合金显微组织的均匀性,这与图 7-10(b~d)合金的显微组织特征一致。当 Cu 含量达到或超过 4% 时,Si 相开始发生急剧粗化,Si 相的急剧长大主要是由于大量液相的存在有利于 Si 原子的快速扩散,从而为 Si 相的快速粗化提供通道;另外,根据第 3 章对合金粉末组织热稳定性的分析可知,Si 相的快速粗化还通过 Si-Si 相之间相互缠结的方式进行,而较高液相含量的存在有利于 Si 相通过相互缠结而长大,这就导致如图 7-11(e)和(f)所示的部分 Si 相异常长大。从图 7-11 还可以发现,在 Al-4% Cu-Si 和 Al-6% Cu-Si 合金中,测得的 Si 相最大尺寸和最小尺寸的偏差非常大,即组织不均匀程度较严重,这与图 7-10(e)和(f)中合金的显微组织特征一致。

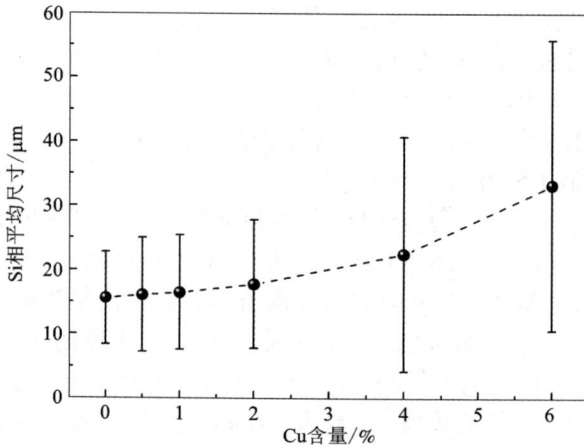

图 7-11　Al-50% Si 合金中 Si 相平均尺寸与 Cu 含量的关系

采用 X 射线衍射(XRD)分析 Cu 含量对热压成型 Al-50% Si 合金中相成分的影响,结果如图 7-12 所示。从图 7-12 可以看出,α-Al(面心立方结构,Fm3m,$a = 0.40494$ nm)和 β-Si(金刚石结构,$a = b = c = 0.5431$ nm)相对应的衍射峰在每个试样中均存在。而在添加不同含量 Cu 粉末的试样中均可以发现 θ-Al$_2$Cu(体心立方结构,I4/mcm,$a = b = 0.6063$ nm,$c = 0.4872$ nm)相对应的衍射峰,并且该衍射峰强度随着 Cu 含量增加而逐渐升高。另外,通过 XRD 检测未发现其他化合物或杂质的存在,这说明热压过程没有发生 Cu 与 Si 之间的反应或者仅发生微量反应而无法检测到。

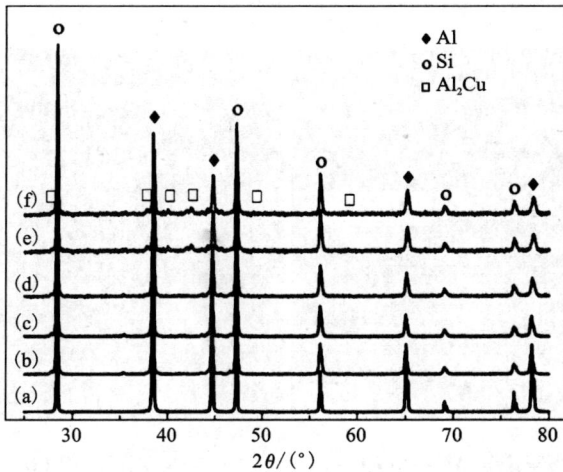

图 7‒12　Al‒50%Si 合金添加不同含量 Cu 的 X 射线衍射图谱

(a)0%；(b)0.5%；(c)1%；(d)2%；(e)4%；(f)6%

7.4.2　热处理对显微组织的影响

根据已有的研究[57, 203, 207]和 XRD 结果(图 7‒12)，在 Al‒Si 合金粉末中添加部分 Cu 粉末将在烧结后形成 Al_2Cu 金属间化合物。图 7‒13 所示为 T6 热处理前后 Al‒2%Cu‒Si 合金的显微组织。从图 7‒13(a)可以看出，尺寸为 1~3 μm 的白色金属间化合物分布在热压态合金的显微组织中，这些化合物有些分布在 Al‒Si 界面处，有些则分布在 Si‒Si 相之间。通过 EDS 分析发现，该金属间化合物的成分与 Al_2Cu 相接近。另外可以发现，热压态显微组织中 Al_2Cu 相的分布不是很均匀。经过固溶和时效处理，如图 7‒13(b)所示，大部分 Al_2Cu 颗粒消失于基体中，仅有很少量的化合物存在。这种结果表明，虽然 Si 相含量较高，添加少量 Cu 的 Al‒Si 合金可以通过热处理析出强化提高材料强度。但是，对于 Al‒6%Cu‒Si 合金，由于 Al_2Cu 相含量较高且尺寸稍大，热处理后期显微组织中仍残留有部分不连续的长条状 Al_2Cu 相。这与刘孝飞等[28]的研究结果一致，而这可能影响合金的力学性能。

Beffort 等[59]通过往 Al 基体中分别添加 Cu、Zn 和 Mg 三种合金元素，分析基体合金化和热处理对 Al‒60%SiC_p 复合材料力学性能的影响，结果表明：由于固溶和时效处理后 Al_2Cu 等第二相析出，通过在 Al 基体中添加部分 Cu 等合金元素可以对复合材料起到一定程度的强化作用。另外，从图 7‒13 还可以看出，相对热压态合金，热处理后的显微组织中 Si 相表面趋于更加平滑。产生这种现象的原因应该是 Si 颗粒表面的 Al_2Cu 相在热处理之后溶解于 Al 基体中。

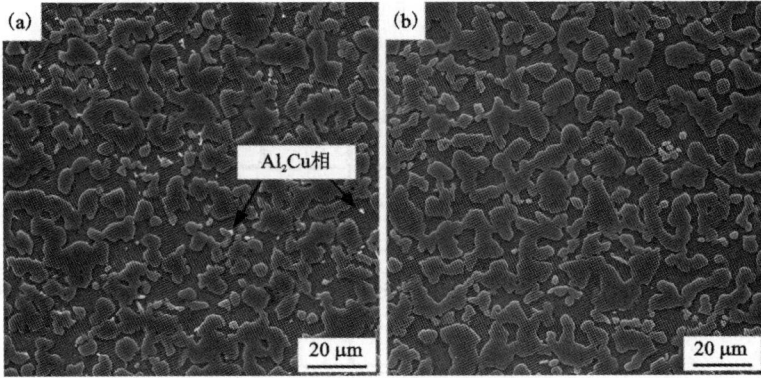

图 7 – 13   热压烧结 Al – 2%Cu – Si 合金 T6 热处理前(a)后(b)的显微组织

图 7 – 14 所示为 Al – 2%Cu – Si 合金经 T6 热处理后 Al、Si 和 Cu 元素的电子

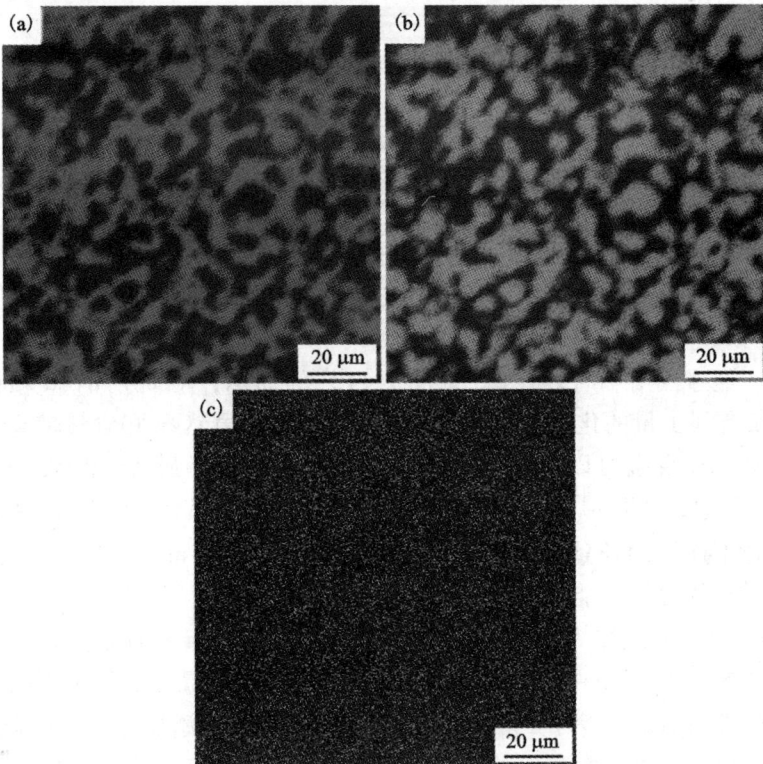

图 7 – 14   添加 2%Cu 的 Al – 50%Si 合金电子探针面分析

(a)Al 元素；(b)Si 元素；(c)Cu 元素

探针面扫描结果。从图 7 – 14 可以看出，经固溶和时效处理后 Al_2Cu 相基本溶解于 Al 基体中，虽然还有少量细小的化合物存在。根据已有研究[208]，残留的化合物可能是合金中存在部分杂质 Fe 而形成的 Al – Cu – Fe 相，而这种化合物具有较高热稳定性，因此无法固溶到 Al 基体中。另外，从图 7 – 14 还可以发现，经过固溶和时效处理后，Al 基体中 Cu 元素的分布更加均匀。

7.5　热物理性能

7.5.1　热膨胀系数

图 7 – 15 为 Al 基体和 Al – 50％Si 合金添加不同含量 Cu 的热膨胀系数。从图 7 – 15 可以看出，在相同测试温度下，Al 基体和合金的热膨胀系数均随着 Cu 含量增加而不断降低。根据复合材料混合法则（ROM），热膨胀系数主要取决于基体和增强体的热膨胀系数以及增强体的体积分数。由于 Al 基体的热膨胀系数随着 Cu 含量增加而降低，Al – Si 合金的热膨胀系数也表现出相同的变化趋势。另外，由于 Al – 4％Cu – Si 和 Al – 6％Cu – Si 合金中 Si 相尺寸较大，其对 Al 基体热膨胀行为的束缚能力下降，因此 Cu 含量达到或高于 4％时，热膨胀系数的下降幅度相对较小。这种现象表明，增强体尺寸对合金热膨胀系数有一定影响，即在一定含量增强体的合金中，较小尺寸的增强体有利于降低热膨胀系数。这样的结果与绪论中提到的 Chien 等[209]对压力熔渗 Al – Si 合金的研究结果相似，而一般金属基复合材料也存在类似的现象[63]。

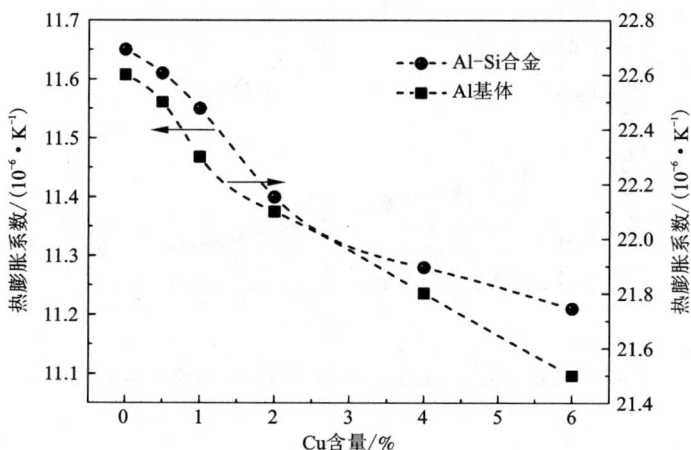

图 7 – 15　Cu 含量对 Al 基体和 Al – 50％Si 合金热膨胀系数的影响

7.5.2 热导率

图 7 – 16 所示为添加不同含量单质 Cu 粉末对 Al 基体和 Al – 50% Si 合金热导率的影响。从图 7 – 16 可以看出，基体和合金的热导率均随着 Cu 含量增加而逐渐降低，特别是当 Cu 含量较高时(4% 和 6%)，Cu 含量对 Al 基体热导率的影响十分显著。根据前面对显微组织特征的分析，添加部分 Cu 并经过热处理后，显微组织中 Al_2Cu 相细小、均匀分布于 Al 基体中，金属及合金的热传导主要通过自由电子的运动完成，因此，第二相粒子对自由电子运动具有一定散射作用，阻碍热传导的进行，从而显著降低 Al 基体的热导率。

对于 Al – 50% Si 合金，在第 5 章中已经指出，其热导率主要取决于各组元的热导率、增强体的体积分数、尺寸和分布以及基体与增强体界面结合强度等。由于 Al – Si 合金中具有几乎相同的 Si 相体积分数且 Al 与 Si 的界面结合强度较高，因此，其热导率取决于 Al 基体热导率、Si 相形貌和尺寸特征。由于 Al – 4% Cu – Si 和 Al – 6% Cu – Si 合金中 Si 相尺寸较大，有利于减小界面热阻；因此，当 Cu 含量增加至 4% 和 6% 时，Si 相尺寸部分抵消 Al 基体对合金热导率的影响，热导率的下降幅度相对 Al 基体有所减缓。这种现象说明，较大尺寸的增强体有利于提高合金的热导率，这与 5.4.2 的实验和热导率理论模型以及前言中 Chen 和 Chung[18] 的实验结果相符合。因此，电子封装材料中，在保证一定强度的前提下应尽量提高增强体的尺寸以提高材料的热导率。

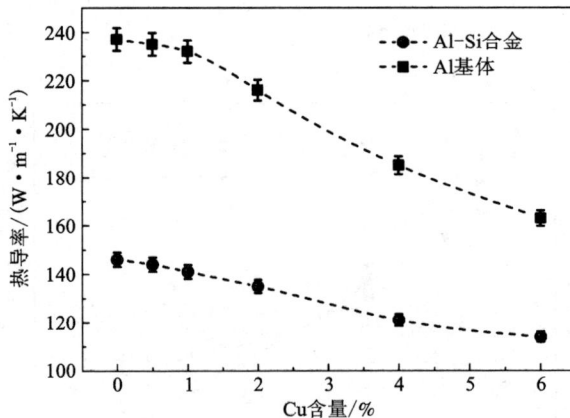

图 7 – 16　Cu 含量对 Al 基体和 Al – 50% Si 合金热导率的影响

7.6　力学性能

7.6.1　布氏硬度

图 7 – 17 所示为添加不同含量单质 Cu 粉末的 Al 基体和 Al – 50% Si 合金经过 T6 热处理后的布氏硬度。从图 7 – 17 可以看出,基体硬度随着 Cu 含量增加至 2% 而急剧升高,之后随着 Cu 含量继续增加其升高幅度逐渐下降。Al 基体硬度随着 Cu 含量增加的变化与 Al_2Cu 相的析出量一致(图 7 – 12)。当 Cu 含量从 0 增加至 1% 时,基体硬度值的升高幅度最大,从 29 HB 升高至 48 HB,增幅达到 66% ,导致这种现象的主要原因是 Al_2Cu 相的固溶强化和共晶 Si 相的析出强化作用。在一般的 Al 合金(特别是 2000 系)和 Al 基复合材料中,Al_2Cu 相是主要的强化相。当 Cu 含量增加至 4% 和 6% 时,基体硬度值分别升高到 56 HB 和 62 HB,相对添加 2% Cu 仅分别提高 17% 和 29% ,这应该是由于基体对固溶原子和析出相的溶解已接近饱和,因此 Al 基体硬度的上升幅度逐渐下降。

对于 Al – 50% Si 合金,当 Cu 含量不超过 2% 时,Al 基体硬度随着 Cu 含量增加而升高导致合金的硬度也随 Cu 含量增加而不断升高,但是 Al – 4% Cu – Si 和 Al – 6% Cu – Si 合金的硬度相对 Al – 2% Cu – Si 合金反而有一定程度下降,这应该归因于部分 Si 相异常长大导致 Si 相之间的间距增大(图 7 – 10)。这种结果表明,合金的硬度不仅取决于基体硬度,还与增强体的形貌、尺寸和间距有关。

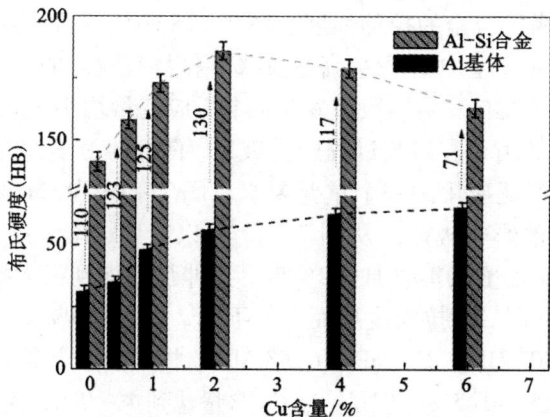

图 7 – 17　Cu 含量对 Al 基体和 Al – 50% Si 合金布氏硬度的影响

7.6.2 拉伸和抗弯性能

图 7-18 所示为 Al-50%Si 合金添加不同含量 Cu 的拉伸应力-应变曲线。从图 7-18 可以看出，Cu 含量对流变应力行为的影响比较明显。随着 Cu 含量增加，合金的塑性变形能力不断下降，而拉伸强度呈现先增加后减小的趋势。与未添加 Cu 的合金流变应力特征相比较，Cu 含量的影响可以分为以下三种形式：第一，对于 Cu 含量较低的 Al-0.5%Cu-Si 和 Al-1%Cu-Si 合金，添加 Cu 对塑性变形能力没有很大影响，而且强度仅稍有上升，主要表现为：流变应力曲线从极限抗拉强度的 10%~15% 的位置开始偏离线性弹性行为（塑性变形），同时曲线的斜率曲线变得十分平坦直至断裂，断裂前的应变量相对较大[59]；第二，对于 Cu 含量适中的 Al-2%Cu-Si 合金，塑性变形的开始相对较晚（大约为 25% 极限抗拉强度），而该材料在断裂前的应变硬化现象较为明显，从而有效提高抗拉强度，同时也大大降低塑性变形量；第三，对于 Cu 含量较高的 Al-4%Cu-Si 和 Al-6%Cu-Si 合金，流变应力基本呈现线性弹性应变直至极限抗拉强度，仅有微量的偏离（开始于大约 50% 极限抗拉强度的位置），因此其总应变量基本为零，但是拉伸强度相对 Al-2%Cu-Si 合金反而有所下降。

由于 Si 在 Al 基体中的室温固溶度很小，未添加合金元素 Al-Si 合金的强化机制主要是颗粒强化，而添加少量 Cu 后的合金还具有热处理（析出）强化的潜能。添加 Cu 的 Al-Si 合金在固溶和时效处理后，析出的 Al_2Cu 相尺寸较为细小，在扫描电子显微镜下难以观察到。通过 X 射线衍射图谱能检测部分 Al_2Cu 相的存在，结合电子探针面分析图可知 Al_2Cu 相在基体中均匀分布，这对 Al 基体起到强化作用，从而提高了合金的拉伸强度。图 7-18 中曲线没有出现明显的屈服现象，这是由于 Al-Si 合金中 Si 含量高达 50%，材料有较高的强度和刚度，因此塑性变形量很小、几乎没有发生屈服就发生断裂，应变量均小于 0.5%。

为避免在外力作用下和封装过程产生破坏，良好的力学性能是 Al-Si 合金在电子封装领域得到广泛应用的一个重要要求。图 7-19 为 Cu 含量对 Al-50%Si 合金主要力学性能的影响规律。从图 7-19 可以看出，拉伸强度受 Cu 含量的影响比较明显。当 Cu 含量从 0 增加至 2% 时，拉伸强度得到很大提高；但是，当 Cu 含量继续增加至 6% 时，抗拉强度反而有所下降。添加 0.5%，1% 和 2%Cu 合金的抗拉强度分布达到 207 MPa、236 MPa 和 268 MPa，相对于未合金化的合金（185 MPa）分别提高了 12%、28% 和 45%。但是，当 Cu 含量达到 4% 和 6% 时，抗拉强度分别仅为 226 MPa 和 174 MPa，相对于未合金化的合金分别提高了 22% 和 -6%。Cu 含量对 Al-Si 合金抗弯强度的影响与抗拉强度类似，如图 7-19 所示，抗弯强度随着 Cu 含量增加呈现先升高后下降的趋势。添加 2%Cu 的 Al-50%Si 合金具有最高的抗弯强度（423 MPa），相对于未合金化的合金提高了 47%。

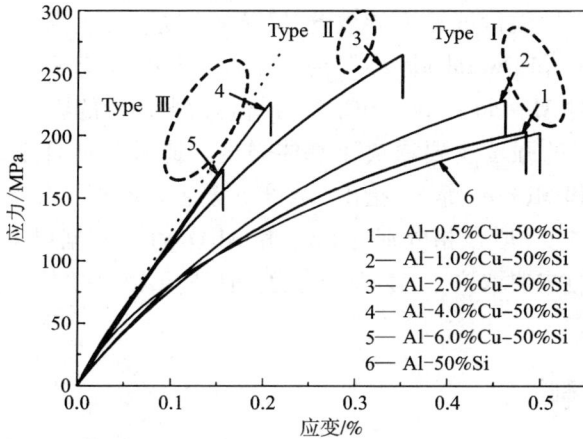

图 7 – 18　不同 Cu 含量 Al – 50％Si 合金的应力 – 应变曲线

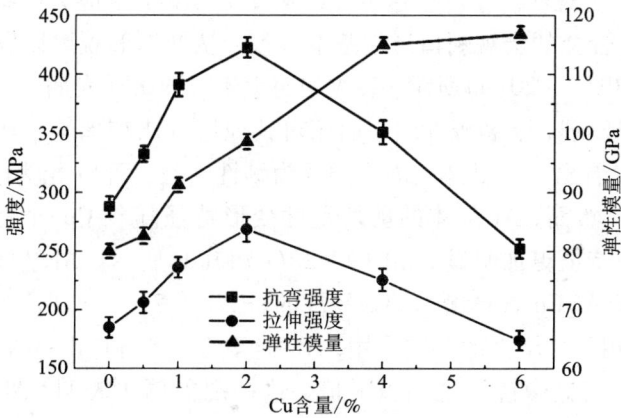

图 7 – 19　Cu 含量对 Al – 50％Si 合金力学性能的影响

从图 7 – 19 还可以看出，通过基体合金化可以明显提高 Al – Si 合金的拉伸弹性模量。随着 Cu 含量从 0 增加至 6％，弹性模量几乎呈线性升高。材料的弹性模量主要取决于各成分弹性性能和增强相体积分数[59]，因此，随着 Al 基体中 Cu 含量增加，合金的弹性模量不断升高。虽然由于添加 Cu 而导致各个合金之间 Si 相体积分数存在微小差异，但是这种微小的差异无法体现出来；因此，Al – Si 合金的弹性模量主要取决于 Al 基体性能。

由于 Al – 50％Si 合金具有相近的 Si 相体积分数，其强度随着 Cu 含量增加而升高的现象应该归因于 Al 基体的固溶强化和析出强化作用（如图 7 – 17）。但是，当 Cu 含量比较高时（≥4％），一方面 Al 基体中出现过多的粗大 Al_2Cu 相，另一方面因热压过程产生大量液相而导致 Si 相异常长大,这些都会导致合金的力学性能下降。Kumars 和 Dwarakadasa[210] 通过不同热处理工艺来改变基体强度的方式研究基体强度对 Al – Zn – Mg – SiCp 复合材料力学性能的影响,结果表明:相同状态下,复合材料的强度主要取决于基体强度。通过基体合金化和热处理等工艺,Beffort 等[59] 和 Miserez 等[211] 指出,合金元素主要起到强化基体的作用,从而提高复合材料的强度(增强相分别为 SiCp 和 Al₂O₃p)。根据以上结果可知,Al – Si 合金的力学性能主要取决于 Al 基体性能,但是 Si 相尺寸和形貌对合金力学性能也有一定影响。

7.6.3 断裂机制

图 7 – 20 为 Al – 50% Si 合金添加不同含量 Cu 的拉伸断口形貌。从图 7 – 20 可以看出,所有试样均呈现脆性断裂特征,比如,断裂面平坦、与拉伸方面垂直并且没有明显的宏观塑性变形。这也可以从图 7 – 18 流变应力曲线中应变量的大小看出,Al – Si 合金的宏观断口形貌基本一致。从低倍形貌可以发现材料的断裂源比较明显,如图 7 – 20(a)所示,裂纹均萌生于拉伸试样表面,然后逐步向内部扩展;另外可以发现,断裂源处的表面相对其他地方比较平坦。从高倍显微镜下的断口形貌可以看出,Al 基体的断裂方式为韧性断裂,而 Si 相为解理断裂,如图 7 – 20(b)所示。然而,Al 基体的剪切塑性变形特征随着 Cu 含量增加而不断弱化,即脆性断裂特征更加明显,如图 7 – 20(c)和(d)所示。Al 基体塑性变形性能下降主要归因于 Al₂Cu 含量增加导致硬度的升高(图 7 – 17)。另外,由于 Al 基体硬度升高和 Si 相尺寸增大的共同作用,Al – 4% Cu – Si 和 Al – 6% Cu – Si 合金的断裂面即使在高倍显微镜下也相当平坦。这种现象再次表明,Al 基体的性能对 Al – Si 合金的力学性能的影响很大。值得注意的是,拉伸后的断口中也很难观察到 Al – Si 界面剥离现象,说明 Al 与 Si 之间的界面结合强度较高。Al – Si 合金不同于一般的陶瓷相增强金属基复合材料,由于 Si 在 Al 中有一定的固溶度而具有良好的润湿性,而且在高温成型过程中 Si 与 Al 不会发生界面反应,因此能形成较强的界面结合;而陶瓷相增强的复合材料往往由于润湿性差或界面反应产生脆性相而导致界面结合问题,从而降低复合材料的力学性能。综上所述,Al – Si 合金的断裂机制可以描述为,Si 相的脆性断裂伴随 Al 基体的韧性断裂,但是 Al 基体的韧性断裂特征随着 Cu 含量增加而逐渐不明显。

为进一步分析 Al – 50% Si 合金的断裂机制,对 Al – 2% Cu – Si 合金三点抗弯试样的横截面中裂纹的扩展采用 SEM 进行观察,结果如图 7 – 21 所示。从图 7 – 21 可以看出,在裂纹的扩展通道中,几乎所有的 Si 颗粒均发生穿晶开裂。由于 Cu 合金化导致 Al 基体强度提高和塑性降低,裂纹的扩展通道几乎呈线性。从裂

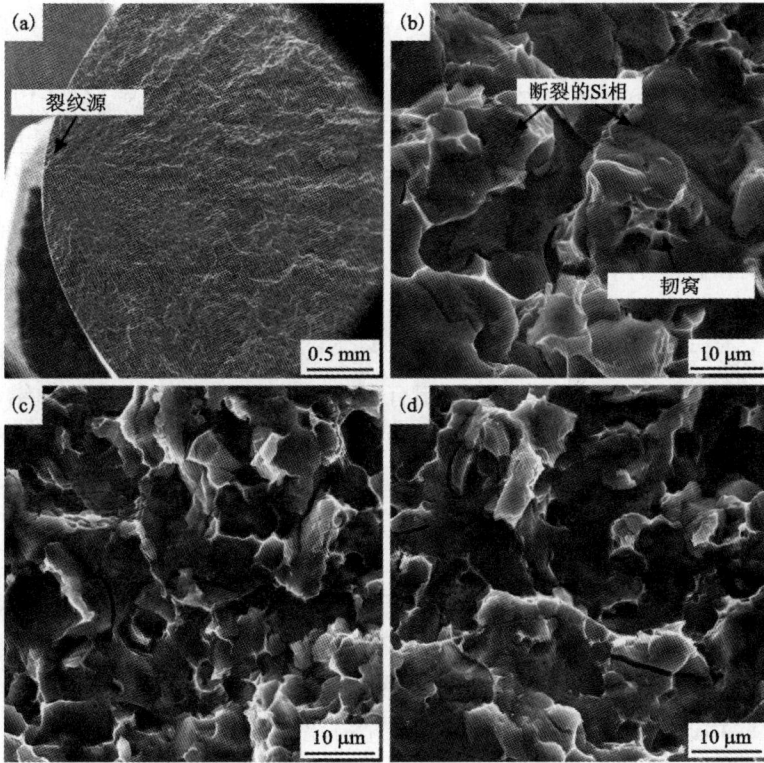

图 7 - 20　未合金化合金的低倍(a)和高倍(b)断裂源形貌以及添加 2%(c)
和 4%(d) Cu 的 Al – 50% Si 合金的典型断口形貌

纹的前端可以发现(图 7 - 21 椭圆圈所示),裂纹通过 Si 颗粒的破碎而不断扩展,而终止于 Al 基体的韧性开裂,Al 基体作为连接 Si 相裂纹源的桥梁,由于添加合金元素对 Si 相和 Al – Si 界面没有很大影响,因此 Al 基体的强度对 Al – Si 合金的强度起决定作用。这种现象也表明 Al – Cu 基体的强度和 Al –

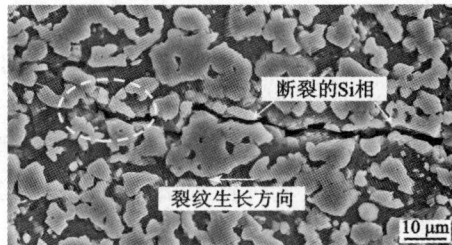

图 7 - 21　Al – 2% Cu – Si 合金三点
抗弯试样横截面的裂纹扩展

Si 界面结合强度足够高而能将外加应力作用到 Si 相上,从而导致 Si 相的脆性开裂。这种颗粒主导的断裂方式也可以在压力浸渗的 Al – Si 合金中观察到,其 Si 相尺寸大约为 50 μm[212]。

7.7 本章小结

本章研究添加少量单质 Cu 粉末对 Al－50％Si 合金粉末烧结行为以及合金显微组织和性能的影响。采用 DSC 分析添加单质 Cu 粉末对混合粉末物相反应的影响，采用淬火实验分析烧结过程中液相产生和分布情况，采用扫描电子显微镜结合电子探针分析 Al－50％Si 合金显微组织和第二相的形貌和分布，通过热处理研究显微组织和性能的演变，并分析 Cu 元素含量对 Al－50％Si 合金性能和断裂方式的影响。结果表明：

（1）通过 DSC 分析和淬火实验发现，纯 Al 粉末中添加单质 Cu 粉末可以在较低温度（548℃）形成共晶液相，而液相有利于粉末颗粒之间的扩散黏结，该液相趋于分布在 Al 粉末颗粒表面并形成网络状结构，从而提高粉末的烧结速率；在 Al－Si 合金粉末中添加单质 Cu 粉末，三元共晶液相的形成温度更低（525℃），并且具有更好的流动性；Al－Cu 混合粉末压坯热压烧结后的显微组织致密且 Al$_2$Cu 相均匀分布。

（2）Al－50％Si 合金中 Cu 含量不高于 2％时，其显微组织相较未合金化的试样没有明显区别，仅因部分小尺寸 Si 相依附到大尺寸颗粒表面而稍许长大；但 Cu 含量达到 4％时，热压过程产生过多液相为 Si 原子的快速扩散提供通道，从而导致部分 Si 相通过扩散和相互缠结而迅速粗化，显微组织均匀性下降。Al 基体中 Al$_2$Cu 相随着 Cu 含量增加而增多，经过固溶和时效处理，该相基本溶解于基体中且 Cu 元素分布均匀。

（3）Al－50％Si 合金的热膨胀系数和热导率均随着 Cu 含量增加而逐渐下降，但热膨胀系数和热导率还与 Si 相尺寸和形貌有关，粗大的 Si 相不利于降低热膨胀系数但有利于提高热导率。

（4）Al 基体布氏硬度随着 Cu 含量增加而逐渐升高；Al－50％Si 合金的力学性能随着 Cu 含量增加呈现先升高后下降的趋势，但延伸率不断下降；当 Cu 含量为 2％时，合金的硬度、拉伸强度和抗弯强度均达到最大值，分别为 186 HB，236 MPa 和 391 MPa；而弹性模量随 Cu 含量增加而不断提高。Al－Si 合金的力学性能主要取决于 Al 基体性能，但是 Si 相尺寸和形貌也对力学性能有一定影响。Al－Si合金以脆性断裂为主，Al 基体的韧性断裂特征随着 Cu 含量增加而逐渐下降，因此断口平坦且垂直于拉伸方向；裂纹起始于 Si 相而终止于 Al 基体。

参考文献

[1] Xingcun C. Advanced materials for thermal management of electronic packaging[M]. New York: Springer, 2011.

[2] 田明波, 梁彤翔, 何卫. 电子封装技术和封装材料[J]. 半导体情报, 1995, 32(4): 42-61.

[3] Shen Y L, Needleman A, Suresh S. Coefficients of thermal expansion of metal-matrix composites for electronic packaging[J]. Metallurgical and Materials Transactions A, 1994, 25(4): 839-850.

[4] Liu Y. Power electronic packaging[M]. New York: Springer, 2012.

[5] Cho J, Goodson K E. Thermal transport: Cool electronics[J]. Nature Materials, 2015, 14(2): 136-137.

[6] Jacobson D M, Sangha P S. A novel lightweight microwave packaging technology[J]. IEEE Transactions on Components, Packaging, and Manufacturing Technology, Part A, 1998, 21(3): 515-520.

[7] Zweben C. Metal-matrix composites for electronic packaging[J]. JOM, 1992, 44(7): 15-23.

[8] Zweben C. Advances in composite materials for thermal management in electronic packaging[J]. JOM, 1998, 50(6): 47-51.

[9] Premkumar M K, Hunt W H, Sawtell R R. Aluminum composite materials for multichip modules [J]. JOM, 1992, 44(7): 24-28.

[10] Qu X H, Zhang L, Wu M, et al. Review of metal matrix composites with high thermal conductivity for thermal management application[J]. Progress in Natural Science: Materials International, 2011, 21(3): 189-197.

[11] Qian J, Pantea C, Huang J, et al. Graphitization of diamond powders of different sizes at high pressure-high temperature[J]. Carbon, 2004, 42(12-13): 2691-2697.

[12] Ruch P W, Beffort O, Kleiner S, et al. Selective interfacial bonding in Al(Si)-diamond composites and its effect on thermal conductivity[J]. Composites Science and Technology, 2006, 66(15): 2677-2685.

[13] Weber L, Tavangar R. On the influence of active element content on the thermal conductivity and thermal expansion of Cu-X(X = Cr, B) diamond composites[J]. Scripta Materialia, 2007, 57 (11): 988-991.

[14] Ward P J, Atkinson H V, Anderson P R G, et al. Semi-solid processing of novel MMCs based on hypereutectic aluminium-silicon alloys[J]. Acta Materialia, 1996, 44(5): 1717-1727.

[15] Lambourne A. Spray forming of Si-Al alloys for thermal management applications[D]. Oxford: University of Oxford, 2007.

[16] Jacobson D M. Lightweight electronic packaging technology based on spray formed Si – Al[J]. Powder Metallurgy, 2000, 43: 200 – 202.

[17] Itoh Y, Odani Y, Akechi K, et al. Aluminum-silicon alloy heatsink for semiconductor devices. Jpan: 4926242[P], 1990.

[18] Chen Y, Chung D D L. Silicon-aluminium network composites fabricated by liquid metal infiltration[J]. Journal of Materials Science, 1994, 29(23): 6069 – 6075.

[19] Hogg S C, Lambourne A, Ogilvy A, et al. Microstructural characterisation of spray formed Si – 30Al for thermal management applications[J]. Scripta Materialia, 2006, 55(1): 111 – 114.

[20] Yu K, Li C, Wang R C, et al. Production and properties of a spray formed 70% Si – Al alloy for electronic packaging applications[J]. Materials Transactions, 2008, 49(3): 685 – 687.

[21] 李超, 彭超群, 余琨, 等. 喷射沉积 70% Si – Al 合金电子封装材料的组织与性能[J]. 中国有色金属学报, 2009, 19(2): 303 – 307.

[22] Wang F, Xiong B, Zhang Y, et al. Microstructure, thermo-physical and mechanical properties of spray-deposited Si – 30Al alloy for electronic packaging application [J]. Materials Characterization, 2008, 59(10): 1455 – 1457.

[23] 杨培勇, 郑子樵, 蔡杨, 等. Si – Al 电子封装材料粉末冶金制备工艺研究[J]. 稀有金属材料与工程, 2004, 28(1): 160 – 165.

[24] Wang X F, Wu G H, Wang R C, et al. Fabrication and properties of Si/Al interpenetrating phase composites for electronic packaging[J]. Transactions of Nonferrous Metals Society of China, 2007, 17(1): 1039 – 1042.

[25] 胡锐, 朱冠勇, 白海琪, 等. 高含量 Si_p/Al 热控制复合材料性能研究[J]. 材料科学与工艺, 2005, 13(5): 470 – 473.

[26] Liu Y Q, Wei S H, Fan J Z, et al. Mechanical properties of a low-thermal-expansion aluminum/silicon composite produced by powder metallurgy [J]. Journal of Materials Science & Technology, 2014, 30(4): 417 – 422.

[27] 刘孝飞, 刘彦强, 樊建中, 等. 热等静压制备 Si_p/Al – Cu 复合材料的组织与性能[J]. 中国有色金属学报, 2012, 22(11): 3059 – 3065.

[28] 刘孝飞, 刘彦强, 魏少华, 等. 热处理对热等静压 Si_p/Al – Cu 复合材料显微组织和力学性能的影响[J]. 复合材料学报, 2013, 30(2): 111 – 117.

[29] 甘卫平, 刘泓, 杨伏良. 不同制备工艺对高硅铝合金组织及力学性能的影响[J]. 材料导报, 2006, 20(3): 126 – 128.

[30] 李小平, 陈振华, 曹标, 等. 高硅铝合金悬浮铸造的组织细化[J]. 特种铸造及有色合金, 1999, (6): 20 – 24.

[31] 齐丕骧. 挤压铸造技术的最新发展[J]. 特种铸造及有色合金, 2007, 27(9): 688 – 694.

[32] 修子扬, 张强, 武高辉, 等. 高体积分数电子封装用铝基复合材料性能研究[J]. 电子与封装, 2006, 6(2): 16 – 19.

[33] 叶斌, 何新波, 任淑彬, 等. SiC 颗粒特性对无压熔渗 SiC_p/Al 复合材料热物理性能的影响[J]. 北京科技大学学报, 2008, 30(12): 1410 – 1413.

［34］ Leger A，Calderon N R，Charvet R，et al. Capillarity in pressure infiltration：Improvements in characterization of high-temperature systems［J］. Journal of Materials Science，2012，47(24)：8419 – 8430.

［35］ Agahajanian M K，Rocazella M A，Burke J T，et al. The fabrication of metal matrix composites by a pressureless infiltration technique［J］. Journal of Materials Science，1991，26(2)：447 – 454.

［36］ 彭超群. 喷射成型技术［M］. 长沙：中南大学出版社，2005.

［37］ Grant P S. Spray forming［J］. Progress in Materials Science，1995，39(4 – 5)：497 – 545.

［38］ 谢壮德，沈军，董寅生，等. 快速凝固铝硅合金的制备，组织特征及断裂行为［J］. 粉末冶金技术，2000，18(2)：111 – 116.

［39］ Brooks R G. Method and apparatus for making shaped articles form sparayed molten metal of metal alloy［P］. England：Re. 31，767，1984.

［40］ Alan G. Leatham，Charles R. Pratt，Peter F. Chesney. Spray deposition method and apparatus thereof［P］. England：5，143，139，1992.

［41］ Jacobson D M. Applications of Osprey lightweight controlled expansion (CE) alloys［EB/OL］. http：www. smt. sandvik. com/en/products/cealloys/，2014 – 05 – 16.

［42］ 魏衍广. 喷射成型 Si – Al 电子封装材料的制备及组织性能研究［D］. 北京：北京有色金属研究总院，2006.

［43］ 刘红伟，张永安，朱宝宏，等. 喷射成型 70Si30Al 电子封装材料致密化处理及组织性能研究［J］. 稀有金属，2007，31(4)：446 – 450.

［44］ 黄培云. 粉末冶金原理［M］. 北京：冶金工业出版社，1999.

［45］ 张永安，刘红伟，朱宝宏，等. 新型 60Si40Al 合金封装材料的喷射成型制备［J］. 中国有色金属学报，2004，14(1)：23 – 27.

［46］ 张磊，杨滨. 热等静压对电子封装 60% Si – Al 合金组织与性能的影响［J］. 塑性工程学报，2010，17(4)：116 – 119.

［47］ 杨伏良，甘卫平，陈招科. 高硅铝合金几种常见制备方法及其细化机理［J］. 材料导报，2005，19(5)：42 – 45.

［48］ Song J M，Lui T S，Kao I H，et al. Effect of microstructural refinement on tensile behavior of the AC9A aluminum alloy suffering thermal shock fatigue［J］. Scripta Materialia，2004，51(12)：1159 – 1163.

［49］ 谢壮德. 快速凝固粉末冶金高硅铝合金微观结构及性能研究［D］. 哈尔滨：哈尔滨工业大学，2001.

［50］ 张大童. 快速凝固过共晶 Al – Si 合金的制备、成型及性能的研究［D］. 广州：华南理工大学，2001.

［51］ Lee T H，Hong S J. Microstructure and mechanical properties of Al – Si – X alloys fabricated by gas atomization and extrusion process［J］. Journal of Alloys and Compounds，2009，487(1 – 2)：218 – 224.

［52］ 杨伏良，甘卫平，陈招科，等. 快速凝固 – 粉末冶金制备高硅铝合金材料的组织与力学性

能[J]. 中国有色金属学报, 2004, 14(10): 1717 - 1722.

[53] 甘卫平, 陈招科, 杨伏良. 真空包套热挤压高硅铝合金粉末材料的研究[J]. 稀有金属与硬质合金, 2004, 32(3): 18 - 21, 24.

[54] 郭彪, 葛昌纯, 张随财, 等. 粉末锻造技术与应用进展[J]. 粉末冶金工业, 2011, 21(3): 45 - 53.

[55] 邱光汉. 粉末热锻 Al - Si 合金[J]. 中国有色金属学报, 1996, 6(2): 117 - 120.

[56] Zhang Q, Xiao B L, Liu Z Y, et al. Microstructure evolution and elemental diffusion of SiC_p/Al - Cu - Mg composites prepared from elemental powder during hot pressing[J]. Journal of Materials Science, 2011, 46(21): 6783 - 6793.

[57] Ogel B, Gurbuz R. Microstructural characterization and tensile properties of hot pressed Al - SiC composites prepared from pure Al and Cu powders[J]. Materials Science and Engineering A, 2001, 301(2): 213 - 220.

[58] Moreno M F, González Oliver C J R. Liquid phase densification of Al - 4.5% Cu powder reinforced with 5% Saffil short fibers during hot pressing[J]. Powder Technology, 2013, 245(8): 13 - 20.

[59] Beffort O, Long S, Cayron C, et al. Alloying effects on microstructure and mechanical properties of high volume fraction SiC-particle reinforced Al-MMCs made by squeeze casting infiltration[J]. Composites Science and Technology, 2007, 67(3 - 4): 737 - 745.

[60] 田莳. 材料物理性能[M]. 北京: 北京航空航天大学出版社, 2004.

[61] Chien C W, Lee S L, Lin J C, et al. Effects of Si_p size and volume fraction on properties of Al/Si_p composites[J]. Materials Letters, 2002, 52(4 - 5): 334 - 341.

[62] Hasselman D P H, Donaldson K Y, Geiger A L. Effect of reinforcement particle size on the thermal conductivity of a particulate-silicon carbide-reinforced aluminum matrix composite[J]. Journal of the American Ceramic Society, 1992, 75(11): 3137 - 3140.

[63] Geiger A L, Hasselman D P H, Donaldson K Y. Effect of reinforcement particle size on the thermal conductivity of a particulate silicon carbide-reinforced aluminium-matrix composite[J]. Journal of Materials Science Letters, 1993, 12(6): 420 - 423.

[64] Yu J H, Wang C B, Shen Q, et al. Preparation and properties of Si_p/Al composites by spark plasma sintering[J]. Materials & Design, 2012, 41: 198 - 202.

[65] Yan Y, Geng L. Effects of particle size on the thermal expansion behavior of SiC_p/Al composites[J]. Journal of Materials Science, 2007, 42(15): 6433 - 6438.

[66] Kerner E H. The elastic and thermo-elastic properties of composite media[J]. Proceedings of the Physical Society Section B, 1956, 69(8): 808 - 813.

[67] Turner P S. Thermal expansion stresses in reinforced plastics[J]. Journal of Research of National Bureau of Standards, 1946, 37(1 - 2): 239 - 244.

[68] Ha K, Schapery R A. A three-dimensional viscoelastic constitutive model for particulate composites with growing damage and its experimental validation[J]. International Journal of Solids and Structures, 1998, 35(26 - 27): 3497 - 3517.

[69] Yamauchi I, Ohnaka I, Kawamoto S, et al. Hot extrusion of rapidly solidified Al – Si alloy powder by the rotation-water-atomization process [J]. Transactions of the Japan Institute of Metals, 1986, 27(3): 195 – 203.

[70] 袁晓光. 快速凝固高硅铝合金的微观组织及力学性能 [D]. 哈尔滨: 哈尔滨工业大学, 1997.

[71] Zhou J, Duszczyk J, Korevaar B. Structural development during the extrusion of rapidly solidified Al – 20Si – 5Fe – 3Cu – 1Mg alloy[J]. Journal of Materials Science, 1991, 26(3): 824 – 834.

[72] Srivatsan T S, Al – Hajri M, Petraroli M, et al. Influence of silicon carbide particulate reinforcement on quasi static and cyclic fatigue fracture behavior of 6061 aluminum alloy composites[J]. Materials Science and Engineering A, 2002, 325(1 – 2): 202 – 214.

[73] 张鸿翔. 热循环过程对高体积分数 Al/SiC$_p$ 电学和热学性能[D]. 上海: 上海交通大学, 2007.

[74] Zhao M, Wu G, Zhu D, et al. Effects of thermal cycling on mechanical properties of AlN$_p$/Al composite[J]. Materials Letters, 2004, 58(12 – 13): 1899 – 1902.

[75] Özdemir I, Önel K. Thermal cycling behaviour of an extruded aluminium alloy/SiC$_p$ composite [J]. Composites Part B: Engineering, 2004, 35(5): 379 – 384.

[76] Cai Z, Wang R, Zhang C, et al. Thermal cycling reliability of Al/50Si$_p$ composite for thermal management in electronic packaging[J]. Journal of Materials Science: Materials in Electronics, 2015, 26(7): 4894 – 4901.

[77] Srivatsan T S, Godbole C, Paramsothy M, et al. The role of aluminum oxide particulate reinforcements on cyclic fatigue and final fracture behavior of a novel magnesium alloy[J]. Materials Science and Engineering A, 2012, 532(3): 196 – 211.

[78] 侯玲. 新型高硅铝合金的钎焊工艺研究[D]. 合肥: 合肥工业大学, 2012.

[79] 任淑彬. 高体积分数 SiC$_p$/Al 复合材料的近净成型技术研究[D]. 北京: 北京科技大学, 2007.

[80] 百度百科. F – 22 战斗机[http://baike.baidu.com/album/54559/54559].

[81] 丁道云, 孙章明, 陈振华. 快速凝固过共晶铝硅合金粉末特性[J]. 中南工业大学学报, 1995, 26(2): 92 – 96.

[82] Rajabi M, Simchi A, Vahidi M, et al. Effect of particle size on the microstructure of rapidly solidified Al – 20Si – 5Fe – 2X(X = Cu, Ni, Cr)powder[J]. Journal of Alloys and Compounds, 2008, 466(1 – 2): 111 – 118.

[83] Hong S J, Suryanarayana C, Chun B S. Size-dependent structure and properties of rapidly solidified aluminum alloy powders[J]. Scripta Materialia, 2001, 45(12): 1341 – 1347.

[84] Kim T – S, Lee B – T, Lee C R, et al. Microstructure of rapidly solidified Al – 20Si alloy powders[J]. Materials Science and Engineering A, 2001, 304 – 306(1): 617 – 620.

[85] Lee B – T, Chun B – S, Hiraga K. Microstructure of gas-atomized Al – 20% Si – 1% Ni powders studied by electron microscopy[J]. Journal of Materials Research, 2011, 9(10): 2519 – 2523.

[86] 李元元, 张大童, 夏伟, 等. 高压水雾化法制备的高硅铝合金粉末特性[J]. 金属学报,

1998, 34(1): 95 – 99.

[87] 美国金属学会. 金属手册 第九版 第七卷 粉末冶金[M]. 北京: 机械工业出版社, 1994.

[88] 谢壮德, 戴杰华, 王健农, 等. 气体雾化高硅铝合金粉末形貌特征及尺寸分布[J]. 特种铸造及有色合金, 2003, (1): 10 – 12.

[89] 谢壮德, 孙剑飞, 沈军, 等. 超音速气雾化过共晶 Al – Si 合金粉末特性及组织[J]. 粉末冶金技术, 2001, 19(6): 331 – 334.

[90] Yamauchi I, Ohnaka I, Kawamoto S, et al. Production of rapidly solidified Al – Si alloy powder by the rotatin-water-atomization process and its structure[J]. Journal of the Japan Institute of Metals, 1985, 49(1): 72 – 77.

[91] Zhou J, Duszczyk J, Korevaar B M. Structural characteristics of a nickel-modified Al – 20Si – 3Cu – 1Mg alloy powder[J]. Journal of Materials Science, 1992, 27(12): 3341 – 3352.

[92] Ge L L, Liu R P, Li G, et al. Solidification of Al – 50% Si alloy in a drop tube[J]. Materials Science and Engineering A, 2004, 385(1 – 2): 128 – 132.

[93] Liu R P, Herlach D M, Vandyoussefi M, et al. Undercooling and solidification of Al – 50% Si alloy by electromagnetic levitation[J]. Metallurgical and Materials Transactions A, 2004, 35(2): 607 – 612.

[94] Liu R P, Volkmann T, Herlach D M. Undercooling and solidification of Si by electromagnetic levitation[J]. Acta Materialia, 2001, 49(3): 439 – 444.

[95] Hong S – J. Etching effect on microstructural behavior of gas atomized Al – 20% Si alloy powder[J]. Materials Transactions, 2010, 51(5): 1055 – 1058.

[96] Shen J, Xie Z, Zhou B, et al. Characteristics and microstructure of a hypereutectic Al – Si alloy powder by ultrasonic gas atomization process[J]. Journal of Materials Science and Technology, 2001, 17(1): 79 – 80.

[97] Hong S J, Kim T – S, Kim H S, et al. Microstructural behavior of rapidly solidified and extruded Al – 14% Ni – 14% Mm(Mm, misch metal) alloy powders[J]. Materials Science and Engineering A, 1999, 271(1 – 2): 469 – 476.

[98] 黄继武, 李周. 多晶材料 X 射线衍射——实验原理、方法与应用[M]. 北京: 冶金工业出版社, 2012.

[99] Trivedi R, Jin F, Anderson I E. Dynamical evolution of microstructure in finely atomized droplets of Al – Si alloys[J]. Acta Materialia, 2003, 51(2): 289 – 300.

[100] 程天一, 张守华. 快速凝固技术与新型合金[M]. 北京: 宇航出版社, 1990.

[101] Clyne T W, Ricks R A, Goodhew P J. The production of rapidly-solidified aluminium powder by ultrasonic gas atomisation. Part Ⅰ: heat and fluid flow[J]. International Journal of Rapid Solid, 1984, 1(1): 59 – 80.

[102] 邢肇杰, 徐柱天, 张少明. 气 – 水雾化制备铝硅合金粉末冷速的确定[J]. 稀有金属, 1994, (4): 280 – 283.

[103] 周彼德, 谢壮德, 沈军. 超音速气体雾化高硅铝合金粉末冷却速度计算[J]. 材料科学与工艺, 2004, 12(2): 190 – 192.

[104] Szekely J, Themelis N J. Rate Phenomena in Process Metallurgy[M]. New York: Wiley-Interscience, 1970.

[105] Lee E - S, Ahn S. Solidification progress and heat transfer analysis of gas-atomized alloy droplets during spray forming[J]. Acta Metallurgica et Materialia, 1994, 42(9): 3231 -3243.

[106] Estrada J L, Duszczyk J. Characteristics of rapidly solidified Al - Si - X preforms produced by the Osprey process[J]. Journal of Materials Science, 1990, 25(2): 1381 - 1391.

[107] Han H N, Kim H S, Oh K H, et al. Analysis of coefficient of friction in compression of porous metal rings[J]. Powder Metallurgy, 1994, 37(4): 259 - 264.

[108] 王话, 于福晓, 孙振国. 快速凝固铝硅合金粉末加热过程中硅颗粒的粗化行为[J]. 铸造, 2007, 56(1): 65 - 67.

[109] Trivedi R, Lipton J, Kurz W. Effect of growth rate dependent partition coefficient on the dendritic growth in undercooled melts[J]. Acta Materialia, 1987, 35(4): 965 - 970.

[110] Jackson K A, Hunt J D. Lamellar and rod eutectic growth[J]. Transactions of the Metallurgical Society of AIME, 1966, 236: 1129 - 1142.

[111] Trivedi R, Magnin P, Kurz W. Theory of eutectic growth under rapid solidification conditions [J]. Acta Metallurgica, 1987, 35(4): 971 - 980.

[112] Vianco P, Rejent J, Zender G, et al. Kinetics of Pb-rich phase particle coarsening in Sn - Pb solder under isothermal annealing-cooling rate dependence[J]. Journal of Materials Research, 2005, 20(6): 1563 - 1573.

[113] Graiss G, Saad G. Coarsening behavior of Sb - InSb eutectic alloy of two starting particle sizes [J]. Metallography, 1985, 18(3): 227 - 234.

[114] Birol Y. Microstructural evolution during annealing of a rapidly solidified Al - 12Si alloy[J]. Journal of Alloys and Compounds, 2007, 439(1 - 2): 81 - 86.

[115] 沈军, 孙剑飞, 谢壮德, 等. 快速凝固高硅铝合金粉末显微组织及时效特性[J]. 特种铸造及有色金属, 2001, (4): 1 - 2, 7.

[116] Tebib M, Morin J B, Ajersch F, et al. Semi-solid processing of hypereutectic A390 alloys using novel rheoforming process[J]. Transactions of Nonferrous Metals Society of China, 2010, 20 (9): 1743 - 1748.

[117] Wu Y, Kim G - Y, Anderson I E, et al. Experimental study on viscosity and phase segregation of Al - Si powders in microsemisolid powder forming[J]. Journal of Manufacturing Science and Engineering, 2010, 132(1): 1 - 7.

[118] Ullah M W, Carlberg T. Silicon crystal morphologies during solidification refining from Al - Si melts[J]. Journal of Crystal Growth, 2011, 318(1): 212 - 218.

[119] Chung S C, Han S Z, Lee H M, et al. Coarsening phenomenon of Li₂ precipitates in rapidly solidified Al - 3%(Ti, V, Zr)system[J]. Scripta Metallurgica et Materialia, 1995, 33(5): 687 - 693.

[120] Xu C L, Jiang Q C. Morphologies of primary silicon in hypereutectic Al - Si alloys with melt

overheating temperature and cooling rate[J]. Materials Science and Engineering: A, 2006, 437(2): 451 – 455.

[121] Lifshitz I M, Slyozov V V. The kinetics of precipitation from supersaturated solid solutions[J]. Journal of Physics and Chemistry of Solids, 1961, 19(1 – 2): 35 – 50.

[122] Wanger C. Theory of precipitate change by redissolution[J]. Z. Elektrochem, 1961, 65(7 – 8): 581 – 591.

[123] Manson-Whitton E D, Stone I C, Jones J R, et al. Isothermal grain coarsening of spray formed alloys in the semi-solid state[J]. Acta Materialia, 2002, 50(10): 2517 – 2535.

[124] Jayanth C S, Nash P. Factors affecting particle-coarsening kinetics and size distribution[J]. Journal of Materials Science, 1989, 24(9): 3041 – 3052.

[125] Ardell A J. Microstructural stability at elevated temperatures[J]. Journal of the European Ceramic Society, 1999, 19(13 – 14): 2217 – 2231.

[126] Nakajima T, Takeda M, Endo T. Accelerated coarsening of precipitates in crept Al – Cu alloys [J]. Materials Science and Engineering A, 2004, 387 – 389(36): 670 – 673.

[127] Mourik P, Mittemeijer E J, Keijser T H. On precipitation in rapidly solidified aluminium-silicon alloys[J]. Journal of Materials Science, 1983, 18(9): 2706 – 2720.

[128] Wang L, Qin X Y, Xiong W, et al. Thermal stability and grain growth behavior of nanocrystalline Mg_2Si[J]. Materials Science and Engineering A, 2006, 434(1 – 2): 166 – 170.

[129] Baik K H, Seok H K, Kim H S, et al. Non-equilibrium microstructure and thermal stability of plasma-sprayed Al – Si coatings[J]. Journal of Materials Research, 2005, 20(8): 2038 – 2045.

[130] Antonione C, Battezzati L, Marino F. Structure and stability of rapidly solidified Al – Si based alloys[J]. Journal of Materials Science Letters, 1986, 5(5): 586 – 588.

[131] Hardy S C, Voorhees P W. Ostwald ripening in a system with a high volume fraction of coarsening phase[J]. Metallurgical Transactions A, 1988, 19(11): 2713 – 2721.

[132] 谢壮德, 沈军, 孙剑飞, 等. 超音速气雾化高硅铝合金粉末高温加热组织及性能演变 [J]. 粉末冶金技术, 2002, 20(4): 205 – 208.

[133] Kin H S, Lee H R, Won C W, et al. Compaction behavior of rapidly solidified Al – Si – Fe – Cr alloy powders[J]. Scripta Materialia, 1997, 37(11): 1715 – 1719.

[134] Mourik P, Maaswinkel N M, Keijser T H, et al. Precipitation in liquid-quenched Al – Mg alloys: A study using X – ray diffraction line shift and line broadening[J]. Journal of Materials Science, 1989, 24(10): 3779 – 3786.

[135] Matyja H, Russell K C, Giessen B C, et al. Precipitation of silicon from splat-cooled Al – Si alloys[J]. Metallurgical and Materials Transactions A, 1975, 6(12): 2249 – 2252.

[136] Snyder V A, Alkemper J, Voorhees P W. Transient Ostwald ripening and the disagreement between steady-state coarsening theory and experiment[J]. Acta Materialia, 2001, 49(4): 699 – 709.

[137] Dixon C F, M. S H. Al – Si alloys prepared by spinning melt[J]. International Journal of Powder Metallurgy, 1965, 1(4): 28 – 33.

[138] Skelly H M, Dixon C F. Al – Si powder metallurgy alloys[J]. International Journal of Powder Metallurgy, 1971, 7(3): 47 – 52.

[139] Martin L P, Hodge A M, Campbell G H. Compaction behavior of uniaxially cold-pressed Bi – Ta composites[J]. Scripta Materialia, 2007, 57(3): 229 – 232.

[140] Sercombe T B. On the sintering of uncompacted, pre-alloyed Al powder alloys[J]. Materials Science and Engineering A, 2003, 341(1 – 2): 163 – 168.

[141] Asgharzadeh H, Simchi A, Kim H S. A plastic-yield compaction model for nanostructured Al6063 alloy and Al6063/Al$_2$O$_3$ nanocomposite powder[J]. Powder Technology, 2011, 211(2 – 3): 215 – 220.

[142] Moreno M F, Oliver C J R G. Densification of Al powder and Al – Cu matrix composite (reinforced with 15% Saffil short fibres) during axial cold compaction[J]. Powder Technology, 2011, 206(3): 297 – 305.

[143] Kim H S. Yield and compaction behavior of rapidly solidified Al – Si alloy powders[J]. Materials Science and Engineering A, 1998, 251(1 – 2): 100 – 105.

[144] Delie F, Bouvard D. Effect of inclusion morphology on the densification of powder composites [J]. Acta Materialia, 1998, 46(11): 3905 – 3913.

[145] Razavi-Tousi S S, Yazdani-Rad R, Manafi S A. Effect of volume fraction and particle size of alumina reinforcement on compaction and densification behavior of Al – Al$_2$O$_3$ nanocomposites [J]. Materials Science and Engineering A, 2011, 528(3): 1105 – 1110.

[146] Liu X Y, Hu L X, Wang E D. Cold compaction behavior of nano-structured Nd – Fe – B alloy powders prepared by different processes[J]. Journal of Alloys and Compounds, 2013, 551 (3): 682 – 687.

[147] Li B, Lavernia E J. Analysis of sieving data in reference to powder size distribution[J]. Acta Materialia, 1998, 46(2): 617 – 629.

[148] Hafizpour H R, Simchi A, Parvizi S. Analysis of the compaction behavior of Al – SiC nanocomposites using linear and non-linear compaction equations [J]. Advanced Powder Technology, 2010, 21(3): 273 – 278.

[149] Weibel A, Bouchet R, Bouvier P, et al. Hot compaction of nanocrystalline TiO$_2$ (anatase) ceramics mechanisms of densification: Grain size and doping effects [J]. Acta Materialia, 2006, 54(13): 3575 – 3583.

[150] Moazami-Goudarzi M, Akhlaghi F. Effect of nanosized SiC particles addition to CP Al and Al – Mg powders on their compaction behavior[J]. Powder Technology, 2013, 245(8): 126 – 133.

[151] Denny P J. Compaction equations: A comparison of the Heckel and Kawakita equations[J]. Powder Technology, 2002, 127(2): 162 – 172.

[152] Heckel R W. Density-pressure relationships in powder compaction [J]. Transactions of the Metallurgical Society of AIME, 1961, 221: 671 – 675.

[153] Panelli R, Ambrozio F. A study of a new phenomenological compacting equation[J]. Powder Technology, 2001, 114(1 −3): 255 −261.

[154] Ge R. A new powder compaction equation[J]. International Journal of Powder Metallurgy, 1991, 22: 211 −216.

[155] Akbarpour M R, Salahi E, Hesari F A, et al. Microstructure and compressibility of SiC nanoparticles reinforced Cu nanocomposite powders processed by high energy mechanical milling[J]. Ceramics International, 2014, 40(1): 951 −960.

[156] Razavi Hesabi Z, Hafizpour H R, Simchi A. An investigation on the compressibility of aluminum/nano-alumina composite powder prepared by blending and mechanical milling[J]. Materials Science and Engineering A, 2007, 454 −455(16): 89 −98.

[157] Poquillon D, Baco-Carles V, Tailhades P, et al. Cold compaction of iron powders—relations between powder morphology and mechanical properties: Part II. Bending tests: Results and analysis[J]. Powder Technology, 2002, 126(1): 75 −84.

[158] Leon C A, Rodriguez-Ortiz G, Aguilar-Reyes E A. Cold compaction of metal-ceramic powders in the preparation of copper base hybrid materials[J]. Materials Science and Engineering A, 2009, 526(1 −2): 106 −112.

[159] Matsuura K, Kudoh M, Kinoshita H, et al. Precipitation of Si particles in a super-rapidly solidified Al − Si hypereutectic alloy[J]. Materials Chemistry and Physics, 2003, 81(2 −3): 393 −395.

[160] Hafizpour H R, Sanjari M, Simchi A. Analysis of the effect of reinforcement particles on the compressibility of Al − SiC composite powders using a neural network model[J]. Materials & Design, 2009, 30(5): 1518 −1523.

[161] ter Haar J H, Duszczyk J. Cold compaction of an aluminium/short fibre alumina powder composite[J]. Journal of Materials Science, 1992, 27(23): 6495 −6505.

[162] Garcés G, Rodríguez M, Pérez P, et al. Effect of volume fraction and particle size on the microstructure and plastic deformation of Mg − Y$_2$O$_3$ composites[J]. Materials Science and Engineering A, 2006, 419(1 −2): 357 −364.

[163] Tavakoli A H, Simchi A, Seyed Reihani S M. Study of the compaction behavior of composite powders under monotonic and cyclic loading[J]. Composites Science and Technology, 2005, 65(14): 2094 −2104.

[164] Orowan E. Internal stress in metals and alloys[M]. London: The Institute of Metals, 1948, pp. 451.

[165] Abdoli H, Farnoush H, Salahi E, et al. Study of the densification of a nanostructured composite powder: Part 1: Effect of compaction pressure and reinforcement addition[J]. Materials Science and Engineering A, 2008, 486(1 −2): 580 −584.

[167] Ejiofor J U, Reddy R G. Developments in the processing and properties of particulate Al − Si composites[J]. JOM, 1997, 49(11): 31 −37.

[168] Zhang Q, Jiang L, Wu G. Microstructure and thermo-physical properties of a SiC/pure − Al

composite for electronic packaging[J]. Journal of Materials Science: Materials in Electronics, 2013, 25(2): 604 – 608.

[169] Zhang Q, Wu G, Jiang L, et al. Thermal expansion and dimensional stability of Al – Si matrix composite reinforced with high content SiC[J]. Materials Chemistry and Physics, 2003, 82 (3): 780 – 785.

[170] Jia Y D, Cao F Y, Scudino S, et al. Microstructure and thermal expansion behavior of spray-deposited Al – 50Si[J]. Materials & Design, 2014, 57: 585 – 591.

[171] 孙剑飞, 谢壮德, 沈军, 等. 快速凝固 – 粉末冶金高硅铝合金微观组织及拉伸性能[J]. 材料工程, 2001, (11): 13 – 16.

[172] 权高峰, 柴东朗, 宋余九, 等. 复合材料中增强粒子与基体中微观应力和残余应力分析 [J]. 复合材料学报, 1995, 12(3): 70 – 75.

[173] Hahn T A, Armstrong R W. Internal stress and solid solubility effects on the thermal expansivity of Al – Si eutectic alloys[J]. International Journal of Thermophysics, 1988, 9(2): 179 – 193.

[174] 克莱因 T W, 威瑟斯 P J. 金属基复合材料导论[M]. 北京: 冶金工业出版社, 1996.

[175] Xue C, Yu J K, Zhu X M. Thermal properties of diamond/SiC/Al composites with high volume fractions[J]. Materials & Design, 2011, 32(8 – 9): 4225 – 4229.

[176] Elomari S, Skibo M D, Sundarrajan A, et al. Thermal expansion behavior of particulate metal-matrix composites[J]. Composites Science and Technology, 1998, 58(3 – 4): 369 – 376.

[177] Elomari S, Boukhili R, San Marchi C, et al. Thermal expansion responses of pressure infiltrated SiC/Al metal-matrix composites[J]. Journal of Materials Science, 1997, 32(8): 2131 – 2140.

[178] Huber T, Degischer H P, Lefranc G, et al. Thermal expansion studies on aluminium-matrix composites with different reinforcement architecture of SiC particles[J]. Composites Science and Technology, 2006, 66(13): 2206 – 2217.

[179] Davis L C, Artz B E. Thermal conductivity of metal-matrix composites[J]. Journal of Applied Physics, 1995, 77(10): 4954.

[180] Ibrahim I A, Mohamed F A, Lavernia E J. Particulate reinforced metal matrix composites — a review[J]. Journal of Materials Science, 1991, 26(5): 1137 – 1156.

[181] Hasselman D P H, Johnson L F. Effective thermal conductivity of composites with interfacial thermal barrier resistance[J]. Journal of Composite Materials, 1987, 21(6): 508 – 515.

[182] 杨伏良, 甘卫平, 陈招科. 硅含量对高硅铝合金材料组织及性能的影响[J]. 材料导报, 2005, 19(2): 98 – 100, 105.

[183] Hsieh C L, Tuan W H. Elastic properties of ceramic-metal particulate composites[J]. Materials Science and Engineering A, 2005, 393(1 – 2): 133 – 139.

[184] Hashin Z, Shtrikman S. A variational approach to the theory of the elastic behaviour of multiphase materials[J]. Journal of the Mechanics and Physics of Solids, 1963, 11(2): 127 – 140.

[185] Jacobson D M, Ogilvy A J W. Spray-deposited Al – Si(Osprey CE) alloys and their properties

[J]. Material Wissenschaft and Werkstofftechnik, 2003, 34(4): 381.

[186] Srivatsan T S, Anand S, Wu Y, et al. The fatigue response and fracture behavior of a spray atomized and deposited aluminum-silicon alloy [J]. Journal of Materials Engineering and Performance, 1997, 6(5): 654 – 663.

[187] Badini C, Fino P, Musso M, et al. Thermal fatigue behaviour of a 2014/Al_2O_3 – SiO_2 (Saffil® fibers) composite processed by squeeze casting[J]. Materials Chemistry and Physics, 2000, 64 (3): 247 – 255.

[188] Parry J D, Rantala J, Lasance C J M. Temperature and reliability in electronics systems – the missing link[J]. Electronic cooling, 2001, 7: 30 – 36.

[189] Olsson M, Giannakopoulos A E, Suresh S. Elastoplastic analysis of thermal cycling: Ceramic particles in a metallic matrix[J]. Journal of the Mechanics and Physics of Solids, 1995, 43 (10): 1639 – 1671.

[190] Daguang L, Guoqin C, Longtao J, et al. Effect of thermal cycling on the mechanical properties of Cf/Al composites[J]. Materials Science and Engineering: A, 2013, 586(6): 330 – 337.

[191] Wu C M L, Han G W. Thermal fatigue behaviour of SiC_p/Al composite synthesized by metal infiltration[J]. Composites Part A: Applied Science and Manufacturing, 2006, 37(11): 1858 – 1862.

[192] Broeckmann C, Pandorf R. Influence of particle cleavage on the creep behaviour of metal matrix composites[J]. Computational Materials Science, 1997, 9(1 – 2): 48 – 55.

[193] Russell-Stevens M, Todd R, Papakyriacou M. The effect of thermal cycling on the properties of a carbon fibre reinforced magnesium composite[J]. Materials Science and Engineering: A, 2005, 397(1 – 2): 249 – 256.

[194] Pal S, Bhanuprasad V V, Mitra R, et al. Effect of thermal cycling on creep behavior of powder-metallurgy-processed and hot-rolled Al and Al – SiC particulate composites[J]. Metallurgical and Materials Transactions A, 2009, 40(13): 3171 – 3185.

[195] Schöbel M, Altendorfer W, Degischer H P, et al. Internal stresses and voids in SiC particle reinforced aluminum composites for heat sink applications [J]. Composites Science and Technology, 2011, 71(5): 724 – 733.

[196] Yilmaz M, Altintaş S. Fabrication of Al matrix composites reinforced with high contents of Si particles[J]. Journal of Materials Science Letters, 1996, 15(23): 2093 – 2095.

[197] Wang Q, Min F, Zhu J. Microstructure and thermo-mechanical properties of SiC_p/Al composites prepared by pressureless infiltration[J]. Journal of Materials Science: Materials in Electronics, 2013, 24(6): 1937 – 1940.

[198] Collin M, Rowcliffe D. The morphology of thermal cracks in brittle materials[J]. Journal of the European Ceramic Society, 2002, 22(4): 435 – 445.

[199] Collin M, Rowcliffe D. Analysis and prediction of thermal shock in brittle materials[J]. Acta Materialia, 2000, 48(8): 1655 – 1665.

[200] Ohuchi H. Thermal shock property of hypereutectic Al – 20% to 50% Si alloy casting with

refined primary silicon [J]. Journal of Japan Institute of Light Metals, 1984, 34 (3): 151 – 156.

[201] Yu W, Yu J K. Silicon dissolution and interfacial characteristics in Si/Al composites fabricated by gas pressure infiltration [J]. Materials Chemistry and Physics, 2013, 139 (2 – 3): 783 – 788.

[202] 郭庚辰. 液相烧结粉末冶金材料[M]. 北京: 化学工业出版社, 2003.

[203] Kim S C, Kim M T, Lee S, et al. Effects of copper addition on the sintering behavior and mechanical properties of powder processed Al/SiC$_p$ composites [J]. Journal of Materials Science, 2005, 40(2): 441 – 447.

[204] Zhou J, Duszczyk J. Liquid phase sintering of an AA2014-based composite prepared from an elemental powder mixture[J]. Journal of Materials Science, 1999, 34(3): 545 – 550.

[205] ASM. ASM Handbook: Volume 3: Alloy Phase Diagrams[M]. OH: ASM International, 1992.

[206] Zhou J, Duszczyk J. Preparation of Al – 20Si – 4.5Cu alloy and its composite from elemental powders[J]. Journal of Materials Science, 1999, 34(20): 5067 – 5073 – 5073.

[207] Kaftelen H, Ünlü N, Güller G, et al. Comparative processing-structure-property studies of Al – Cu matrix composites reinforced with TiC particulates[J]. Composites Part A: Applied Science and Manufacturing, 2011, 42(7): 812 – 824.

[208] Miserez A, Mortensen A. Fracture of aluminium reinforced with densely packed ceramic particles: Influence of matrix hardening[J]. Acta Materialia, 2004, 52(18): 5331 – 5345.

[209] Chien C W, Lee S L, Lin J C. Processing and properties of high volume fraction aluminium/silicon composites[J]. Materials Science and Technology, 2003, 19(9): 1231 – 1234.

[210] Ravi Kumar N V, Dwarakadasa E S. Effect of matrix strength on the mechanical properties of Al – Zn – Mg/SiC$_p$ composites[J]. Composites Part A: Applied Science and Manufacturing, 2000, 31(10): 1139 – 1145.

[211] Miserez A, Müller R, Mortensen A. Increasing the strength/toughness combination of high volume fraction particulate metal matrix composites using an Al – Ag matrix alloy[J]. Advanced Engineering Materials, 2006, 8(1 – 2): 56 – 62.

[212] Zhang Q, Zhang H, Gu M, et al. Studies on the fracture and flexural strength of Al/Si$_p$ composite[J]. Materials Letters, 2004, 58(27 – 28): 3545 – 3550.

图书在版编目(CIP)数据

快速凝固铝硅合金电子封装材料/蔡志勇,王日初著.
—长沙:中南大学出版社,2016.1
ISBN 978 - 7 - 5487 - 2236 - 6

Ⅰ.快..Ⅱ.①蔡...②王...Ⅲ.快速凝固 - 硅 - 铝基合金 - 封装
工艺 - 电子材料 Ⅳ.TN04

中国版本图书馆 CIP 数据核字(2016)第 096366 号

快速凝固铝硅合金电子封装材料
KUAISU NINGGU LüGUIHEJIN DIANZI FENGZHUANG CAILIAO

蔡志勇　王日初　著

□责任编辑	史海燕　胡　炜	
□责任印制	易红卫	
□出版发行	中南大学出版社	
	社址:长沙市麓山南路	邮编:410083
	发行科电话:0731-88876770	传真:0731-88710482
□印　　装	长沙鸿和印务有限公司	

□开　　本	720×1000　1/16	□印张 13	□字数 258 千字	
□版　　次	2016 年 1 月第 1 版	□印次	2016 年 1 月第 1 次印刷	
□书　　号	ISBN 978 - 7 - 5487 - 2236 - 6			
□定　　价	68.00 元			